河北省地质矿产勘查开发局第三地质大队
河北省张承地区生态环境保护与修复技术创新中心 科技成果
河北省水资源可持续利用与产业结构优化协同创新中心

冀西北柴沟堡-宣化盆地开采条件下地下水响应机制与保护对策

陈迎辉 刘月东 闫佰忠 陈 莹 毕 攀 刘 昭
封占英 岳永强 冯 焕 张雪娟 王满仓 郝晓雨
宫少博 张国新 王 楠 李改梅 谷振飞 李占星 著
李 强 许维宝 冯玉军 薛利敏 辛 博 郝晓霞
郭 颖 闫凡凡 王晨丽 李晨光 李勃垚 赵立明
李彦芹 盖俊百

地质出版社
·北 京·

内容提要

冀西北柴沟堡－宣化盆地地下水系统受到人类活动的影响，地下水资源可持续利用问题突出。本书采用沉积环境学方法、同位素水文地质学方法、水文地球化学方法、地下水数值模拟模型等方法，通过研究人类活动影响下柴宣盆地地下水系统的演化过程和特征，预测不同开发利用方案下地下水系统的响应，分析人类活动影响下地下水资源量组成变化，为解决张家口坝下地区地下水可持续利用问题提供科学依据。通过研究揭示了1980—2020年柴宣盆地地下水含水层结构的变化，将柴宣盆地地下水水位变化分为1981—1998年、1998—2014年和2014—2020年3个阶段；计算得出柴宣盆地枯水年、平水年和丰水年的地下水可开采量分别为 $1.58\times10^8 m^3/a$、$1.75\times10^8 m^3/a$ 和 $2.03\times10^8 m^3/a$；确定了人类活动影响下水化学演变规律。

本书可供水文与水资源工程、地下水科学与工程、地质工程、资源与环境等专业的科研、教学、管理人员参考使用。

图书在版编目（CIP）数据

冀西北柴沟堡－宣化盆地开采条件下地下水响应机制与保护对策／陈迎辉等著．—北京：地质出版社，2024.9

ISBN 978－7－116－13887－2

Ⅰ．①冀…　Ⅱ．①陈…　Ⅲ．①盆地－地下水资源－水资源管理－研究－怀安县　Ⅳ．①P641.8

中国国家版本馆CIP数据核字（2023）第221073号

JIXIBEI CHAIGOUPU－XUANHUA PENDI KAICAI TIAOJIAN XIA DIXIASHUI XIANGYING JIZHI YU BAOHU DUICE

责任编辑：关会梅　李　莉
责任校对：关风云
出版发行：地质出版社
社址邮编：北京市海淀区学院路31号，100083
电　　话：(010)66554528（邮购部）；(010)66554626(编辑室)
网　　址：http://www.gph.clmpg.com
传　　真：(010)66554686
印　　刷：北京地大彩印有限公司
开　　本：787mm×1092mm　1/16
印　　张：11.25　　插　页：2页
字　　数：270千字
版　　次：2024年9月北京第1版
印　　次：2024年9月北京第1次印刷
定　　价：70.00元
书　　号：ISBN 978－7－116－13887－2

前　言

水资源是生态与环境的重要组成部分，是人类社会赖以生存和发展的基本物质条件，同时又是基础性、战略性的经济资源。中国地域辽阔，地势复杂，水资源时空分布不均，年际变化幅度较大；人均水资源占有量少，水资源供需矛盾突出；水资源浪费严重，水污染日益严峻，生态环境问题突出。水资源短缺成为制约经济、社会和环境可持续发展的瓶颈，已是不争的事实。

张家口作为首都水源涵养功能区和生态环境支撑区，也是“京津冀协同发展”战略实施的重要支撑区域，具有至关重要的战略地位。张家口地区地处我国半湿润区向半干旱区过渡的农牧交错带，生态环境脆弱。地下水资源是其主要供水水源，地下水开发利用对于满足城市生活、工业、农业和国防需水要求是极其重要的。长期以来，坝下地区粗放的经济增长模式，导致局部生态环境已经遭到了破坏。地下水开采引发的湖淖干涸、泉水断流、土壤沙化、草原退化和树木枯死；大面积的林地、荒坡地、草地被开垦导致土地沙漠化和水土流失。在京津冀协同发展、绿色冬奥共建的背景下，张家口地区作为华北平原的主要生态屏障区，要想维持其经济快速稳定健康发展、更好地为首都做好“水源涵养功能区和生态环境支撑区”建设，就必须科学合理地进行地下水开发利用，实现地下水开发与环境、经济和社会协调发展。

全书共9章：第一章利用 CiteSpace 对国内外有关地下水循环、人类活动影响下的地下水系统演化以及地下水资源量评价的高频被引用文献及研究热点分别进行分析。第二章介绍了研究区概况，分析了区域的地质和水文地质条件。第三章分析了柴沟堡－宣化盆地（简称柴宣盆地）发展演化特征以及新构造运动和含水层形成、演变的关系。第四章利用同位素技术手段进行了地下水循环模式的识别以及水质组分的溯源。第五章系统总结了柴宣盆地地下水开发利用历史以及人类活动胁迫下地下水系统、水位动态、补给和排泄条件、地下水水化学演变的特征和规律。第六章对柴宣盆地地下水资源量进行了计算评价。第七章利用 MODFLOW 软件构建了柴宣盆地地下水数值模型，进行了不同情境下地下水的动态预测。第八章对柴宣盆地地下水可持续利用提出了保护对策。第九章为结论及建议。

本书的完成得到了河北省张承地区生态环境保护与修复技术创新中心的支持和资助，在此表示感谢！由于笔者水平和时间有限，尚有许多内容需进一步深入研究，书中不足之处在所难免，恳请读者批评指正。

目　　录

第一章　绪　论

第一节　引　言

水资源是人类生存和发展最重要的自然资源。地下水作为水资源的一部分，不仅弥补了地表水资源时空分布不均引起的区域性供水不足，而且对于保障生态环境的完整性具有重要意义。地下水资源是理想的工农业和生活用水水源，尤其在我国半干旱、干旱的华北地区和西北地区，地下水往往是最主要的、甚至是唯一的水源。随着经济的快速发展，农业、工业及生活用水量不断增加，水资源短缺问题不断加剧，包括我国华北和西北地区在内的地下水超采问题越来越突出。地下水超采不仅会造成区域性地下水水位持续下降、地面沉降、地下水漏斗、植被退化、土地盐碱化和沙漠化、地表径流减少等一系列生态环境问题，同时会造成水能耗和开采成本增加，为生态保护和区域可持续发展埋下隐患。因此，开展人类活动影响下地下水系统响应机制及其适应性对策的研究，对于指导区域地下水科学管理和持续利用具有重要的科学价值和实际意义。

党的十九大报告中，多次强调要“坚持人与自然和谐共生”“统筹山水林田湖草系统治理”“推进资源全面节约和循环利用”“加强地质灾害防治”“严格保护耕地”“实施重要生态系统保护和修复重大工程”等，这是从科学发展观出发，建设和谐社会的重要核心和组成部分，是对生态重建的极大重视和肯定。

张家口作为首都水源涵养功能区和生态环境支撑区，也是“京津冀协同发展”战略实施的重要支撑区域，还是北京2022年冬奥会的举办地之一，具有至关重要的战略地位。张家口地处我国半湿润区向半干旱区过渡的农牧交错带，生态环境脆弱。地下水资源是其主要供水水源，地下水开发利用对于满足城市生活、工业、农业和国防需水要求是极其重要的。长期以来，张家口坝下地区粗放的经济增长模式，导致局部生态环境已经遭到了破坏。大面积开矿导致矿山地质环境破坏严重；工程建设活动导致的地质灾害和山体破损；地下水开采引发的湖淖干涸、泉水断流、土壤沙化、草原退化和树木枯死；大面积的林地、荒坡地、草地被开垦导致土地沙漠化和水土流失。在京津冀协同发展、绿色冬奥共建的背景下，张家口作为华北平原的主要生态屏障区，要想维持其经济快速稳定健康发展、更好地为首都做好“水源涵养功能区和生态环境支撑区”建设，就必须科学合理地进行地下水开发利用，实现地下水开发与环境、经济和社会协调发展。通过分析国内外生态保护与修复研究历史、研究内容和发展趋势，发现目前张家口坝下地区生态环境系统破坏较严重，因此需要对地下水资源评价与管理研究方面进行创新发展。掌握地下水赋存变化情况以及不同含水系统之间的作用、地下水循环模式、人为开采对地下水动力条件和化学条件的影响，进而提出地下水可持续利用对策。

第二节　人类活动影响下地下水系统响应及资源评价研究现状

一、地下水循环研究现状

地下水循环是全球水循环系统的重要环节。随着全球水资源问题的凸显，地下水循环问题引起了越来越多学者的关注。国际上对水循环的系统研究始于20世纪80年代由联合国教科文组织（UNESCO）主持的国际水文计划（International Hydrological Programme，IHP）第一阶段，至今已进入了第八阶段（2014—2021年）。国际水文计划从区域、流域等尺度入手，采用多学科的交叉融合，查明不同地质背景及水文地质条件下的地下水循环演化特征及目前水资源存在的问题，分步骤地加强地下水循环方面的研究过程。其中，第七阶段设置了流域和浅层地下水系统对全球变化影响的适应性研究；第八阶段提出了加强地下水资源的可持续管理和指定含水层补给管理战略等方面的内容。这些内容都要求做好地下水循环演化方面的研究。盆地作为陆地的主要地貌单元，是一个特定的研究尺度，其地下水循环演化等问题已成为现代水文地质研究的热点。地下水系统理论的引入对盆地地下水循环的研究具有重要意义。Tóth绘制的盆地地下水流动系统，含水层表现为均质各向同性，结果表明，在不同水势条件影响下发育成为各种级次的地下水流动系统。从而，本研究可以认为是区域地下水流动理论的诞生时期。而后，Freeze和Witherspoon利用地下水流模型绘制了层状非均质介质中不同级次的地下水流动系统，强调了地层岩性差异和构造等对地下水流动系统的影响。后来，Tóth在原有理论基础上进一步提出了“重力穿层流动”以及“水力圈闭”等理论，将地下水循环理论进一步扩展，并开始应用在石油及天然气研究方面，地下水流动理论日趋成熟。

我国地下水流动系统理论由陈梦熊院士于1984年引入（陈梦熊，1984）。1995年，王大纯等国内专家进一步明确定义了地下水流动系统的概念以及应用范围。近年来，地下水循环方面的研究内容逐渐丰富起来，国内学者及专家在各方面获得了大量的成果。李文鹏等（2022）对西北内陆干旱盆地地下水循环演化模式进行研究，从山前至平原中部，将地下水系统划分为4级，指出西北干旱内陆盆地地下水的形成和发展主要发生在山区的局部地下水流系统、区域地下水流系统和细颗粒平原区的局部地下水流系统中。王文科等（2013）对关中盆地地下水环境演化特征的全面阐述，为研究其他内陆盆地地下水循环演化提供了借鉴。侯光才等（2009）对鄂尔多斯盆地进行了大量调查工作，并对白垩系地下水流动系统开展了综合研究。

地下水循环研究方法有许多种，但主要包括4大类的方法，即水动力学方法、水文地球化学方法、同位素水文学方法和数值模拟法。

二、人类活动影响下的地下水系统演化研究现状

人类活动会导致地下水循环条件发生改变，从而引起地下水动力场、化学场及地下水资源量的变化。相比而言，对于地下水系统来说，人类活动的影响要比自然因素（气候变化）的影响强烈得多。费宇红等（2013）通过对华北平原地下水降落漏斗的演变进行

分析，探讨了影响区域地下水降落漏斗的主导因素。郭清海等（2005）、郝永红等（2012）根据山西岩溶大泉的长系列流量监测资料，研究了气候变化及人类活动对泉流量变化的影响。张光辉等（2015）研究了华北平原地下水开采量对降水变化的响应，并对地下水超采区的开采类型、地下水演变的时代特征进行了研究。王焰新和高旭波（2009）通过矿物饱和指数的计算，对娘子关泉岩溶水系统在地下水开发、煤矿开采等人类活动影响下的水文地球化学进行了研究。Wang 等（2016）采用同位素与水化学模拟等方法，研究了平顶山煤矿开采对地下水水化学演化的影响。陈家军等（2006）考虑石油由于污染物的降解与吸附，建立了污染物迁移转化数学模型，对石油开发对地下水环境的影响进行了研究。吴吉春等（2001）通过建立溶质运移数值模型，预测了水源地开采对山西柳林泉域地下水水质的影响。钱家忠等研究了降水等补给条件的变化对徐州张集水源地地下水水化学特征的影响。Scanlon 等（2012）通过分析美国得克萨斯州中部高原地下水储存量和水质随时间的变化，研究了农业生态系统对地下水资源的影响。Chae 等（2008）研究了韩国首尔地铁隧道对地下水水质的影响，采用水文地球化学模拟方法研究了地下水渗地铁隧道中地下水渗流的水化学特征。Zilberbrand 等（2001）对以色列某海滨城市地下水水化学在城市化影响下的演化规律进行了研究。Kazemi 等（2010）和 Hotta 等（2012）分别研究了城市化、隧道开挖和森林采伐等人为因素影响下地下水动态及地下水资源量的变化情况。上述研究成果多聚焦于单一生产活动对地下水的影响，对复杂条件下的地下水演化及其响应研究较少。

在各种自然因素与人类活动的综合影响下，地下水系统发生了巨大的变化。针对这些变化，对水资源进行合理开发利用、优化水资源管理是解决水资源短缺、生态环境恶化等问题的重要手段。对于变化条件下的水资源利用问题，钱家忠等（2011）从系统的观点出发，提出了平原区水资源可持续开发利用的调节模式，为缓解日益加剧的水资源危机提供了一种新的思路与途径。万力等（2007）认为查清生态系统与地下水系统之间的相互作用及反馈机理问题，将有利于从大尺度的角度对地下水资源的可持续利用做出合理决策。武选民等（2016）针对我国主要平原盆地地下水资源开发利用中出现的各种问题，提出了加快调整深层承压水开采布局、充分开采利用浅层水和改变西北内陆盆地水资源利用方式的建议。马黎华（2016）研究了农业因子与气候因子驱动下石羊河流域用水结构的变化情况，建立了用水结构及用水总量的 GM（1，1）模型与人工神经网络模型，预测了未来不同情景下用水结构的演变以及用水总量的变化，并对灌溉需水量进行了驱动因子分析。何英等（2006）则通过建立水盐平衡模型和作物优化配水模型，对限额配水条件下的水资源管理与配置进行了量化分析。在水资源管理方面，一些学者开始研究变化条件下的水资源管理与评价技术方法。目前的研究工作多注重气候变化和农业生产活动产生的影响，今后应注重多因素影响下水资源合理开发利用与水资源管理方法及模式研究。

三、地下水资源评价的研究现状

地下水资源评价主要是根据水量转化规律和水量平衡原理进行的。目前地下水资源量的计算方法有很多种，按评价方法大致分为 4 类：以渗流理论为基础的方法，以统计理论为基础的方法，以水均衡理论为基础的方法和以相似比拟理论为基础的方法。以渗流理论为基础的方法主要有解析法和数值法，解析法主要适用于含水层均质程度较高，边界条件简单，可概化为已有计算公式要求模式的研究区；数值法主要适用于含水层为非均质，但内部结构清楚，边界条件复杂但能查清，对评价区域要求较高和面积较大的研究区。以统计理论为基础的方法主要有系统理论方法（黑箱法）、相关外推法、Q－S 曲线外推法和开采抽水试验法，这些方法适用于不受含水层结构及复杂边界条件限制的旧水源地或泉水扩大的开采评价。以水均衡理论为基础的方法主要有水均衡法、单项补给量计算法、综合补给量计算法和开采模数法，这几种方法都需要测定均衡区内各项水均衡要素，适用于封闭的单一隔水边界、补给项或排泄项单一、水均衡要素易于确定的研究区。以相似比拟理论为基础的方法主要有直接比拟法（水量比拟法）和间接比拟法（水文地质参数比拟法），用这两种方法计算水资源量需要类似水源地的勘探或开采统计资料，适用于已有水源地和勘探水源地地质条件和水资源形成条件相似的研究区。

在水资源评价中数值模拟得到广泛的应用，随着软件的不断发展与改进，数值模拟技术逐渐成熟，水资源评价的精度和可操作性也得到了提高。研究的基本方法是建立与水资源相关的多层次指标体系进行综合评价，目的是寻求流域、区域水资源可持续利用途径等。

数值法主要包括有限差分法、有限单元法和边界元法。有限差分法和有限单元法作为重要的数值法在地下水资源评价方法中的应用最为普遍。这两种方法在解题过程中相似，首先将计算域进行网格剖分（前者常剖分成矩形、正方形、三角形；后者常剖分成三角形），其次是应用计算机将偏微分方程离散成线性代数方程组进行求解，两者的区别在于网格剖分和线性化的方法。系统分析计算域的地质和水文地质条件，以实际的水文地质条件为基础概化边界条件，建立水文地质概念模型，该模型能代表地下水的运动特征。随后建立计算区相应的数学模型，计算域的剖分从时间和空间上来完成，从而得到由若干小单元构成的剖分网格图。确定模拟期和预报期，研究区的边界条件、参数分区的划分以及地下水补给量的计算都通过模拟期来确定，而预报期是来完成评价地下水可开采量和地下水水位预测的工作。模拟期确定后（取一个或若干个水文年），给出初始时刻的地下水流场。调整水文地质参数以及地下水的补排量、含水层结构和边界条件，校正数学模型。一般根据实际的水位来检验所建立的模型是否合理并进行校正，即在设定边界条件、初始条件、参数和源汇项的基础上通过计算水位和实测水位的拟合程度来检验模型的准确性。这一过程完成了对水文地质参数和水文地质条件的重新识别，称为数学模型的验证阶段，若计算的流场和实测的地下水流场几乎重合，则可以认为识别后的参数分区、含水层特征和边界与实际水文地质条件相差无几。因此，认为所建立的数学模型能表达区域水文地质概念模型，再进行模拟预报，评价资源量。

第三节　研究内容、目标及创新点

一、研究内容

1）地下水系统演化的含水层结构研究。在区域地层结构研究的基础上，依据含水层成因、分布特征及地下水水动力条件划分含水层系统，分析其结构特征；研究弱透水层的空间分布及其越流条件；分析不同含水层系统之间地下水的相互作用。

2）地下水循环模式研究。研究地下水补给来源、补给方式、地下水年龄及流动模式。

3）地下水动力条件演化研究。研究不同含水层系统的地下水动态及流场演化特征，分析地质和人类活动因素对地下水动力条件的影响和控制机制。

4）地下水可持续利用对策。分析研究区水位、水质、开采量的历史与变化，地下水系统演化的资源环境效应。根据其与经济社会发展的相关性，在开采胁迫条件下，对研究区远期水位水质和开采量进行预测，规划地下水开发利用方案，提出地下水可持续利用对策。

二、研究目的

张家口坝下地区地下水系统受到人类活动的影响，地下水资源可持续利用问题突出。本次的研究目的就是通过研究人类活动影响下地下水系统的演化过程和特征，预测不同的开发利用对策条件下地下水系统的响应，分析人类活动影响下地下水资源量组成变化，为解决张家口坝下地区地下水可持续利用问题提供科学依据，具有重要的现实意义和科学价值。

三、创新点

1）系统梳理分析张家口坝下柴宣盆地地下水含水系统的空间结构、边界状态、水力特征，建立地下水系统空间模型。

2）利用数值模拟理论方法，在地下水开发利用规划条件下，对远期盆地地下水系统状态进行预测。

3）揭示盆地地下水的补给机制和流动模式，丰富和完善研究区水文地质概念模型。明确提出含水层现代水循环深度，创造性地圈定含水层现代补给的补给带，为深入了解地下水系统对开采的响应提供理论基础。

4）解析和阐述了地下水动态演化的阶段性特征，揭示地下水系统响应的影响因素与控制机制。

第四节　研究方法与技术路线

一、研究方法

以张家口坝下柴宣盆地为重点研究区，阐明含水层结构对地下水系统演化的影响，识别地下水补给和流动模式，揭示人类活动影响下地下水动力条件演化过程、特征和机制，针对地下水系统演化的资源环境效应，提出地下水可持续利用对策，为张家口坝下地区地下水科学管理提供依据。收集前人在张家口坝下地区开展的地质工作等资料，进行全面的分析，以此作为本次研究的基础和依据。

1）沉积环境学方法。利用区内的地质、水文地质勘探钻孔等资料，分析地层岩性及其形成特征；确定含水层的空间分布范围，划分含水层系统，研究各含水层系统间的水力作用。

2）同位素水文地质学方法。分析不同含水层系统中的地下水同位素特征，确定地下水年龄及分布特征，识别地下水补给来源、补给机制及地下水流动模式。

3）水文地球化学方法。根据地下水水化学特征，采用 Gibbs 相关关系法，识别地下水中化学成分的主要来源，分析地下水补给来源，采用 γ_{Cl}/γ_{Ca} 比例系数识别地下水的径流强度。

4）利用地下水动态长期观测资料，研究各个含水层系统的地下水动态特征，从时间序列上分析人类活动影响与地下水动态演化过程的相互关系；利用地下水实测及恢复流场，研究地下水流场演化特征，从空间位置上分析人类活动强度变化与地下水流场演化的相互关系；分析人类活动和地质因素对地下水系统演化的控制机制。阐述人类活动胁迫下地下水系统响应特征和控制因素。

5）根据当地政府部门有关规划，制定地下水开发利用方案，利用 GMS 数值模拟软件，建立研究区地下水数值模拟模型并预测规划开采方案下地下水系统的响应。远期地下水系统的状态以均衡法 + 解析法来对比数值模拟法数据，以数值模拟法为主。

6）通过对 3 个时期地下水资源评价结果的对比分析，研究地下水动力条件变化后地下水资源数量及构成的变化，确定地下水系统演化的资源效应；根据区域水文地质背景，分析地下水系统演化可能产生的潜在地质环境效应。

7）在综合上述研究的基础上提出地下水可持续利用对策建议。

二、技术路线

充分利用研究区内已有的地质钻孔资料、地下水动态监测及地下水流场统测资料，以含水层结构研究为基础，以地下水动力条件变化研究为核心，应用沉积环境学、地下水系统、数值模拟等技术方法，研究影响地下水系统演化的主要地质因素，分析人类活动影响下地下水系统的演化过程、特征及形成机制，提出地下水开发利用方案和可持续利用对策（图 1－4－1）。

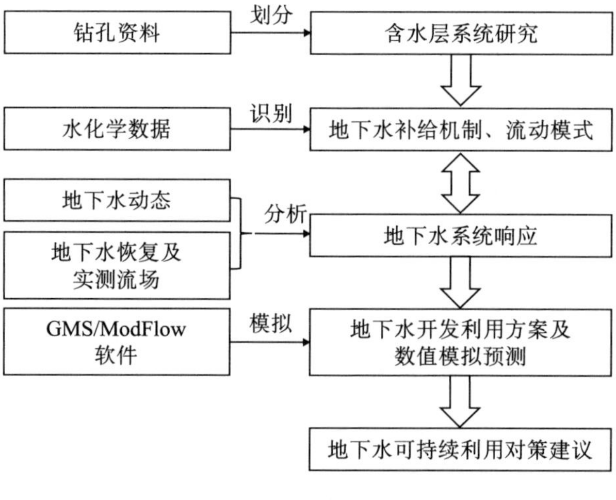

图 1－4－1　技术路线图

三、工作方法

1. 资料收集

对研究区的各类资料进行了收集，包括基础地质报告、区域水文地质报告及供水水文地质报告等，以及钻孔资料。水文资料收集有2015—2019年4个河流水文站的径流量资料。气象资料收集有研究区1976—2019年的年降水量、年蒸发量资料。开采量资料收集有2015—2019年水资源公报的开采量资料，2015—2019年研究区内6处集中开采水源地开采井资料。地下水动态资料收集有研究区内20世纪80年代至今的87个监测点地下水动态观测资料。

2. 抽水试验

单孔抽水试验。布设3个落程单孔稳定流抽水试验，抽水设备为潜水泵，采用超声波流量计测量涌水量，采用电子水位计观测水位。抽水试验后2个落程的最大降深值分别接近最大降深值的2/3和1/3，涌水量与水温每2h观测一次。抽水以及停抽后的恢复水位观测采用非稳定流观测方式，稳定时间均大于16h，恢复水位观测到水位稳定16h以上。

孔组抽水试验。布设孔组抽水试验，带一个观测孔的3个落程稳定流抽水试验；带两个观测孔的3个落程稳定流抽水试验和一个最大落程非稳定流抽水试验。抽水设备为潜水泵，涌水量采用超声波流量计测量，水位观测采用电子水位计。涌水量与水温每2h观测一次。抽水以及停抽后的恢复水位观测采用非稳定流观测方式，稳定时间均大于16h，恢复水位观测到水位稳定16h以上。

3. 岩矿试验

水质全分析。通过分析水质成分对地热流体对外观、物理性质等进行研究，做出理疗热矿水、饮用天然矿泉水、生活饮用水、农业灌溉用水、渔业用水、腐蚀性、结垢等方面不同用途的评价。

同位素技术。利用地下水中同位素含量的差异探究地下水的起源、形成、埋藏和质与量随时间的变化等，探索地下水可持续发展相关的地下水系统基本特征。

第二章　研究区概况

研究区位于河北省西北部张家口市中部，与张北、崇礼、赤城、怀来、涿鹿等区县接壤，市区距首都北京仅180km，距天津港340km，是京津冀经济圈和晋冀蒙经济圈的交汇点。高速公路网发达，京新高速公路、京藏高速公路、首都环线高速公路、张石高速公路、京大高速公路、张承高速公路、绕城高速公路四通八达，京包铁路、京张高铁在此设有张家口站和张家口南站，张家口机场有往返国内各大城市的航班，交通便利。

研究区主要包括城市规划区范围中的中心城区（桥东区、桥西区）、宣化区建城区、万全区建城区和怀安县渡口堡乡部分区域，地理坐标为东经114°09′42.76″～115°19′53″、北纬40°26′58″～40°57′38″，总面积约1942km^2。

第一节　地形地貌

一、地形条件

研究区属于冀西北燕山山脉西段的一个山间盆地，东西长约90km，南北平均宽约21km，为近东西向展布的盆地。其北、南、东三面环山，由低中山地环绕，海拔1200～1700m，最低山峰海拔也在800～1000m。北为香炉山、马鞍山、人头山，南为黄阳山、古朵山、五梁殿山，东为洋河峡谷，南北山势高大、险峻。盆地中心是洋河带状平原，两侧为山前倾斜平原，盆地西端是洋河进入盆地的河谷地形。整个盆地地势自西向东倾斜，西端翁家湾洋河河床海拔960m，东端出口处响水铺洋河河床海拔550m，总平均坡降为4.6‰。其中，翁家湾至岸庄屯（750m），平均坡降8.75‰；岸庄屯至左卫桥（685m），平均坡降3.42‰；左卫桥至沙岭子（635m），平均坡降3.03‰；沙岭子至站家庄（580m），平均坡降2.20‰。盆地内数个冲洪积扇之地形自西向东海拔也逐渐降低。西边的洗马林扇海拔980～750m，万全扇海拔940～710m，最东面龙洋河海拔只有740～590m。盆缘与盆地相对高差平均200m，最高达500m。

二、地貌分区

以地貌成因类型和地貌单元作为地貌大区划分的依据；以地貌形态作为地貌亚区划分的依据；以单体地貌形态作为地貌小区划分的依据。将研究区内地貌划分为构造剥蚀－剥蚀堆积区（Ⅰ）和侵蚀堆积区（Ⅱ）2个一级地貌单元，低中山（$Ⅰ_1$）、低山丘陵（$Ⅰ_2$）、山前冲洪积平原（$Ⅱ_1$）和洋河冲洪积平原（$Ⅱ_2$）4个二级地貌单元，29个三级地貌单元。表2－1－1为研究区地貌单元划分一览表。

表 2-1-1　研究区地貌单元划分一览表

一级地貌单元	二级地貌单元	三级地貌单元
构造剥蚀-剥蚀堆积区（Ⅰ）	低中山（$Ⅰ_1$）	火山岩低中山（$Ⅰ_1^1$）
		碎屑岩低中山（$Ⅰ_1^2$）
	低山丘陵（$Ⅰ_2$）	火山岩变质岩低山丘陵（$Ⅰ_2^1$）
		碎屑岩碳酸盐岩低山丘陵（$Ⅰ_2^2$）
		山间沟谷（$Ⅰ_2^3$）
		风积台地（$Ⅰ_2^4$）
		坡洪积台地（$Ⅰ_2^5$）
		坡积台地（$Ⅰ_2^6$）
侵蚀堆积区（Ⅱ）	山前冲洪积平原（$Ⅱ_1$）	残留洪积扇（$Ⅱ_1^1$）
		城东河、城西河冲洪积扇（$Ⅱ_1^2$）
		清水河冲洪积扇（$Ⅱ_1^3$）
		柳川河冲洪积扇（$Ⅱ_1^4$）
		侯家庙冲洪积扇（$Ⅱ_1^5$）
		洪塘河冲洪积扇（$Ⅱ_1^6$）
		石里河冲洪积扇（$Ⅱ_1^7$）
		赵家梁洪积扇（$Ⅱ_1^8$）
		口里东窑子洪积扇（$Ⅱ_1^9$）
		小辛庄洪积扇（$Ⅱ_1^{10}$）
		榆林-小仓盖洪积扇（$Ⅱ_1^{11}$）
		陈家庄洪积扇（$Ⅱ_1^{12}$）
		西甘庄洪积扇（$Ⅱ_1^{13}$）
		暖店湾洪积扇（$Ⅱ_1^{14}$）
		洋河南洪积扇（$Ⅱ_1^{15}$）
		姚家营洪积扇（$Ⅱ_1^{16}$）
		柳川河河道带（$Ⅱ_1^{17}$）
		龙洋河河道带（$Ⅱ_1^{18}$）
	洋河冲洪积平原（$Ⅱ_2$）	河床（$Ⅱ_2^1$）
		河漫滩（$Ⅱ_2^2$）
		谷坡（$Ⅱ_2^3$）

1. 低中山区（$Ⅰ_1$）

1）火山岩低中山（$Ⅰ_1^1$）。分布于张家口断裂以北，主要沿西沟村—稍道沟村—元宝山村—东太平山—鱼儿山一线呈北西向展布。区内海拔 880～1500m，相对高差 70～400m，地形陡峭，坡度一般 10°～20°，陡峭山脊处可达 70°～80°。锯齿状、尖棱状山脊发育，局地可见悬崖，山脊峻峭，山谷部分呈“V”形，沟壑地貌发育。该地貌单元由下白垩统张家口组火山岩和渐—中新统汉诺坝组玄武岩构成，以剥蚀作用为主。

2）碎屑岩低中山（$Ⅰ_1^2$）。分布于张家口断裂以北，沿坝底村—土井子村—清河村一线呈近南北向展布。海拔 1000～1440m，相对高差 10～100m，地形坡度一般为 10°～20°，陡峭山脊处可达 30°～40°，穹状山脊发育，多形成猪脊岭。该地貌单元由上白垩统南天门组砂砾岩构成，以侵蚀-剥蚀作用为主。

2. 低山丘陵区（I_2）

1）火山岩变质岩低山丘陵（I_2^1）。火山岩分布于张家口断裂南侧，分布范围主要为张家口市区东西两侧和火石窑山—草帽山一线，海拔620～960m，相对高差40～240m，地形坡度较缓，一般为10°～20°，尖棱状山脊、圆顶山均发育。变质岩分布于张家口市东望山乡殷家庄村、南湾村及大仓盖镇赵家屯一带，海拔800～1020m，相对高差60～160m。该地貌单元由下白垩统张家口组火山岩及古元古界变质正长花岗岩构成，以剥蚀作用为主。

2）碎屑岩碳酸盐岩低山丘陵（I_2^1）。位于宣化城区以北陈家庄—鸦儿山一带和洋河南岸下果园—卧虎山一带，整体呈近东西向—北西西向展布，海拔680～1000m，相对高差50～300m，地形坡度一般为10°～20°，陡峭山脊处可达30°～40°，尖棱状山脊、穹状山脊、圆顶山、单面山均发育。山谷部分呈“V”形。该地貌单元由中元古界长城系、蓟县系碳酸盐岩和中生界侏罗系火山碎屑岩构成，以侵蚀-剥蚀作用为主。

3）山间沟谷（I_2^3）。呈带状分布于低中山沟谷中，张家口北部谷宽100～1000m，海拔700～1296m，纵向坡度2°～3°；宣化北部谷宽80～300m，海拔640m～660m，纵向坡度1°～3°。微地貌包括箱形沟和“V”形谷。该地貌单元由全新统冲积砂砾石组成，谷坡以侵蚀作用为主，谷底以堆积作用为主。

4）风积台地（I_2^4）。分布于研究区部分山前地带，在山前呈弧状展布，海拔740～980m，由上更新统马兰组风积黄土构成，地形坡度为3°～5°，其上多发育柱状节理。

5）坡洪积台地（I_2^5）。沿研究区山前呈弧状展布，海拔680～840m，相对高差80～100m，地形坡度为3°～5°，由第四系上更新统坡洪积物构成，沉积物组合为土黄色粉土夹浅棕灰色古土壤层，二者显示微层理特征，顶部发育钙质结核，局部可见少量砂砾石层透镜体。

6）坡积台地（I_2^6）。在下八里村北低山山麓呈弧状展布，在土山洼疙瘩一带呈环状展布，海拔640～700m，相对高差20～60m，地形坡度为4°～8°。由第四系上更新统—全新统坡积砂砾石和含砾粉土构成，砾石成分复杂，分选、磨圆差，大小不一，多呈棱角状，由近山端至远山端砾石含量逐渐减少，砾径逐渐变小，分选、磨圆程度逐渐升高。

3. 山前冲洪积平原（II_1）

1）残留洪积扇（II_1^1）。沿研究区山前呈弧状展布，海拔615～907m，相对高差60～230m，地形坡度为3°～5°，由第四系上更新统—全新统洪积物构成，沉积物组合包括土黄色粉土、土黄色粉砂、含砾粉土和砂砾石层。

2）城东河、城西河冲洪积扇（II_1^2）。分布于城西河、城东河下游，在屈家庄—西湾见有叠加冲出锥，冲出锥扇体完整，主要由扇顶相的砂砾石、砾质粉土和扇中相的含砾粉土组成。该冲洪积扇扇顶相位于万全镇北村，岩性以砂砾石为主。扇中相位于东湾村—孔家庄，是冲洪积扇的主体，主要岩性有黄色细砂、土黄色粉砂、土黄色粉土、黄棕色粉质黏土等。

3）清水河冲洪积扇（II_1^3）。分布于清水河下游，南部被洋河谷地截切，西侧与城东河、城西河冲洪积扇呈过渡关系，二者之间没有截然界线。该冲洪积扇大致可分为扇顶相、扇中相和滞水相。其中，扇顶相位于老鸦庄以北，岩性为砾石、砂和含砾粉土；扇中相位于老鸦庄和姚家房之间，岩性为细砂、粉土、粉质黏土等；滞水相位于姚家房以南，岩性为粉土和粉质黏土。

4）柳川河冲洪积扇（$Ⅱ_1^4$）。分布于现柳川河东侧，轴长大于5.5km，扇缘宽大于4.5km，地形坡度为1°~2°，地势自北向南呈扇状降低。西侧以柳川河为界，整体覆盖洋河洪冲积平原Ⅰ级阶地之上，南侧被洋河洪冲积平原河漫滩侵蚀，发育一级台地陡坎，东侧与侯家庙冲洪积扇接触，地貌沉积物由中全新统洪积物构成，根据个别露头推断，沉积物主要为粉土。

5）侯家庙冲洪积扇（$Ⅱ_1^5$）。分布于刘家窑村—赵家梁村一带，轴长大于6km，扇缘宽大于6.8km，地形坡度为1°~3°，地势自北向南呈扇状降低，扇缘端地表改造强烈。西侧与柳川河冲洪积扇接触，南侧被洋河洪冲积平原河漫滩侵蚀，发育坡向南西、高差为1~2m的一级台地陡坎。地貌沉积物由中全新统洪积物构成，扇顶相以含砾粉土为主，扇形相以粉土为主。

6）洪塘河冲洪积扇（$Ⅱ_1^6$）。分布于洪塘河西侧，呈近南北向展布，轴长大于6km，扇缘宽大于5km，地形坡度为1°~3°，地势南高北低，地表普遍发育阶梯状陡坎。该洪积扇发育扇顶相和扇中相，前者岩性为土黄色粉砂、细砂，在细粉砂中可见层理构造；后者呈弧形，岩性为土黄色粉土和粉砂。

7）石里河冲洪积扇（$Ⅱ_1^7$）。分布于洪塘河东侧及石里河两侧，呈南北向扇状展布，轴长大于5.8km，扇缘宽大于5km，地形坡度为1°~3°，地势自南向北呈放射状降低，地表普遍发育阶梯状陡坎。地貌沉积物由下全新统洪积物构成，以土黄色粉土为主，局部可见少量细砂、粉砂和砂砾石透镜体，少数冲沟断面可见层理构造特征。

8）赵家梁洪积扇（$Ⅱ_1^8$）。分布于赵家梁—深井堡一带，呈北西-南东向，两侧侵蚀晚更新世残留洪积扇，二者之间发育高度为0.6~1m的三级残留洪积扇陡坎。其上发育冲沟等微地貌。主要岩性有扇顶相砂砾石、扇形相砾质粉土和含砾粉土。

9）口里东窑子洪积扇（$Ⅱ_1^9$）。分布于口里东窑子—柳树屯一带，轴长4km，扇缘宽3km，地形坡度东陡西缓，扇前端被清水河冲洪积扇破坏，由砾石、中细砂、含砾粉土构成。

10）小辛庄洪积扇（$Ⅱ_1^{10}$）。分布于小辛庄—姚家庄镇一带，扇缘长6.6km，轴长7km，扇根附近坡度为1.5°~2°，扇前端坡度小于0.5°，与晚更新世坡洪积台地间有2~3m的陡坎，被清水河冲洪积扇破坏。由砾石、粉土、含砾粉土等构成。

11）榆林-小仓盖村洪积扇（$Ⅱ_1^{11}$）。分布于榆林村—小仓盖村一带，出露轴长8km，出露扇缘宽6km。与晚更新世坡洪积台地间的陡坎高度为1~5m。扇顶相坡度为1.5°~2°，由砾石、砾质粉砂等构成；扇形相坡度在1°左右，由含砾粉土、粉土构成；滞水相坡度小于0.5°，由粉土构成。

12）陈家庄洪积扇（$Ⅱ_1^{12}$）。分布于宋家庄村—小东庄村一带，轴长约2km，扇缘宽约1.1km，地形坡度为1°~2°，地势自北向南呈锥状降低，地表普遍发育阶梯状陡坎，扇缘端人类活动频繁，地表改造强烈。由中全新统洪积物构成，扇顶相以含砾粉土为主，扇形相以粉土为主。

13）西甘庄洪积扇（$Ⅱ_1^{13}$）。分布于塔儿村—西甘庄—古树营一带，轴长大于6km，扇缘宽约9km，地形坡度为1°~4°，地势自西南向东北呈扇状降低。地貌沉积物由下全新统洪积物构成，主体为灰黄色粉土和粉砂，局部可见砂砾石夹层或砂砾石层透镜体，发育平行层理和槽状交错层理。

14）暖店湾洪积扇（II_1^{14}）。分布于背坡村—暖店湾一带，轴长大于5.5km，扇缘宽约4km，地形坡度为2°～4°，地势自西南向东北呈扇状降低，地表普遍发育阶梯状陡坎。由下全新统洪积物构成，包括粉土、含砾粉土、粉砂和砂砾石层，呈层状产出，发育平行层理和槽状交错层理。

15）洋河南洪积扇（II_1^{15}）。分布于三台子—洋河南镇一带，轴长大于4.5km，扇缘宽约8km，地形坡度为1°～2°，地势自南偏西向北偏东呈扇状降低，地表普遍发育阶梯状陡坎，人类活动频繁，地表改造强烈。地貌沉积物由下全新统洪积物构成，沉积物主体为粉土和粉砂，局部可见砂砾石透镜体出露。

16）姚家营洪积扇（II_1^{16}）。岩性以含砾粉土为主，轴长约4km，前缘宽6km，地形坡度为1°～3°，地势自西北向东南降低，与龙洋河冲洪积物相接。

17）柳川河河道带（II_1^{17}）。长16km，河谷宽600～1500m，地形坡度为1°～3°，地势西北高、东南低，微地貌有河道和阶地，出露沉积物分别为冲积砂砾石、冲洪积粉砂和粉土。

18）龙洋河河道带（II_1^{18}）。长20km，河谷宽300～700m，地形坡度为1°～3°，地势西北高、东南低，微地貌有河道和阶地，出露沉积物分别为冲积砂砾石、冲洪积粉砂和粉土。

4. 洋河冲洪积平原（II_2）

1）河床（II_2^1）。位于河谷中部，由两侧的河堤围限，河堤高1.5～2m，顶宽1.0m，底宽5.0m左右，以人工堤为主，部分地段为砂质自然堤，河床宽500～600m，沉积物以中粗砂为主，采砂坑内可见砾石层出露，二元结构特征明显。

2）河漫滩（II_2^2）。位于洋河河床两侧，呈带状展布，地势较平坦，北岸出露宽度最宽可达1.9km，南岸出露宽度最宽可达1.8km，横向上地势较平坦，纵向上地势西北高、东南低。沉积物以细砂、粉砂、粉土、粉砂质黏土为主，局部地段见淤泥。

3）谷坡（II_2^3）。位于洋河河谷两侧，由于洋河的下切，形成低于地表的谷地，谷坡一般为近直立形，高1.5～8m，洋河北岸基本表现为Ⅰ级阶地特征，陡坎高差为2～2.5m，仅在洋河南岸江家屯一带保留了两级阶地特征，其中Ⅰ级阶地陡坎高差为0.5～1.0m，Ⅱ级阶地陡坎高差为1.5～2m，为堆积阶地。在刘家堡村、西房子村陡坎较小，坡度较缓，并形成Ⅱ级阶地，阶地高2.0～2.5m，为侵蚀阶地。

第二节　气象水文

一、气象

研究区属于北寒温带大陆性季风气候区，四季分明，春秋多风少雨，夏季凉爽短促，冬季严寒漫长。1981—2019年研究区内多年平均降水量为370.73mm，降水量年内分配集中，每年降水多集中在6—9月，约占全年降水量的70%。1981—2019年研究区内多年平均水面蒸发量为1768.65mm。年内温差大，年平均气温为5.7℃，1月平均气温为

-10.5℃，7月平均气温为23.1℃，结冰期自11月至次年3月，无霜期约120d。该区冬春季受西北气流控制，多风少雨雪，夏季和初秋受偏南海洋暖湿气流控制，雨水较多。

1981—2019年，研究区最大年降水量为589.87mm（1995年），最小年降水量为172.47mm（1985年），最大年蒸发量为2088.63mm（2001年），最小年蒸发量为1353.70mm（2017年）。降水量变化曲线见图2-2-1，蒸发量变化曲线见图2-2-2。

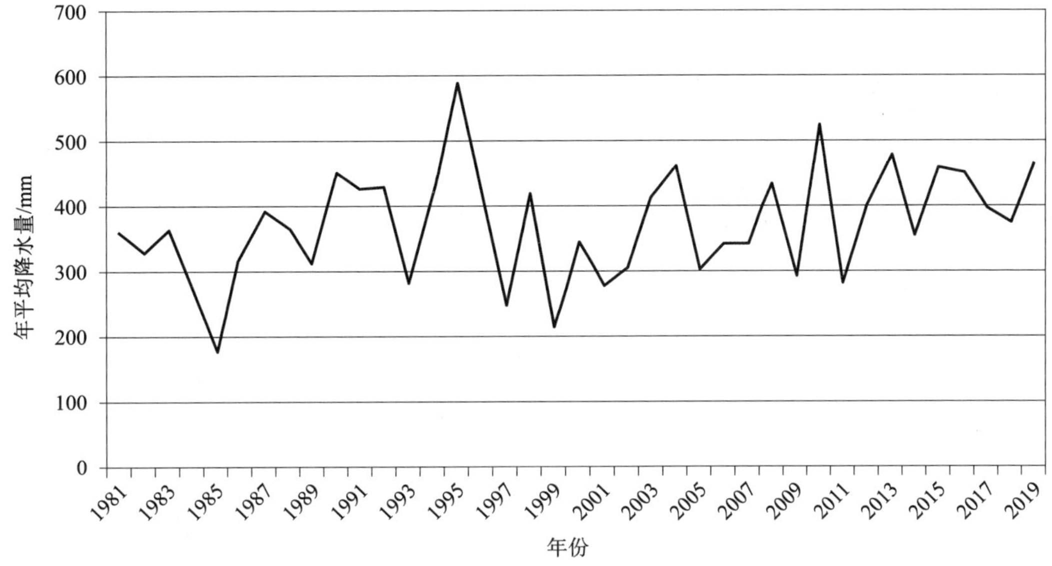

图2-2-1　研究区1981—2019年降水量变化曲线

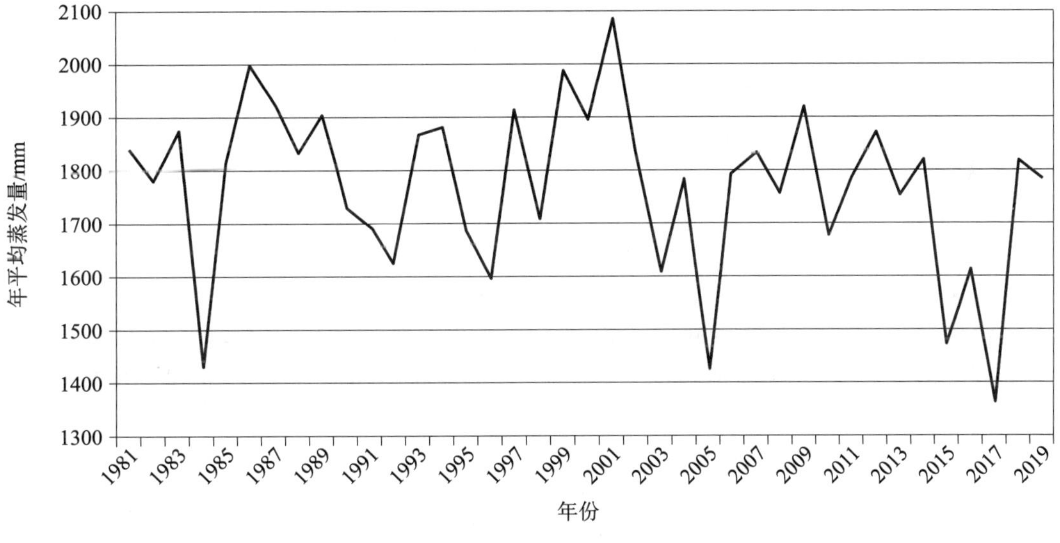

图2-2-2　研究区1981—2019年蒸发量变化曲线

二、水文

研究区属海河流域永定河水系，主要河流为洋河及其支流。洋河为永定河流域两大支流之一，由西向东流过，由西洋河、南洋河、东洋河3条主要支流于万全区北沙城乡岸庄屯村南汇合后称洋河。洋河至怀来县夹河村与桑干河汇合后入大洋河，东行10.5km注入官厅水库后汇入永定河。洋河干流全长106km，流经研究区的长度为63km，研究区沿途有城西河、城东河、清水河、柳川河、洪塘河、石里河、水泉河、口泉河等多条支流汇入。据盆地出口响水铺水文站记录，1981—2001年的20年间年均径流量为$2.24\times10^{8}m^{3}$，1981—2019年的39年间年均径流量为$1.54\times10^{8}m^{3}$，2015—2019年多年年均径流量为$1.09\times10^{8}m^{3}$，近5年最大年径流量为$1.26\times10^{8}m^{3}$（2016年），最小径流量为$0.98\times10^{8}m^{3}$（2018年）。详见研究区水系分布示意图（图2-2-3）。

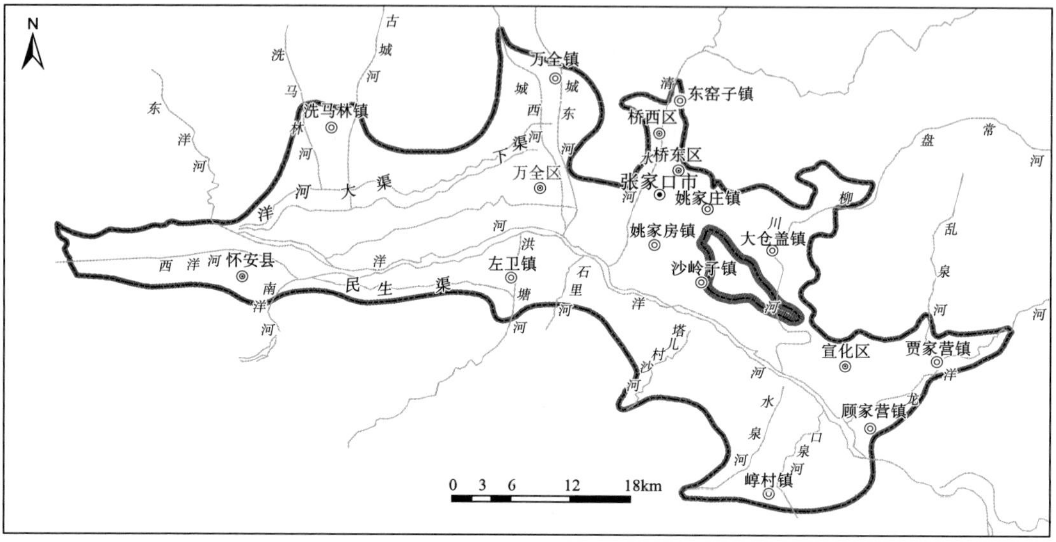

图2-2-3 研究区范围及其水系分布示意图

第三节 区域地质概况

一、地层岩性

研究区地层分为前第四系及第四系，前第四系出露地层由老到新主要有新太古界崇礼岩群谷嘴子组，中元古界长城系、蓟县系，中生界侏罗系、白垩系，新生界古近系、新近系。第四系由老到新分别为中更新统、上更新统、全新统。前第四系地层划分见表2-3-1，第四系地层划分见表2-3-2。

表2-3-1 研究区前第四系地层划分一览表

年代地层			岩石地层单位	
新生界	古近—新近系	渐—中新统	汉诺坝组	E_3N_1h
		始新统	蔚县组	E_2y

续表

年代地层			岩石地层单位	
中生界	白垩系	上白垩统	南天门组	K_2n
		下白垩统	青石砬组	K_1q
			张家口组	K_1z
	侏罗系	上侏罗统	土城子组	J_3tc
		中—上侏罗统	髫髻山组	$J_{2-3}t$
中元古界	蓟县系		雾迷山组	Jxw
			高于庄组	Jxg
	长城系		大红峪组	Chd
			团山子组	Cht
			串岭沟组	Chch
			常州沟组	Chc
新太古界			崇礼岩群谷嘴子组	Ar_3^2g

表 2-3-2　研究区第四系地层划分一览表

年代地层					第四纪沉积物
新生界	第四系	全新统	全新统上部		人工堆积物（Qh^{3s}）、湖积物（Qh^{3l}）、坡积物（Qh^{3dl}）、冲积物（Qh^{3al}）
			全新统中部		冲积物（Qh^{2al}）、冲洪积物（Qh^{2alp}）、洪积物（Qh^{2pl}）
			全新统下部		冲洪积物（Qh^{1alp}）、洪积物（Qh^{1pl}）
		更新统	上更新统	上部	洪积物（Qp_3^{2pl}）、坡积物（Qp_3^{2dl}）、坡洪积物（Qp_3^{2dpl}）
				下部	马兰组风积物（$Qp_3^1m^{eol}$）
					迁安组冲洪积物（$Qp_3^1q^{alp}$）
			中更新统	上部	赤城组冲洪积物（$Qp_2^2c^{alp}$）
				下部	残坡积物（Qp_2^{1eld}）

（一）前第四系地层岩性特征

1. 新太古界（Ar_3）

新太古界崇礼岩群谷嘴子组（Ar_3^2g）为研究区最老地层，地表无出露。岩性主要为角闪辉石斜长变粒岩、黑云斜长变粒岩和含辉石二长片麻岩等，上部与中更新统赤城组整合接触。

2. 中元古界（Pt_2）

中元古界主要有长城系和蓟县系，长城系呈角度不整合覆盖于崇礼群变质岩系之上，地层出露较全，但与蓟县系剖面比较，厚度较小。主要出露于研究区东北部陈家庄一带，整体呈北西西向—近东西向展布。

（1）长城系（Ch）

1）常州沟组（Chc）。仅出露于研究区北东部陈家庄—烟筒山铁矿一带，岩性组合为一套碎屑岩，主体为灰白色石英岩状砂岩，其内可见少量粉砂岩及页岩夹层，发育平行层理、板状交错层理及波痕，显示总体为潮坪相沉积环境。

2）串岭沟组（Ch*ch*）。主要出露于陈家庄—烟筒山铁矿一带，整体呈北西西向—近东西向展布，色调为褐红色和灰绿色，岩石整体破碎程度较高。

3）团山子组（Ch*t*）。主要出露于陈家庄—奶奶怀山一带山脊处，整体呈北西西向—近东西向展布，色调为浅褐黄色，岩石局部较破碎。岩性主体为碳酸盐岩，以含铁白云岩、微晶白云岩为主，其次为砂岩和粉砂质页岩，顶部可见紫红色含铁泥质白云岩。

4）大红峪组（Ch*d*）。主要出露于区内陈家庄—鸭儿山一带山脊处，整体呈北西西向—近东西向展布，区内大红峪组为一套碎屑岩－碳酸盐岩潮坪相沉积，岩性主要以碎屑岩为主。

（2）蓟县系（Jx）

1）高于庄组（Jx*g*）。主要出露于陈家庄—鸭儿山一带低山阳坡处，零星出露于下果园—胶泥湾一带，与下伏大红峪组为断层接触关系，局部为连续沉积，与上覆雾迷山组为断层接触关系，二者之间缺失杨庄组，出露岩性主要以白云岩为主。

2）雾迷山组（Jx*w*）。主要出露于陈家庄—鸭儿山一带低山阳坡处，整体呈北西西向—近东西向展布，色调为深灰色和浅褐黄色。雾迷山组为一套滨浅海相碳酸盐岩，特点是硅质条带白云岩为主体，富含叠层石。

3. 中生界（Mz）

（1）侏罗系（J）

1）髫髻山组（$J_{2-3}t$）。零星出露于测区西侧塔尔村乡林场和测区东侧土山洼疙瘩一带，前者色调为紫红色，后者色调为灰绿色，二者均未见底，且上部被第四系松散堆积物所覆盖。岩性为一套溢流相中性熔岩。

2）土城子组（J_3tc）。分布于宣化以北陈家庄—鸭儿山一带阳坡，宏观色调为灰白色和紫红色，为一套河流相沉积碎屑岩，上部为灰白色砾岩夹灰黄色砂岩，下部为紫红色复成分砾岩。

（2）白垩系（K）

1）张家口组（K_1z）。主要分布于张家口市区，被上白垩统南天门组角度不整合覆盖。研究区内仅出露三段、四段、五段 3 个岩性段，主要岩性为粗面岩、流纹岩、凝灰岩、集块角砾岩。

2）青石砬组（K_1q）。分布于万全盆地城东河、城西河一带，该组下部以灰色—灰白色厚层状砾岩、灰白色中细粒砂岩为主，夹少量砖红色—深灰色粉砂质泥岩、灰黑色碳质页岩，含煤线和煤层；上部为灰白色、褐黄色厚层状砾岩夹灰色—灰白色中细粒砂岩、灰色—绿灰色粉砂质泥岩。

3）南天门组（K_2n）。分布于研究区北部，为一套陆相碎屑沉积岩，主体岩性以灰白、紫红色砾岩为主，夹含砾砂岩、砂岩及泥岩，发育粒序层理、平行层理、斜层理等，整体环境为巨厚河流相或河湖相沉积。

4. 新生界（Cz）

（1）古近系（E）

始新统蔚县组（E_2y）。分布于研究区西南侧西庄子—甘庄子一带，为一套溢流相基性熔岩，岩性主要为深灰色致密块状玄武岩和灰绿色气孔状、杏仁状玄武岩，局部可见硅质玛瑙和球状风化，岩石质地坚硬。未见底，上部被第四系松散堆积物所覆盖。

（2）古近—新近系（EN）

渐—中新统汉诺坝组（E_3N_1h）。分布于研究区北缘，岩性主要为致密块状玄武岩、橄榄玄武岩与气孔、杏仁状玄武岩互层，中上部球状风化明显，底部发育灰色、砖红色泥岩夹砾岩透镜体。其角度不整合于南天门组之上。

（二）第四系地层岩性特征

区内第四系包括中更新统（Qp_2）、上更新统（Qp_3）、全新统（Qh），其中中更新统（Qp_2）又进一步划分为中更新统下部和中更新统上部，上更新统（Qp_3）也进一步划分为上更新统下部和上更新统上部，全新统（Qh）也进一步划分为全新统下部、全新统中部及全新统上部。

1. 中更新统（Qp_2）

1）中更新统下部残坡积物（Qp_2^{1eld}）。分布于田茂庄、胶泥湾和小辛庄一带，地表未出露。以赤红色含砾红黏土为主，局部为泥质粗砂砾石，最显著的结构特点为“泥包砾”。角砾以棱角状为主，分选性极差，反映长期风化残积特征。厚度为5～32m。其上部与该组冲洪积物整合接触，下部与下伏下白垩统张家口组不整合接触。

2）中更新统上部赤城组冲洪积物（$Qp_2^2c^{alp}$）。零星分布于逯家湾村西南、盆窑村西、田茂庄村西、西庄子村北西，位于陡坎之下。该组为一套冲洪积相的浅砖红色、棕黄色含砾砂质黏土，发育少量钙质结合和弱柱状节理，堆积物呈弱固结—半固结状态。厚度为28～136m。

2. 上更新统（Qp_3）

按照成因类型该地层可划分为冲洪积、风积、坡洪积、坡积、洪积，其中风积成因的堆积物划归马兰组。主要的岩性为风成粉土、砂砾石、粉质黏土等。

1）上更新统下部冲洪积物（Qp_3^{1alp}）。地表无出露，岩性以杂色砾石层为主，夹若干层黄色砂质黏土，砾石成分与附近基岩岩性有关，近山缘较厚，远山端变薄甚至消失。厚度为20～42m。其下与中更新统赤城组整合接触，顶部被上更新统坡洪积物覆盖。

2）上更新统下部迁安组冲洪积物（$Qp_3^1q^{alp}$）。岩性为一套浅黄色、褐黄色的砂砾石、中粗砂、黏土质粉砂、粉砂质黏土，为河流相沉积，该层发育水平层理、斜层理，整体固结较弱。厚度为17～120m。

3）上更新统下部马兰组风积物（$Qp_3^1m^{eol}$）。广泛分布于山前、坡麓及山间洼地中。岩性以土黄色风成粉土为主，质地较纯，其间偶含砾石。厚度为20～40m。其下部与中更新统赤城组以一层棕色、红棕色、砖红色黏土或粉土为界，顶部以一层坡洪积砾石与晚更新世坡洪积物、洪积物为界。

4）上更统上部洪积物（Qp_3^{2pl}）。广泛分布于近山端，绕山前呈弧形展布，构成晚更新世洪积裙的主体，地貌为残留洪积扇。岩性主要为黄色粉砂质黏土、黏土质粉砂、含砾黏土质粉砂、砾质黏上质粉砂、砾石层和细粉砂等，黏土质粉砂中可见钙质结核。厚度为28～74m。其覆盖于上更新统马兰组和上更新统坡洪积物之上，又被全新世松散堆积物侵蚀覆盖。

5）上更新统上部坡积物（Qp_3^{2dl}）。岩性为砂砾石和含砾粉土，砾石成分复杂，分选、磨圆差，大小不一，多呈棱角状，由近山端至远山端砾石含量逐渐减少，砾径逐渐变小，分选、磨圆程度逐渐升高。厚度为5～10m。

6）上更统上部坡洪积物（Qp_3^{2dpl}）。广泛分布于研究区近山端田茂庄村、吴家庄村、苏家桥—武家庄一线及研究区南部。岩性主要为土黄色黄土状土夹棕红色古土壤层，局部夹砾石透镜体，含钙质结核，宏观色调为土黄色，局部可见浅棕黄色夹层。厚度为20～100m。

3. 全新统（Qh）

广泛分布于研究区南部的洋河谷地和各大洪积扇上，岩性主要由土黄色粉土、黄棕色粉砂质黏土、浅黄色中—细—粉砂、杂色砂砾石等组成。厚度为5～70m。根据其物质组成、产出状态及堆积的地貌单元，划分为人工堆积、冲积、湖积、坡积、冲洪积和洪积等6个成因类型，在成因基础上，进一步划分出3期。

1）全新统下部洪积物（Qh^{1pl}）。沉积物组合以土黄色粉土、粉砂为主，局部发育砾石层夹层或透镜体，显示多元结构特征，发育平行层理、斜层理和槽状交错层理，沉积物组合以漫洪相沉积为主，槽洪相沉积为辅。

2）全新统下部冲洪积物（Qh^{1alp}）。沉积物组合以粉砂、细砂和土黄色粉土为主，局部黏土含量较高，显示粉砂质黏土特征。

3）全新统中部洪积物（Qh^{2pl}）。沉积物组合以土黄色粉土为主，局部可见少量含砾粉土和砾石层透镜体，沉积环境以漫洪相沉积为主，槽洪相沉积为辅。

4）全新统中部冲洪积物（Qh^{2alp}）。沉积物以灰黄色粉砂、细粉砂、砂砾石、中砂、细砂为主，灰黄色粉土次之，且粉土呈不等厚状覆盖于粉砂之上。

5）全新统中部冲积物（Qh^{2al}）。沉积物组合包括砂砾石、中粗砂、中砂、细砂和粉砂，显示多元结构特征，发育平行层理、板状交错层理和槽状交错层理。该成因类型的产物特点较明显，砂的成分成熟度和结构成熟度均较高，这点可与洪积成因的砂、粉砂相区别。

6）全新统上部冲积物（Qh^{3al}）。沉积物组合包括砂砾石、中粗砂、中砂、细砂和粉砂，显示多元结构特征，发育平行层理、板状交错层理和槽状交错层理。该成因类型的产物特点较明显，砾石成分复杂，分选、磨圆极好，砂的成分成熟度和结构成熟度均较高。

7）全新统上部坡积物（Qh^{3dl}）。仅见于南天门—莱市村一带，岩性为浅灰色坡积砾质粉砂。砾石在粉砂中杂乱分布，局部形成砾石层，但在走向及倾向上变化均较大，砾石成分均为附近的基岩，以酸性火山岩为主，见少量紫红色泥岩、灰色砂岩等砾石，说明砾石搬运不远，这些砾石一般呈棱角状。

8）全新统上部湖积物（Qh^{3l}）。研究区湖积物较少，仅在洋河两岸见及2个牛轭湖沉积物，其岩性为灰黑色淤泥和粉砂质黏土。总体看颜色较深，沉积物底部与冲积粉砂、细砂接触，上部为水体或未见顶，沉积厚度不大，仅0.5m左右。

9）全新统上部人工堆积物（Qh^{3s}）。在苏家桥东南呈不规则面状分布，范围较小，岩性为砾质粉土、砾质粉砂质黏土、建筑及生活垃圾等。另外，在逯家湾村东侧的洋河两岸呈线状分布有该成因类型的堆积物，为修建河堤的产物。

二、岩浆岩

（一）侵入岩

区内侵入岩零星分布于研究区北部和东南部，可划分为古元古代侵入岩、中元古代侵入岩和中生代潜火山岩。

1. 古元古代侵入岩

变质辉长辉绿岩（$\beta\nu Pt_1$）。分布于张家口断裂带中部永丰堡村，现已被改造为居民地、环城高速。

变质正长花岗岩（$\xi\gamma Pt_1$）。出露于宣化区姚家坟村东、宣化区北部王家湾—四方台村一带。

2. 中元古代侵入岩

变质辉长岩（νPt_2）。零星出露于宣化区北侧邵家湾一带。

3. 中生代潜火山岩

潜火山岩主要为潜流纹岩、潜粗面岩，分布于张家口组破火山口附近，在放射状、环状火山断裂部位亦有少量出露。

（二）火山岩

研究区内火山岩广泛发育，遍布研究区北部和东部，据火山岩岩性、岩相、岩石（岩相）组合等，依次划分为中侏罗世火山岩、早白垩世火山岩、始新世火山岩和渐—中新世火山岩。

1. 中侏罗世火山岩

火山岩零星出露于研究区南侧塔尔村乡林场和东南侧土山洼疙瘩一带，由髫髻山组构成。岩性为一套溢流相中性熔岩，塔尔村乡林场一带为紫红色粗安岩，土山洼疙瘩一带为灰绿色安山岩。

2. 早白垩世火山岩

该期火山岩出露面积为本区之首，主要分布于研究区北部和东部，近圆状，北东向展布，与区域构造线走向基本一致。该期火山岩由张家口组构成，区内只仅出露三段、四段、五段 3 个岩性段。岩性主要为粗面岩、流纹岩、含砾砂岩。

3. 始新世火山岩

始新世火山岩分布于研究区南部，由蔚县组玄武岩构成。以基性玄武岩溢流为特征，零星出露于大面积第四纪松散堆积物之中。岩性主要为深灰色致密块状玄武岩和灰绿色气孔状、杏仁状玄武岩，岩性单一，岩相简单，仅为喷溢相。

4. 渐—中新世火山岩

火山岩分布于研究区北部，由汉诺坝组玄武岩构成。以基性玄武岩溢流为特征，区内角度不整合覆盖于上白垩统南天门组之上。岩层产状平缓，构成熔岩台地。岩性单一，岩相简单，可划分出喷溢相、喷发沉积相。

三、地质构造

（一）大地构造位置

研究区位于华北陆块北缘中段，在漫长的地质历史中历经了多次构造变形，形成了本区独特的构造格局。一级大地构造单元属柴达木－华北板块（Ⅲ）；二级构造主体属华北陆块（ⅢA）；三级构造主体属燕山－辽西裂陷带（ⅢA_2^3）；四级构造属宣化—易县盆地（ⅢA_2^3－1）。

（二）新构造运动

1. 新构造运动分区

根据新构造运动方式、幅度、类型及其大地构造位置和地震活动性等，将研究区及周围的晋冀蒙断块隆起区（Ⅰ）分为下列新构造单元（图2－3－1）。

晋冀蒙断块隆起区涵盖山西东部、河北西北部和内蒙古集宁、赤峰，为晚新生代以来的间歇性抬升隆起和裂陷区，其次级构造单元包括：

1）内蒙古高原断隆（Ⅰ_1）。位于康保－赤峰深断裂以北部分，为多伦复背斜带浑善达克盆地的一部分。南部海拔多为1300～1500m，往北进入浑善达克盆地海拔降低为1000m左右。新生代以隆起为主，大面积分布着近于水平的上新统红色黏土，正镶白旗和镶黄旗一带上新世沉积呈指状向南深入。本区地震活动十分微弱。

2）燕山断隆（Ⅰ_2）。北界为康保－赤峰深断裂，南界为尚义－赤城深断裂，是燕山期以来的强烈隆起区，总体呈东西走向。新近纪以来整体隆升，内部差异活动微弱，以发育小型山间盆地为特征，同时沿尚义－赤城深断裂发生强烈的玄武岩浆喷发事件。区内发育两期夷平面，北台期夷平面海拔在1000m左右，受断裂构造的影响，夷平面发生变位，自南向北逐渐抬升，这期夷平面切割的最新地层为侏罗系－白垩系火山碎屑岩。在山前地带以及河谷的两侧发育唐县期夷平面，海拔为500～150m，向平原倾斜，这期夷平面切割的最新地层为始新统，在夷平面上形成一些新近纪的沉积。第四纪以来，隆起区南缘形成的北西向张家口－渤海断裂带，构造活动明显增强。

3）鄂尔多斯断块隆起（Ⅰ_3）。位于研究区的西南部，东起吕梁山脉，西抵桌子山、云雾山，南以渭河盆地与秦岭山脉相对，北达黄河之滨的河套盆地与阴山相隔。主体部分是华北断块区内长期稳定的构造单元。新生代以来，隆起区主体缓慢抬升，现今海拔在1000m左右，构造、地震活动微弱，无6级以上的地震发生，主要的差异运动和地震活动都发生在隆起区周缘的断陷盆地带。

4）山西断陷带（Ⅰ_4）：带内发育一系列北东向—北东东向的新生代拉张断陷盆地，在区内的盆地有延怀盆地、大同盆地、蔚阳盆地、张宣盆地、灵丘盆地和涞源盆地。由于受北东向—北东东向活动断裂的控制，第四纪盆地得到了进一步发展，沉积厚度较大，如延怀盆地厚度最厚达889m，大同盆地最厚达523m。这些盆地均为不对称的掀斜状断陷盆地，一侧深而另一侧浅。山西断陷带是华北断块区新构造活动强烈的地带，强震活动频繁。

5）太行山断隆（Ⅰ_5）。本区是太行山断块隆起区的北延部分，北部以军都山和燕山断块隆起区和阴山断块隆起区相连。区内构造线和山体走向为北北东向—北东向，地形上东北高西南低。新生代以来以整体间歇性抬升为主要特征，古近纪山体相对稳定，河流以侧蚀为主，在隆起区边缘和河谷地带形成唐县剥蚀面，其上堆积了一些上新世红土砾石层。第四纪多次间歇性抬升，河流阶段性下切，形成“V”形河谷及多级河流阶地。在隆起的背景上，一些老断裂在新近纪—第四纪发生差异运动，产生了一些半地堑式构造盆地和一些新的断裂等。断块隆起区内部差异活动不甚明显，地震活动较弱，破坏性地震主要沿边界断裂带分布。

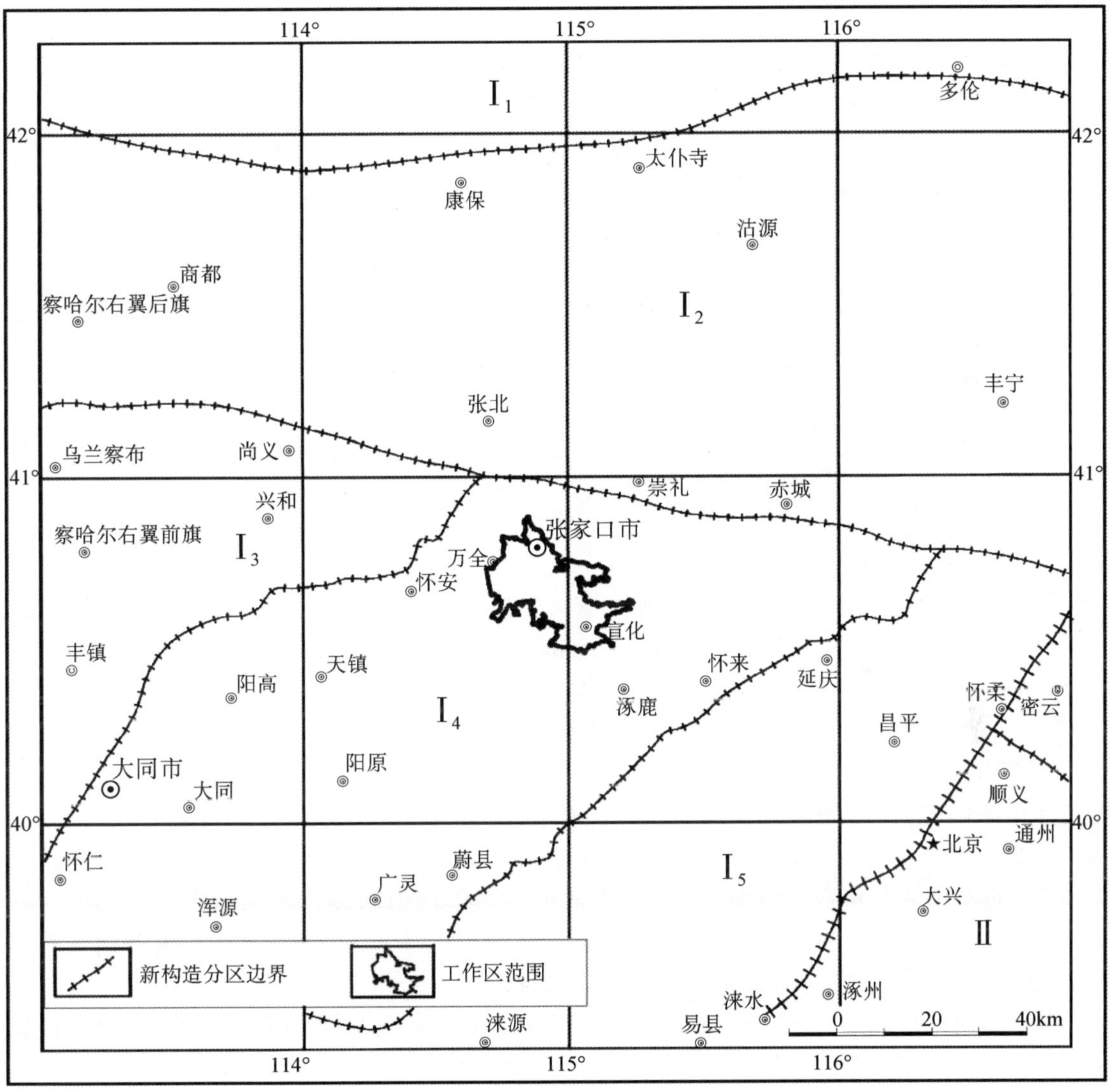

图 2－3－1 区域新构造单元划分图

2. 新构造运动特征

经过晚白垩世晚期—古新世的稳定过渡后，地壳长期处于应力松弛阶段，本区进入新构造运动发展阶段。新构造运动是指造成现代地势基本特点的构造作用，具有普遍性和节奏性，表现形式是振荡。

本区新构造运动活动最剧烈的时间是在新近纪末期—第四纪初期，以断块不均衡升降运动为特点，主要表现为断块间显著的差异运动，并伴有山间断陷盆地、阶地及活动断裂的形成等。新构造运动具有明显的分区性，在区域大地构造及应力场的控制下，各大地构造单元新构造运动类型、幅度、运动方式等呈现各自的特点：

1）断块的垂直差异活动是研究区普遍存在的一种新构造运动形式。研究区内存在一系列新近纪坳陷和相伴的隆起，坳陷内的沉积厚度多在百米以上。隆起上缺失或仅有少许的古近系。

2）断块隆起区在新生代表现为面状隆起，垂直差异活动较少。隆起区内部的中生代断陷盆地和山间盆地在新生代有继承性发展，但沉积厚度不大，一般几十米至100m。断裂亦表现出继承性活动，主要活动在中更新世晚期。

3）新构造运动表现为不同地质时期断裂活动方式的继承性。绝大多数活动断裂均形成于中生代以前，新构造运动时期，在区域构造应力场的作用下，沿袭老断裂的结构面再次发生运动，如洋河隐伏断裂等。另外，继承性还表现为隆起区继续隆起和沉降区进一步沉降。

4）新构造运动还具有新构造行迹形成的新生性，即老构造发生反向运动、沉积中心迁移等。如张家口断裂在第四纪，新形成一条北西向坳陷带，同时，北西向断裂的活动也逐渐加强。

5）本区新构造运动表现为南北向差异升降活动，断块上升的结果导致河流下切，形成河流阶地。由于各断块抬升时间上的差异，致使阶地形成具有分阶段性。

（三）断裂构造

本区涉及的区域断裂共有7条，即张家口断裂、石窑山－八角台山断裂、洋河隐伏断裂、洗马林－水泉断裂、万全断裂、清水河断裂、马市口－庞家堡断裂。

1）张家口断裂（F1）。张家口断裂是华北地区著名的张家口－渤海构造活动带西部的一条主要断裂，西起万全区黄家堡村，向西继续延至北新屯西，止于北东向洗马林北断裂；往东南经张家口北收费站、苏家桥北、翠屏庵、口里东窑子、人头山，延至大白阳东南，总体走向300°，倾角60°～75°，甚至更大，全长70km，研究区内长25km。

2）石窑山－八角台山断裂（F2）。石窑山－八角台山断裂是张家口市区中部的一条断裂，通过野外地质调查了解，断裂西起万全区石庄屯村，经香炉山、八角台山、石窑山，至宣化区赵家窑村延出研究区，总体走向为315°，断续出露长约20km。

3）洋河隐伏断裂（F3）。洋河隐伏断裂为研究区南部一条北西向隐伏断裂，根据遥感高分辨率影像资料、大地电磁测深剖面和构造路线调查，断裂沿万全区赵家梁村—义兴堡村—明湖—宣化区西前所村—洋河南镇一线展布，直接或间接控制着洋河河道的流向，总体走向305°，倾角在85°左右，性质为向北东或南西倾的正断层，长度约45km。

4）洗马林－水泉断裂（F4）。洗马林－水泉断裂为张家口－蓬莱构造带的重要组成断层之一，在研究区内沿第四屯—冀家庄一线分布，呈隐伏状态。活动性质比较复杂，由一组走向北西向的多段左行斜列断裂组成，断层性质或正或逆，倾角 75°～80°，许多甚至直立，整体走向呈 310°。

5）万全断裂（F5）。万全断裂是万全盆地西部的一条第四纪控盆断裂，地貌上为低山丘陵与山前冲洪积裙分界，构造上位于山西断陷带与燕山断隆交汇部位，地质上为中生界与新生界分界。断裂总体上呈北北东向展布，走向 30°～40°，倾向南东，倾角 65°～83°，区内断续出露长约 11km，其东北端与张家口断裂相交，西南端与洗马林－水泉断裂相会，共同控制着万全盆地的发展演化。

6）清水河断裂（F6）。清水河断裂沿清水河流域展布，该断裂带由数条北北东走向的断层组成，控制了清水河谷的走向，断裂带形成了清水河谷两侧高差数十米的断层崖。后期被北西向张家口断裂（香江小区附近）和石窑山－八角台山断裂（沈家屯附近）截断错开形成北、中、南 3 段。由于张家口断裂北东盘为上升盘，故清水断裂仅在大境门以北最为明显，中段和南段整体为隐伏状态。

7）马市口－庞家堡断裂（F7）。马市口－庞家堡断裂西起怀安县马市口，经左卫、沙岭子、宣化北至庞家堡，延伸长约 110km。该断裂整体呈近东西向展布，是由 3 条平行等距断裂组成的高角度北倾压扭型逆冲断裂带，最新活动时期为中生代晚侏罗世。

（四）地震

根据《中国地震动参数区划图》（GB/T 18306—2001），本区地震动峰值加速度为 0.15g，属山西隆起区断陷地震带，对照烈度属Ⅶ度区。

区域上存在一条规模较大的地震活动带，即渤海－张家口地震密集带。1970 年以来地震观测结果表明，区域现代小震活动相当频繁，研究区内共发生有 100 多次地震，其中中震发生（≥4.5 级）3 次，有感地震及弱震次数达到 90 多次。震级较高（≥4.5 级）的 3 处分别为万全区孔家庄镇新窑子村西、经开区姚家房镇刘家坑村西北和宣化区洋河南镇新范庄村西南。发生地震位置主要处于洗马林－水泉断裂和洋河隐伏断裂挟持部位，清水河断裂和马市口－庞家堡断裂、洋河隐伏断裂交汇部位，其他区域活动较少，空间分布上具有不均匀性，受新构造活动影响明显。

第四节　区域水文地质概况

一、地下水系统划分及分布规律

以研究区的地貌形态为基础，并结合含水岩组、地下水类型、富水性及其他水文地质特征将地下水划分为 4 级分区。一级分区和二级分区依据地貌单元确定，三级分区依据含水岩组、地下水类型确定。四级分区依据富水性确定，富水性根据强弱分为 5 个等级，分别为大于 5000m^3/d、3000～5000m^3/d、1000～3000m^3/d、300～1000m^3/d、小于 300m^3/d。分区见表 2－4－1。

表 2-4-1 研究区水文地质单元分区说明

地貌单元			形态类型		富水性（单井涌水量）（$m^3 \cdot d^{-1}$）	
一级	二级					
构造剥蚀－剥蚀堆积区Ⅰ	低中山	I_1	低中山火山岩、玄武岩基岩裂隙水	I_1^1	<300	I_1^{1-1}
			低中山碎屑岩孔隙裂隙水	I_1^2	<300	I_1^{2-1}
	低山丘陵	I_2	低山丘陵火山岩基岩裂隙水	I_2^1	<300	I_2^{1-1}
			低山丘陵碎屑岩基岩孔隙裂隙水	I_2^2	<300	I_2^{2-1}
			低山丘陵碳酸盐岩裂隙溶洞水	I_2^3	<300	I_2^{3-1}
			山间沟谷松散岩类孔隙水	I_2^4	300～1000	I_2^{4-1}
			风积台地松散岩类孔隙水	I_2^5	<300	I_2^{5-1}
			坡洪积台地松散岩类孔隙水	I_2^6	300～1000	I_2^{6-1}
					<300	I_2^{6-2}
			坡积台地松散岩类孔隙水	I_2^7	<300	I_2^{7-1}
侵蚀堆积区Ⅱ	山前冲洪积平原	II_1	残留洪积扇松散岩类孔隙水	II_1^1	>5000	II_1^{1-1}
					3000～5000	II_1^{1-2}
					1000～3000	II_1^{1-3}
					300～1000	II_1^{1-4}
					<300	II_1^{1-5}
			城东河、城西河冲洪积扇松散岩类孔隙水	II_1^2	>5000	II_1^{2-1}
					3000～5000	II_1^{2-2}
					1000～3000	II_1^{2-3}
					300～1000	II_1^{2-4}
			清水河冲洪积扇松散岩类孔隙水	II_1^3	>5000	II_1^{3-1}
					3000～5000	II_1^{3-2}
					1000～3000	II_1^{3-3}
			柳川河冲洪积扇松散岩类孔隙水	II_1^4	>5000	II_1^{4-1}
					3000～5000	II_1^{4-2}
					1000～3000	II_1^{4-3}
			洪塘河冲洪积扇松散岩类孔隙水	II_1^5	3000～5000	II_1^{5-1}
					1000～3000	II_1^{5-2}
					300～1000	II_1^{5-3}
			石里河冲洪积扇松散岩类孔隙水	II_1^6	3000～5000	II_1^{6-1}
					1000～3000	II_1^{6-2}
					300～1000	II_1^{6-3}
			龙洋河河道带松散岩类孔隙水	II_1^7	3000～5000	II_1^{7-1}
					1000～3000	II_1^{7-2}

续表

地貌单元			形态类型		富水性（单井涌水量）（$m^3 \cdot d^{-1}$）	
一级	二级					
侵蚀堆积区Ⅱ	山前冲洪积平原	II_1	侯家庙冲洪积扇松散岩类孔隙水	II_1^{8}	1000～3000	II_1^{8-1}
			赵家梁洪积扇松散岩类孔隙水	II_1^{9}	3000～5000	II_1^{9-1}
					1000～3000	II_1^{9-2}
					300～1000	II_1^{9-3}
			口里东窑子洪积扇松散岩类孔隙水	II_1^{10}	300～1000	II_1^{10}
			小辛庄洪积扇松散岩类孔隙水	II_1^{11}	300～1000	II_1^{11}
			洋河南洪积扇松散岩类孔隙水	II_1^{12}	>5000	II_1^{12-1}
					3000～5000	II_1^{12-2}
					1000～3000	II_1^{12-3}
					300～1000	II_1^{12-4}
			榆林－小仓盖洪积扇松散岩类孔隙水	II_1^{13}	>5000	II_1^{13-1}
					3000～5000	II_1^{13-2}
					1000～3000	II_1^{13-3}
					300～1000	II_1^{13-4}
			陈家庄洪积扇松散岩类孔隙水	II_1^{14}	3000～5000	II_1^{14-1}
					1000～3000	II_1^{14-2}
					300～1000	II_1^{14-3}
			西甘庄洪积扇松散岩类孔隙水	II_1^{15}	3000～5000	II_1^{15-1}
					1000～3000	II_1^{15-2}
					300～1000	II_1^{15-3}
			暖店湾洪积扇松散岩类孔隙水	II_1^{16}	>5000	II_1^{16-1}
					3000～5000	II_1^{16-2}
					1000～3000	II_1^{16-3}
					300～1000	II_1^{16-4}
			姚家营洪积扇	II_1^{17}	300～1000	II_1^{17-1}
					1000～3000	II_1^{17-2}
					3000～5000	II_1^{17-3}
			柳川河河道带松散岩类孔隙水	II_1^{18}	1000～3000	II_1^{18-1}
					300～1000	II_1^{18-2}
	洋河冲洪积平原	II_2	河床、河漫滩松散岩类孔隙水	II_2^{1}	>5000	II_2^{1-1}
				II_2^{2}	3000～5000	II_2^{2-2}
			谷坡松散岩类孔隙水	II_2^{2}	>5000	II_2^{2-1}
					3000～5000	II_2^{2-2}

二、地下水类型和含水岩组划分

（一）地下水类型

柴宣盆地形成于中更新世，盆地内湖相地层沉积较少，盆地底部地层主要以中上更新统—全新统为主，因此松散岩类孔隙水含水层较为发育，富水性较好，其中浅层含水层较为发育，在盆地内广泛分布，深层含水层仅分布在盆地中部洋河冲积带状平原及两侧的中更新统的地层中。

根据研究区地貌特征、地下水的赋存条件、含水介质及水力特征，将区内地下水划分为5大类型，即：盆地松散岩类孔隙水，低山丘陵碳酸盐岩类裂隙溶洞水，低中山或低山丘陵火山岩基岩裂隙水，低中山或低山丘陵碎屑岩类孔隙裂隙水，山间沟谷孔隙水。

1. 孔隙水

规模较大的洋河冲洪积平原、各冲洪积扇为最富水地段。洋河冲洪积平原含水层厚度及地下水储存量较大，富水性较均匀；各冲洪积扇具有从轴部到扇间、由扇顶到扇缘富水性由强到弱的特点，但总体富水性较强；另外一些较大的残留洪积扇、坡洪积台地也有孔隙水赋存于其中，由于含水层厚度较薄、颗粒变细，富水性相对较差，但在其中、下部地段或地下水主流带附近也会出现较富水区。

山间沟谷松散堆积物一般较薄，主沟道沉积物厚度一般为35～48m，局部地段在50m以上，含水层岩性以砂、砾卵石为主，利于两侧基岩裂隙水、支沟孔隙水侧向径流补给大气降水、地表水的垂向入渗补给，补给条件良好，为山间沟谷的主要富水地段；支沟富水性与主沟相比明显变差。

2. 基岩水

基岩水包括火山岩类裂隙水、碎屑岩类孔隙裂隙水、碳酸盐岩类裂隙溶洞水、玄武岩孔洞裂隙水，但由于其多分布于低中山或低山丘陵区，地形坡度较陡，风化壳不易保存，地表水容易流失，降水入渗量小，故其富水性普遍较弱。由于盆地松散岩类孔隙水是本次研究的重点，又将其细分为洋河冲洪积平原孔隙水和山前冲洪积平原孔隙水（图2－4－1）。

（二）含水岩组划分

1. 洋河冲洪积平原松散岩类孔隙水

洋河冲洪积平原由洋河冲洪积而成，呈带状分布，按微地貌可分为河床、漫滩区与谷坡区。

1）河床、漫滩区松散岩类孔隙水。从研究区西侧安家堡至左卫桥地段，主要含水层多集中在地层上部50m深度内，含水层厚度相对较薄，在35.5～83m不等，一般具多层结构，岩性以粗砂、砾石为主，局部夹有透镜状粉细砂层。砂砾石粒径0.1～2.0cm，最大达10cm，分选性、磨圆度较好。据个别钻孔揭示的地层资料，在深部有薄层的砂砾石含水层，砾石成分有片麻岩、火山岩、白云岩，单井涌水量达5000m^3/d，仅在局部单井涌水量为3000～5000m^3/d。地下水化学类型为$HCO_3-Ca\cdot Mg$型或$HCO_3-Ca\cdot Mg\cdot Na$型，矿化度小于1.0g/L。从左卫桥至黑山底地段，含水层变厚，厚度一般大于70m，以砂砾石为主，多呈厚层结构，局部夹薄层状或透镜状黏性土。砾石磨圆度、分选性好，粒

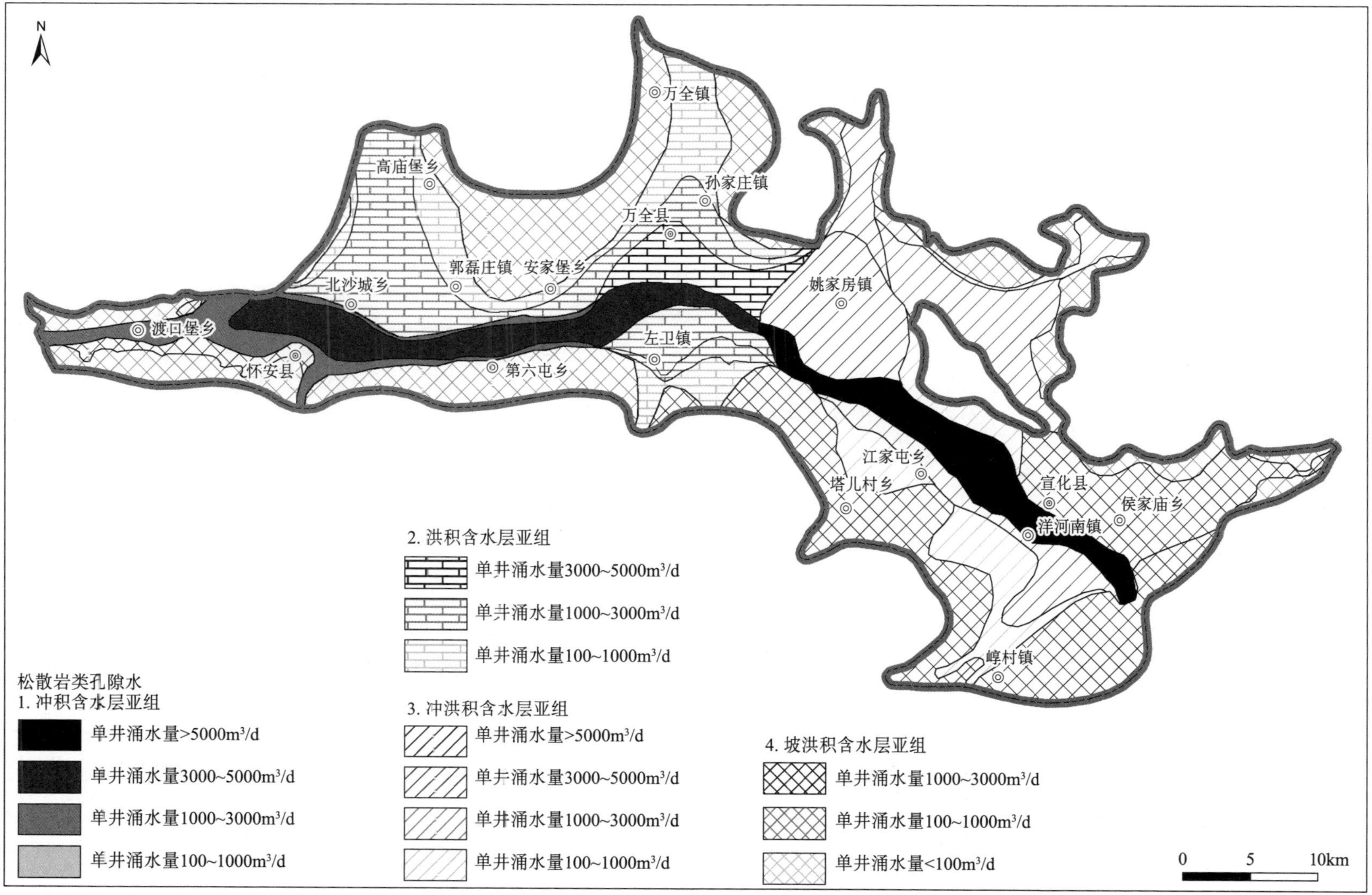

图 2-4-1　研究区水文地质图

径一般在0.2～5.0cm，最大直径达10cm。岩石成分以侏罗系火山岩为主，其次是太古宇片麻岩、长城系白云岩等。富水性强，单井涌水量一般大于5000m^3/d。地下水化学类型为HCO_3－Ca·Mg型或HCO_3－Mg·Ca·Na型，矿化度一般小于1.0g/L，仅局部地段大于1.0g/L。

2）谷坡区松散岩类孔隙水。谷坡区松散岩类一般为近直立形，厚1.5～8m，分布于洋河两岸部分地段，形成了Ⅱ级阶地，阶地高1.5～2.5m，为堆积阶地。含水层岩性以粗砂、砾石为主，砂砾石粒径0.1～2.0cm，最大可见10cm，分选性、磨圆度相对较好，局部夹有透镜状粉细砂层，厚度在15～95m不等，单井涌水量达3000～5000m^3/d。地下水化学类型以HCO_3－Ca·Mg·Na型为主，矿化度多小于1.0g/L；局部地段地下水化学类型呈SO_4·Cl－Ca·Mg·Na型或HCO_3·Cl－Na·Mg·Ca型，矿化度接近或多大于1.0g/L。

2. 山前冲洪积平原孔隙水

1）城东河、城西河冲洪积扇松散岩类孔隙水。分布于城东河、城西河堆积的冲洪积扇上，表层为粉质黏土或含砾亚砂土，厚度为3～20m，其下为砂砾卵石夹黏性土或与之互层。受古河道摆动的影响，砂、砂砾卵石和黏性土分布不均匀，横向上古河道有多处重叠。重叠之处砂、砂砾卵石厚度大，反之，黏性土增厚。

在扇根部，由于距离沟口较近，形成一套以粗颗粒砂碎石为主的含水层，厚度小于25m，单井涌水量一般在1000～3000m^3/d之间，局部地段可达3000～5000m^3/d。地下水化学类型以HCO_3－Ca·Mg型或HCO_3－Na·Ca·Mg型为主，矿化度小于1.0g/L。在扇中部，颗粒相对变细，含砂量逐渐增加，以中粗砂为主，含水层厚度一般小于30m，单井涌水量一般在300～1000m^3/d之间，但在蔡家庄—暖店堡—东红庙一带，由于城东河、城西河古河道在此相互靠拢，形成了地下水相对富集地带，含水层厚度为43～76m，岩性以含砾粗、中砂为主，单井涌水量为1000～3000m^3/d。下游地段，主流带偏左侧沿西红庙—马家房子—太师庄一线延伸，但富水性比上段略小。地下水化学类型以HCO_3－Ca·Mg型或HCO_3－Ca·Na型为主，矿化度小于1.0g/L。在扇前缘与洋河冲积交互沉积，含水层厚度一般大于70m，单井涌水量3000～5000m^3/d，与洋河冲洪积平原交互沉积地段单井涌水量大于5000m^3/d。地下水化学类型以HCO_3－Ca·Mg型或HCO_3－Ca·Na型为主，矿化度小于1.0g/L。

2）清水河冲洪积扇松散岩类孔隙水。从高庙向南呈扇形展开，扇顶部以卵砾石为主，颗粒粗大，磨圆度中等，分选性较差，颗粒级配混杂。粒径一般在5～10cm，最大可见50cm的漂石。岩性有花岗岩、片麻岩、粗面岩、流纹岩等，含水层厚40～140m，单井涌水量1000～3000m^3/d。扇中上部及两侧地带含水层以卵砾石为主，颗粒相对变小，磨圆度较好，有一定分选性，颗粒级配相对均匀，粒径一般为2～5cm，呈浑圆状或半浑圆状。岩性有片麻岩、变粒岩、粗面岩、流纹岩等，厚度一般为40～50m，两侧地带单井涌水量为1000～3000m^3/d，中部单井涌水量为3000～5000m^3/d。地下水化学类型为HCO_3－Na型或HCO_3－Ca·Mg型，矿化度多小于1.0g/L，局部地段矿化度大于1.0g/L。扇中下部以及前缘，含水层颗粒变细，以砾砂或砂砾为主，一般为多元结构，颗粒级配好，质纯，粒径0.2～2.0cm。岩性多为片麻岩、变粒岩、粗面岩、流纹岩等，含水层厚50～140m，单井涌水量为5000m^3/d。地下水化学类型以HCO_3－Ca·Mg（Na）型为主，矿化度多小于1.0g/L，局部地段矿化度大于1.0g/L。

3）柳川河冲洪积扇松散岩类孔隙水。分布于柳川河东侧，地势自北向南呈扇状降低，该扇体区为宣化城区，地表经过人工改造，西侧以柳川河为界，南侧被洋河洪冲积平原河漫滩侵蚀，东侧与刘家窑—赵家梁全新世中期洪积扇接触。因地表完全经过人工改造，故野外未发现明显地貌界线特征。有关资料显示，地表岩性主要为黏土质粉砂，下部为中粗砂、砾石，扇顶部含水层岩性以砂、砂砾石为主，厚72～86m，单井涌水量为1000～3000m^3/d。扇中部含水层岩性以砂、砂砾石为主，中间含薄层黏性土夹层，厚32～65m，单井涌水量为3000～5000m^3/d。扇前缘与洋河冲洪积平原交互沉积，含水层岩性以砂、砂砾石为主，质地较纯，其间含薄层黏性土夹层，厚63～85m，单井涌水量大于5000m^3/d。地下水化学类型以HCO_3－Ca·Mg·Na型为主，大部分地段矿化度多小于1.0g/L，局部地段矿化度大于1.0g/L。

4）洪塘河冲洪积扇松散岩类孔隙水。分布于洪塘河西侧，呈近南北向展布，地势南高北低，地表普遍发育阶梯状陡坎。东侧被洪塘河侵蚀，北侧被洋河洪冲积平原侵蚀，西侧侵蚀覆盖于坡洪积裙之上。冲洪积扇顶部，含水层岩性以砂为主，含少量砾石，其磨圆度、分选性较差，颗粒级配混杂，含水层厚16～23m，单井涌水量为300～1000m^3/d。冲洪积扇中部，含水层岩性以砂、砂砾石为主，其磨圆度、分选性相对较好，含水层厚48～63m，单井涌水量为1000～3000m^3/d。冲洪积扇前缘与洋河冲洪积层交互沉积，呈互层状产出，含水层岩性以砂、砂砾石为主，其磨圆度、分选性相对较好，含水层厚54～84m，单井涌水量为3000～5000m^3/d。地下水化学类型以HCO_3－Mg（Ca·Na）型为主，矿化度小于1.0g/L。

5）石里河冲洪积扇松散岩类孔隙水。分布于洪塘河东侧及石里河两侧，呈南北向扇状展布，地势自南向北呈放射状降低，地表普遍发育阶梯状陡坎。西侧被洪塘河河谷侵蚀，北侧被洋河洪冲积平原侵蚀，东侧侵蚀覆盖于晚更新世坡洪积裙之上。冲洪积扇顶部，含水层岩性以砂为主，含少量碎石，其磨圆度、分选性差，颗粒级配混杂，含水层厚5～13m，单井涌水量为300～1000m^3/d。冲洪积扇顶部，含水层岩性以砂、砂砾石为主，其磨圆度、分选性相对较好，含水层厚25～47m，单井涌水量为1000～3000m^3/d。冲洪积扇前缘与洋河冲洪积层交互沉积，呈互层状产出，含水层岩性以砂、砂砾石为主，其磨圆度、分选性相对较好，含水层厚50～86m，单井涌水量为3000～5000m^3/d。地下水化学类型以HCO_3－Na（Ca·Mg）型为主，矿化度小于1.0g/L。

6）龙洋河河道带松散岩类孔隙水。龙洋河河道带受地形控制呈带状分布，总体规律是含水层颗粒由上游到下游逐渐变小，从粒径5～10cm过渡到0.5～1.0cm，且磨圆度较好。岩性以砂砾石为主，砾石以为石英砂岩、灰岩为主，粗面岩、流纹岩次之，含水层厚度在26～58m之间。龙洋河河道带中上游单井涌水量在1000～3000m^3/d，下游地段单井涌水量在3000～5000m^3/d。地下水化学类型以HCO_3－Na·Mg型为主，局部地段为HCO_3·SO_4－Na·Mg型，矿化度小于1.0g/L。

7）侯家庙冲洪积扇松散岩类孔隙水。分布于刘家窑村—赵家梁村一带，地势自北向南呈扇状降低，前缘地表改造强烈。西侧与柳川河冲洪积扇接触，南侧被洋河洪冲积平原河漫滩侵蚀，发育坡向南西、高差为1～2m的一级台地陡坎。冲洪积扇顶部，含水层岩性以砂为主，含少量砾石，其磨圆度、分选性较差，中下游部位含水层岩性以砂、砂砾

（卵）石为主，其间有黏性土夹层，含水层厚27～32m，单井涌水量为1000～3000m^3/d。地下水化学类型以HCO_3－Na（Ca·Mg）型为主，矿化度多小于1.0g/L，局部地段地下水化学类型呈HCO_3·NO_3－Na·Mg型、HCO_3·SO_4－Na·Mg型，矿化度大于1.0g/L。

8）松散岩类孔隙水。分布于赵家梁—朱尾庄一带，呈北西－南东向展布，地势西北高东南低。赵家梁洪积扇与坡洪积裙间有高1.5m左右的陡坎，赵家梁洪积扇与洋河冲洪积平原间有高1.5m的陡坎。洪积扇上部岩性以砂、砂碎石、含砾黏土质粉砂为主，含水层厚度一般小于40m，单井涌水量为300～1000m^3/d。洪积扇中下部岩性以砂、砂砾石为主，其间有黏性土夹层，含水层厚度一般多在31～44m之间，单井涌水量为1000～3000m^3/d，局部达到3000～5000m^3/d。地下水化学类型以HCO_3－Na（Ca·Mg）型为主，矿化度小于1.0g/L。

9）口里东窑子洪积扇松散岩类孔隙水。分布于口里东窑子—柳树屯一带，地形坡度东陡西缓，扇前端被清水河冲洪积扇破坏，含水层岩性主要为砾石、中细砂，其间有含砾黏土质粉砂夹层，含水层厚度一般小于50m，单井涌水量为300～1000m^3/d。地下水化学类型以HCO_3－Ca型为主，矿化度小于1.0g/L。

10）小辛庄洪积扇松散岩类孔隙水。分布与小辛庄—姚家庄镇一带，与晚更新世坡洪积裙间有2～3m的陡坎，被清水河冲洪积扇破坏。由砾石、黏土质粉砂、含砾黏土质粉砂等构成。含水层岩性主要为砂、砂砾（卵）石，其间有含砾黏土质粉砂夹层，含水层厚度一般在42～50m之间，单井涌水量为300～1000m^3/d。地下水化学类型以HCO_3－Na（Ca·Mg）型或HCO_3－Ca（Mg·Na）型为主，矿化度多小于1.0g/L，局部大于1.0g/L。

11）洋河南洪积扇松散岩类孔隙水。分布于崞村—张家房村一带，地势自西偏南向东偏北呈扇状降低，地表普遍发育阶梯状陡坎，人类活动频繁，地表改造强烈。西侧与暖店湾洪积扇以小型冲沟为界，冲沟两侧地势较低方向明显不同，显示二者物源方向不同，但两侧整体地势相当，故认为二者为同期洪积扇；北侧和东侧被洋河洪冲积平原侵蚀，发育坡向北至北东、高差为3～6m的二级台地陡坎。地貌沉积物由全新世早期洪积物构成，沉积物主体为黏土质粉砂和细、粉砂，局部可见砂砾石透镜体出露，厚10～50m不等。

在扇根河道带部位，含水层多呈单一结构，以含黏性土的碎石、中粗砂为主，颗粒粗大，磨圆度、分选性较差，颗粒级配混杂，粒径一般在5～10cm。岩性为粗面岩、流纹岩等，含水层厚27～31m，单井涌水量为300～1000m^3/d。地下水化学类型以HOC_3－Mg·Na型或HOC_3－Na·Mg型为主，局部地段为HCO_3·SO_4－Na型，矿化度小于1.0g/L。扇中下部，由于河道摆动含水层岩性以砂砾石为主，颗粒相对变小，磨圆度较好，有一定分选性，粒径一般2～5cm，与黏性土互层，含水层累计厚度一般在25m左右，单井涌水量在1000～3000m^3/d。地下水化学类型以HCO_3－Na·Mg·Ca型或HCO_3－Mg·Na·Ca型为主，矿化度小于1.0g/L。扇前缘，含水层颗粒变细，以砾砂或砂砾为主，一般具多元结构，局部具有承压性，颗粒级配好，质地相对较纯，粒径0.5～2.0cm，含水层厚12～18m，单井涌水量在3000～5000m^3/d之间，局部单井涌水量大于5000m^3/d。地下水化学类型以HCO_3－Na·Mg·Ca型或HCO_3－Mg·Na·Ca型为主，矿化度小于1.0g/L。

12）榆林－小仓盖洪积扇松散岩类孔隙水。分布于梅家营—小仓盖村一带，与晚更新世坡洪积裙间的陡坎高差为1～5m，由含砾黏土质粉砂、黏土质粉砂构成。含水层岩性主要为中粗砂、砂砾石，其间有含砾黏土质粉砂夹层。

洪积扇根部，含水层厚度一般小于 20m，黏性物质含量大，单井涌水量为 300 ~ $1000m^3/d$。地下水化学类型以 $HCO_3 - Ca$（Mg · Na）型为主，零星分布 $HCO_3 - Na$（Ca · Mg）型，矿化度小于 1.0g/L。洪积扇中部，含水层厚度一般在 25m 左右，黏性物质含量相对减少，单井涌水量为 1000 ~ $3000m^3/d$。地下水化学类型呈 HCO_3 - Mg · Na 型，矿化度小于 1.0g/L。局部地段地下水化学类型为Cl · HCO_3 - Ca型，矿化度大于 1.0g/L。洪积扇下部地段，含水层岩性以粗砂、砾石为主，质地较纯，黏性物质含量低，其厚度一般在 40m 左右，单井涌水量在 3000 ~ $5000m^3/d$ 之间，局部单井涌水量大于 $5000m^3/d$。地下水化学类型以 HCO_3 - Ca（Mg · Na）型为主，矿化度小于 1.0g/L。

13）陈家庄洪积扇松散岩类孔隙水。分布于陈家庄—小东庄村一带，地势自北向南降低，地表普遍发育阶梯状陡坎，扇缘端人类活动频繁。西侧和东侧覆盖于晚更新世坡洪积台地和残留洪积扇之上，界线处发育有高差为 0.5 ~ 3m 的三级台地陡坎；南侧覆盖于洋河洪冲积平原之上，发育坡向南、高差为 0.5 ~ 1m 的弧状一级台地陡坎。

洪积扇根部，含水层岩性以砂碎石为主，其间含厚度不等的黏性土夹层，厚度一般在 12 ~ 15m，黏性物质含量大，单井涌水量为 300 ~ $1000m^3/d$。地下水化学类型以 HCO_3 - Ca（Mg · Na）型为主，矿化度大于 1.0g/L。洪积扇中部地段，含水层岩性以砂、砂砾石为主，其间含黏性土夹层，厚度一般在 28 ~ 35m，单井涌水量为 1000 ~ $3000m^3/d$。地下水化学类型主要为 HCO_3 - Ca · Mg 型，局部地段地下水中 SO_4^{2-}、Cl^- 含量有所增高，地下水化学类型呈 SO_4 · HCO_3 - Ca · Mg 型或 HCO_3 · SO_4 - Ca · Mg 型，矿化度大于 1.0g/L。洪积扇前缘，与洋河洪冲积物交互沉积，含水层岩性以砂砾石、卵石为主，其间有薄层黏性土夹层，厚度一般在 20 ~ 26m，单井涌水量为 3000 ~ $5000m^3/d$。地下水化学类型呈 HCO_3 · SO_4 · Cl - Ca · Mg 型，矿化度大于 1.0g/L。

14）西甘庄洪积扇松散岩类孔隙水。分布于塔儿村—西甘庄—古树营一带，地势自西南向东北呈扇状降低，地表普遍发育阶梯状陡坎。西侧、北侧及南侧均覆盖于晚更新世坡洪积裙之上，发育高差为 1 ~ 3m 的三级台地陡坎；北东侧被洋河洪冲积平原侵蚀，发育坡向北东、高差为 2 ~ 10m 的二级台地陡坎。

洪积扇中上部，含水层岩性以细砂为主，其间含厚度不等的黏性土夹层，厚度为 5 ~ 16m，单井涌水量为 300 ~ $1000m^3/d$。地下水化学类型以 HCO_3 - Mg（Ca · Na）型为主，矿化度小于 1.0g/L。洪积扇下部地段，含水层岩性以砂、砂碎石为主，其间含黏性土夹层，厚度在 25 ~ 30m，单井涌水量为 1000 ~ $3000m^3/d$。地下水化学类型以 HCO_3 - Ca（Mg · Na）型为主，矿化度小于 1.0g/L。洪积扇前缘，含水层岩性以砂、砂砾石为主，其间含黏性土夹层，厚度在 18 ~ 22m，单井涌水量为 3000 ~ $5000m^3/d$。地下水化学类型以 HCO_3 - Ca（Mg · Na）型为主，矿化度小于 1.0g/L。

15）暖店湾洪积扇松散岩类孔隙水。分布于庞家坊—暖店湾一带，地势自西南向东北呈扇状降低，地表普遍发育阶梯状陡坎。西侧覆盖于晚更新世坡洪积裙之上，二者界线处发育小型冲沟，发育坡向东、高差为 1 ~ 4m 的三级台地陡坎；北东侧被洋河洪冲积平原侵蚀，发育坡向北东、高差为 2 ~ 3m 的二级台地陡坎；东侧与洋河南洪积扇以小型冲沟为界，冲沟两侧地势较低、沉积方向明显不同，显示二者物源方向不同，但两侧整体地势相当，故认为二者为同期洪积扇。

洪积扇中上部，含水层岩性以粉细砂为主，其间含厚度不等的黏性土夹层，厚度在

24～30m，单井涌水量为300～1000m^3/d。地下水化学类型以HCO_3－Mg（Ca·Na）型为主，矿化度小于1.0g/L。洪积扇下部地段，含水层岩性以砂、砂碎石为主，其间含黏性土夹层，厚度在32～45m，单井涌水量为1000～3000m^3/d。地下水化学类型以HCO_3－Mg（Ca·Na）型为主，矿化度小于1.0g/L。洪积扇前缘，含水层岩性以砂、砂砾石为主，其间含黏性土夹层，厚度在53～74m，单井涌水量为3000～5000m^3/d，局部大于5000m^3/d。地下水化学类型以HCO_3－Ca（Mg·Na）型为主，矿化度小于1.0g/L。

16）洪塘河河谷。位于洪塘河冲洪积扇上游地段，谷宽300～700m，地势西南高、东北低，微地貌包括河道、河漫滩和Ⅰ级阶地，河道底距河漫滩高差在3～5m，河漫滩与Ⅰ级阶地高差约为2m。

含水层岩性有冲积砂砾石、冲洪积粉砂、洪冲积黏土质粉砂，厚度变化较大，一般在16～84m之间，单井涌水量在300～1000m^3/d。地下水化学类型以HCO_3－Mg（Ca·Na）型为主，矿化度小于1.0g/L。

17）柳川河河道带松散岩类孔隙水。柳川河河道带受地形控制呈带状分布。总体规律是含水层颗粒由上游到下游逐渐变小，粒径从5～10cm过渡到0.5～1.0cm，且磨圆度较好。岩性以砂砾石为主，砾石以石英砂岩、灰岩为主，粗面岩、流纹岩次之，含水层厚度在25～46m之间。河道边缘地带，单井涌水量多在300～1000m^3/d之间，主流带附近，单井涌水量为1000～3000m^3/d。地下水化学类型以HCO_3－Ca（Mg·Na）型为主，矿化度小于1.0g/L。

18）残留洪积扇松散岩类孔隙水。主要分布于研究区山前，呈弧状展布，地表多发育阶梯状陡坎，三级台地陡坎高差为1～15m。由晚更新统洪积物构成，主要包括土黄色黏土质粉砂、土黄色粉砂、含砾黏土质粉砂和砂砾石层。

在地势较高的残留洪积扇部位，含水层岩性以黏土质粉砂、粉砂为主，其间含厚度不等的黏性土夹层，厚度在35m左右，属贫水区，单井涌水量小于300m^3/d。地下水化学类型以HCO_3－Mg（Ca·Na）型为主，矿化度多小于1.0g/L，但在局部地段矿化度大于1.0g/L。

在地势相对较高的残留洪积扇部位，含水层岩性以粗砂为主，其间含厚度不等的黏性土夹层，最大已知厚度达20m，属弱富水区，单井涌水量多在300～1000m^3/d之间。地下水化学类型呈HCO_3－Ca型、HCO_3－Ca（Mg·Na）型、HCO_3－Mg（Ca·Na）型，矿化度小于1.0g/L。

在地势相对较低的残留洪积扇部位，含水层岩性以卵石、砂砾石为主，其间含黏性土夹层，厚度在10m左右，单井涌水量在1000～3000m^3/d之间，局部地方达到3000～5000m^3/d，在靠近洋河冲洪积平原的申家屯村大于5000m^3/d。地下水化学类型以HCO_3－Ca（Mg·Na）型为主，矿化度小于1.0g/L，局部地段SO_4^{2-}、NO_3^-、Cl^-含量有所增高，矿化度大于1.0g/L。

3. 低山丘陵山间沟谷松散岩类孔隙水、基岩裂隙水、碳酸盐岩裂隙溶洞水、碎屑岩类孔隙裂隙水

1）山间沟谷松散岩类孔隙水。呈带状分布于低中山沟谷中，张家口北部谷宽100～1000m，海拔700～1296m，纵向坡度为2°～3°；宣化北部谷宽80～300m，海拔640～660m，纵向坡度为1°～3°。微型地貌包括箱形沟和“V”形谷。谷坡以侵蚀为主，谷底以堆积为主。堆积物岩性以冲积砂砾石为主，厚度大小不等，地下水水位埋深 5 ~ 30m，单井涌水量在 300 ~ 1000m^3/d。地下水化学类型以 HCO_3 – Ca 型或 HCO_3 – Ca（Mg · Na）型为主，矿化度小于 1. 0g/L。

2）坡洪积台地松散岩类孔隙水。呈裙状、弧状、环状分布于研究区低山丘陵山前地带。海拔 600 ~ 980m，坡降在各地差异较大。该地貌单元多发育深切沟、陡坎。岩性主要为坡洪积砂砾石、黏土质粉砂（含砾）、粉砂等。在深切沟谷发育部位，单井涌水量一般在 300 ~ 1000m^3/d 之间，地下水化学类型呈 HCO_3 – Ca（Mg · Na）型、HCO_3 – Mg（Ca · Na）型或 HCO_3 – Na（Ca · Mg）型，矿化度小于 1. 0g/L。在地势较高的陡坎部位，单井涌水量一般小于 300m^3/d，地下水化学类型呈 HCO_3 – Ca（Mg · Na）型、HCO_3 – Mg（Ca · Na）型或 HCO_3 – Na（Ca · Mg）型，矿化度多小于 1. 0g/L，局部地段矿化度大于 1. 0g/L。

3）坡积台地松散岩类孔隙水。零星分布于山前，呈弧状或环状展布，海拔在 640 ~ 700m，相对高差在 20m 左右，地形坡度为 4° ~ 8°，三级台地陡坎高差为 1 ~ 1. 5m，岩性主要以含砾黏土质粉砂为主，粒径一般在 2 ~ 5cm，局部含大量巨块碎石，属弱含水层，单井涌水量一般小于 300m^3/d。地下水化学类型以 HCO_3 – Ca（Mg · Na）型为主，矿化度小于 1. 0g/L。

4）风积台地松散岩类孔隙水。分布于研究区部分山前地带，在山前呈弧状展布，海拔为 740 ~ 980m，岩性为上更新统马兰组风积黄土，地形坡度为 3° ~ 5°，发育柱状节理。由于地下水水位较深，在松散层内一般不含水，只有个别沟谷中有薄层的含水层，但仅能供当地居民生活用水，单井涌水量小于 300m^3/d。地下水化学类型以 HCO_3 – Mg（Ca · Na）型为主，矿化度小于 1. 0g/L。

5）低山丘陵火山岩类基岩裂隙水。分布于张家口断裂南侧，分布范围主要为张家口市区东西两侧和火石窑山—草帽山一线。地形坡度较缓，一般为 10° ~ 20°，尖棱状山脊、圆顶山均发育。该地貌单元由下白垩统张家口组火山岩构成，岩性以流纹岩、粗面岩、凝灰岩为主。表层以风化裂隙为主，深部裂隙不甚发育，单井涌水量一般小于 300m^3/d。地下水化学类型以 HCO_3 – Ca（Mg · Na）型为主，矿化度小于 1. 0g/L，局部地段地下水中 SO_4^{2-}、Cl^- 含量增高，矿化度大于 1. 0g/L。

6）低山丘陵碎屑岩类孔隙裂隙水。分布于城西河西部边缘地带与城东河东部地段，地形坡度较缓，一般为 10° ~ 30°。该地貌单元由下白垩统张家口组火山岩构成，岩性主要为流纹岩、粗面岩。表层以风化裂隙为主，深部裂隙不甚发育，单井涌水量一般小于 300m^3/d。地下水化学类型呈 HCO_3 – Ca（Mg · Na）型或 HCO_3 – Na（Ca · Mg）型，矿化度小于 1. 0g/L。

7）低山丘陵碳酸盐岩裂隙溶洞水。位于宣化城区以北陈家庄—鸦儿山一带和洋河南岸下果园—卧虎山一带，整体呈近东西向—北西西向展布，地形坡度一般为 10° ~ 20°，陡峭山脊处在 30° ~ 40°，圆顶山、单面山均发育。山谷部分呈“V”形。该地貌单元节理裂隙相对发育，以裂隙为主，局部形成岩溶洞穴和溶孔及层间溶蚀带，虽然富水性有所增强，但仍属弱含水层，单井涌水量一般小于 300m^3/d。地下水化学类型以 HCO_3 – Ca（Mg · Na）型或 HCO_3 – Mg（Ca · Na）型为主，局部地段地下水中 SO_4^{2-}、Cl^- 含量增高，但矿化度小于 1. 0g/L。

4. 低中山基岩裂隙水、碎屑岩类孔隙裂隙水

1）低中山火山岩类基岩裂隙水。分布于张家口断裂以北，沿西沟村—稍道沟村—元宝山村—东太平山—鱼儿山一线呈北西向展布。地形陡峭，坡度一般在10°~20°，陡峭山脊处在30°~40°。锯齿状、尖棱状山脊发育，局地可见悬崖，山脊峻峭，山谷部分呈“V”形。该地貌单元由下白垩统张家口组火山岩构成，岩性以流纹岩、粗面岩、凝灰岩、玄武岩为主。表层以风化裂隙为主，深部裂隙不甚发育，单井涌水量一般小于300m³/d。地下水化学类型以HCO_3 - Ca型或HCO_3 - Ca（Mg·Na）型为主，矿化度多小于1.0g/L，局部地段矿化度大于1.0g/L。

2）低中山碎屑岩类孔隙裂隙水。分布于张家口断裂以北，沿坝底村—土井子村—清河村一线呈近南北向展布。地形坡度一般为10°~20°，陡峭山脊处为30°~40°，发育穹状山脊。该地貌单元由下白垩统南天门组碎屑岩构成，岩性主要为流纹岩、粗面岩。表层以风化裂隙为主，深部裂隙不甚发育，单井涌水量一般小于300m³/d。地下水化学类型呈HCO_3 - Ca（Mg·Na）型，矿化度小于1.0g/L。

三、地下水补给、径流、排泄条件

研究区在地貌上包括侵蚀构造（构造剥蚀）山地区和堆积区两部分。地下水类型主要有松散岩类孔隙水、碎屑岩类孔隙裂隙水、碳酸盐岩类裂隙溶洞水和基岩裂隙水。地下水的补给、径流、排泄分带较为明显。从整个研究区来看，南北两侧山地区为补给区，洋河两侧边缘冲洪积扇、山前斜地等为径流补给区，研究区中心河流冲积带状平原为径流排泄区（图2-4-2）。

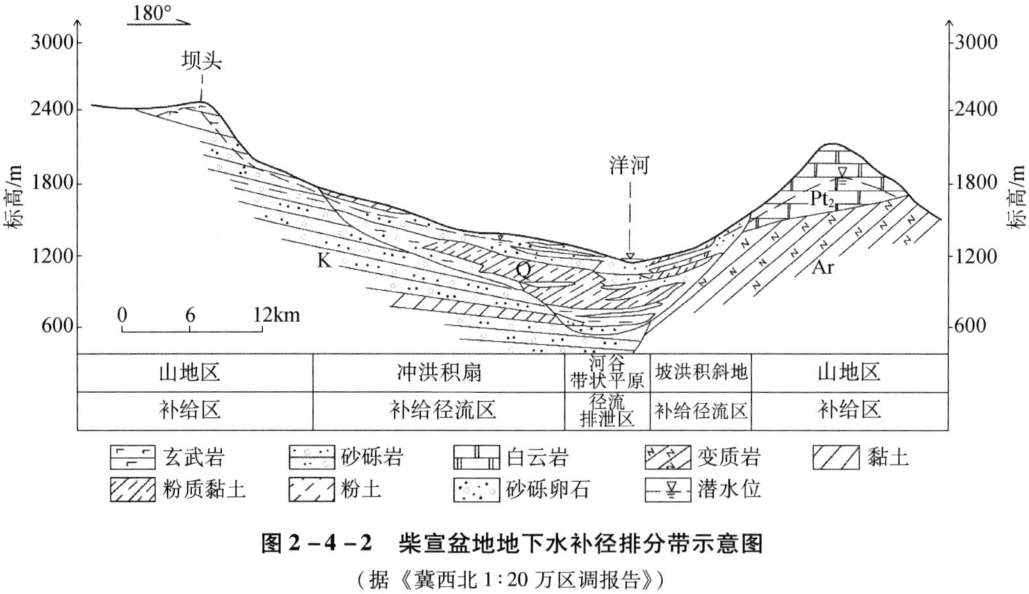

图2-4-2 柴宣盆地地下水补径排分带示意图

（据《冀西北1:20万区调报告》）

（一）地下水补给条件

地下水补给条件受气象、水文、地形地貌、地质构造等多种因素的制约，研究区内补给来源较多，但无一项占绝对优势，其中大气降水渗入是主要的补给来源，其次还有河谷入口的潜流补给、上游及支流入口基流补给、盆缘基岩裂隙水的侧向补给、河水渗入补给、井渠灌溉渗入补给等。

1. 大气降雨入渗补给

研究区属于典型的暖温与寒温过渡带的东亚半干旱大陆性季风气候区，多风少雨，年降水量在148.1~690.2mm不等，年蒸发量高达1370~1921mm，潮湿系数小于0.25。另外，大气降水在时空上分布不均，6—9月的降水量占全年降水量的70%左右，且多有暴雨、洪流发生。上述气象特征不利于地下水的渗入补给，也是区内地下水匮乏的根本原因。

盆缘山地地形起伏较大，高低悬殊，沟谷发育，植被覆盖率较低。在这种条件下容易使降水形成地表径流排向下游，不利于地下水的补给。但裸露的基岩在风化作用下，岩石破碎，裂隙发育，又是降水入渗的有利因素，研究区内地势开阔平坦，且多为第四纪松散物所覆盖，对于降水的渗入补给十分有利。

研究区内除有个别岛状残山以外，均为第四纪松散物所覆盖。不同成因类型和包气带岩性结构，其降水渗入条件也存在着明显差异。现将研究区内降水渗入条件分为4个区简述如下：

（1）渗入条件极强区

包括以中粗砂为主的洋河河床，粉细砂为主的漫滩，以砂砾石、砂卵石为主的各支流河道及干沙河（沟）锥顶碎石土地带以及风成沙丘等。该区多呈条带状分布在带状平原中部及冲洪积扇、洪积扇、坡洪积台地上。该区渗入条件极强，最大渗入系数在0.24左右，对地下水的补给极为有利。

（2）渗入条件较强区

其岩性以粉细砂或含砾粉细砂为主，广泛分布于冲洪积扇、洪积扇的中上部以及坡洪积台地、洋河高漫滩的部分地段。渗入系数在0.20左右。含水层多为单层结构，有利于降水的直接渗入补给。另外，基岩区渗入条件因地而异，据以往有关资料，将其一并划归为渗入条件较强区。

（3）渗入条件中等区

主要指分布于黄土斜梁、黄土台地的黄土状土地带。渗入系数0.13左右，是降水渗入补给的有利地区。

（4）渗入条件弱区

该区岩性以粉质黏土为主，主要分布在各冲洪积扇、洪积扇的前缘地带，渗入系数在0.07左右。

2. 河谷入口潜流补给

洋河及其各大支流进入研究区的入口，既是地表河水的入口也是地下潜流集中补给研究区的入口。洋河支流较发育，多数支流在研究区入口宽阔，含水层厚度大，颗粒粗，渗透性能强，有较大的地下潜流进入，是研究区地下水的重要补给来源。

3. 支流入口基流量补给

该项补给是指各支流的一部分地表水在进入研究区后渗入地下，是地表水的转换量，故也是河水渗入补给的一部分。研究区内的支流主要有洪塘河、柳川河、龙洋河、城东河、城西河、水泉河、口泉河等。基流进入研究区后一半流不到洋河，全部或大部分渗入补给地下水。

4. 盆缘基岩裂隙水的侧向补给

研究区范围内盆缘与小分水岭之间，大都有一较大的环状基岩分布区。其降水渗入的地下水最初赋存于盆缘山地的基岩裂隙之中，之后以分散的潜流方式从四周向盆地中心运移。基岩裂隙水越过边界线转为盆地松散岩类孔隙水，其补给量也是相当可观的。

5. 干渠渗入补给

研究区内部分地段水利化程度相对较高，地表水利工程以渠灌为主。渠灌时段，河水大部分引入渠道进行灌溉，致使部分河流断流，干渠水呈线性渗入补给地下水。因此，渠道灌溉是地表水转为地下水的重要途径之一。各灌区多分布在冲洪积扇和洪积锥上，地表岩性以疏松的粉砂为主，渗透性较强，一般没有防渗设施，故干渠输水渗失量较大，导致附近地下水水位有不同程度的抬升。

6. 井渠灌溉面状渗入补给

井渠灌溉面状渗入补给可分为渠系灌溉渗入补给和井灌回渗补给，前者为地表水渗入补给，后者为地下水再生补给。研究区内部分地段水利化程度相对较高，其中高耗水的蔬菜、稻田占有一定量的比例。加之灌区内多为渗失强的砂质土壤，灌溉用水明显高于其他地区，故灌溉渗入量十分可观。

7. 河水渗入补给

研究区内的洋河干流及各支流与地下水有着不同的补给关系（洋河干流腰站堡—宣化段及其支流清水河已经采取防渗处理措施）。洋河干流起着排泄研究区内地表水、地下水的主渠道作用。但现在由于地下水水位降低导致水位埋深增大，河流径流量减少，研究区内河水基本上渗漏补给地下水。此外，洋河的大部分支流，河水在进入研究区后一般未流至洋河，即几乎全部渗入地下。

（二）地下水径流条件

研究区为一相对完整的水文地质单元，有较为独立的地下水单元分区。从盆缘到河谷各种成因类型的含水层相互衔接组成统一的含水组，之间无区域连续隔水层，含水层间水力联系密切，在地下水径流、运移、水力特征等方面都表现出紧密性、连续性和规律性。从而说明了研究区为一非均质各向异性的统一含水体。现就研究区内水文地质单元各含水层之间的联系及地下水的径流条件分述如下：

1. 盆缘基岩裂隙、溶洞、孔隙、空洞水含水区

基岩山前斜坡或坡脚多为坡洪积台地、坡积台地、风积台地松散物所覆盖，含孔隙潜水，其含水层与玄武岩台地空洞裂隙、低中山或低山丘陵碎屑岩类孔隙裂隙、低中山或低山丘陵基岩裂隙以及低山丘陵碳酸盐岩类裂隙溶洞相互关联，是基岩水侧向径流的主要途径。地下水主要沿各类岩体裂隙、空洞、溶洞向下游运移，径流方向与地形坡降一致，径流条件较好。

2. 山前冲洪积平原含水区

山前冲洪积平原含水区主要指残留洪积扇、洪积扇、冲洪积扇含水区。残留洪积扇、洪积扇上游与基岩裂隙水联系紧密，下游含水层颗粒较细，与冲洪积扇边缘细颗粒含水层或冲积含水层呈交互状连接。受地形因素影响水力坡度大小不等，含水层主要由砂、砂碎石组成，分选性差，连通性较好。径流途径短，径流方向与洪积扇倾斜方向一致，水力坡度小于地形坡度，径流条件较好。冲洪积扇扇顶部含水层直接与基岩沟谷第四系含水层相连，岩性相对连续，扇前缘含水层与冲积相含水层交互沉积，岩性有一定差异，但水力联系紧密，两侧边缘沉积物颗粒变细，因而与相邻含水单元的水力联系较差。据有关资料，清水河冲洪积扇地下水水位埋深多在20～140m之间，水力坡度为0.002～0.02；城东河、城西河冲洪积扇地下水水位埋深多在20～110m之间，水力坡度为0.008～0.027；洪塘河冲洪积扇地下水水位埋深大多在50～80m之间，水力坡度为0.01；柳川河冲洪积扇地下水水力坡度为0.004～0.02；龙洋河河谷地下水水位埋深在15～75m之间，水力坡度为0.007～0.01。扇顶部含水层厚，岩性为砂卵石、中粗砂；中下部—前缘，含水层变为多层状，厚度变薄（多为潜水，局部为微承压水）。地下水以主流带的形式流经于扇中或扇两侧，径流方向和地表的倾斜方向基本相同，径流条件好，途径长，水力坡度一般小于地形坡度。

3. 洋河冲洪积平原含水区

洋河河道带以及河流两侧一级阶地上有薄层粉砂或粉质黏土覆盖，冲积层地下水两侧与冲洪积、坡洪积含水层水力联系紧密。据有关资料，地下水水位一般低于10m，太师庄以西水力坡度为0.035，太师庄以东水力坡度为0.001～0.002。含水层岩性以砂砾（卵）石、中粗砂为主（多为潜水，个别地段深部具有微承压水），具有分选性好，孔隙度大，径流条件好，途径长等特征，地下水由西向东沿带状冲积平原运移，水力坡度与地形坡度基本一致。

（三）地下水排泄条件

1. 垂向蒸发排泄

洋河带状冲洪积平原，潜水面以上多为细砂、中细砂、粉砂，由于地下潜水水位埋藏浅（一般小于5m），多在极限蒸发深度之内，地下水不断通过毛细管进入空气中转化为气态水。其蒸发量的大小主要受岩性和水位埋深的控制。

2. 侧向径流排泄

盆缘基岩水和山前冲洪积平原以及坡洪积台地、坡积台地、风积台地孔隙含水层中的地下水主要以侧向径流的方式向下游排泄，是研究区内的主要排泄方式之一。排泄方向均由盆缘指向盆地中心，地下水最终在洋河冲积平原含水层中汇集，由西向东在响水铺附近溢出，变为地表径流排出研究区。

3. 河道排泄

研究区内洋河、洪塘河、龙洋河、柳川河径流量之和，扣除渠首引水量和河道渗漏量后的地表径流量（即响水堡上游剩余地表径流量）小于响水堡水文站径流量，即响水堡处河道排泄地下水。

4. 人工开采排泄

人工开采排泄是地下水排泄的主要方式，集水构筑物的分布主要受水文地质条件、人口密度以及农业发展等因素的控制。分布较为集中的部位依次是：洋河冲洪积平原、山前冲洪积平原以及一些较大的残留冲洪积扇、坡洪积台地、坡积台地和风积台地。

四、地下水动态特征

（一）地下水水位动态变化及控制因素

1. 地下水水位动态变化

张家口市地下水动态监测工作始于20世纪70年代中期，至今已有40年的监测时段，掌握和积累了大量的地下水动态监测资料，根据资料可以看出地下水水位始终保持下降态势，由于所处地貌单元不同或同一地貌单元不同位置，其变化情况也不尽相同。如洋河旁侧的宣钢综合厂监测点（宣9），1981年水位埋深在6.69m，2015年下降至10.33m，下降3.64m，年均下降0.11m（图2-4-3）；赵川监测点1981年水位埋深在7.16m，2015年下降至20.73m，下降13.57m，年均下降0.40m（图2-4-4）。2005年、2010年、2015年年平均水位分别为28.07m、29.39m、34.81m，10年下降了6.74m，年均下降速率为0.67m。

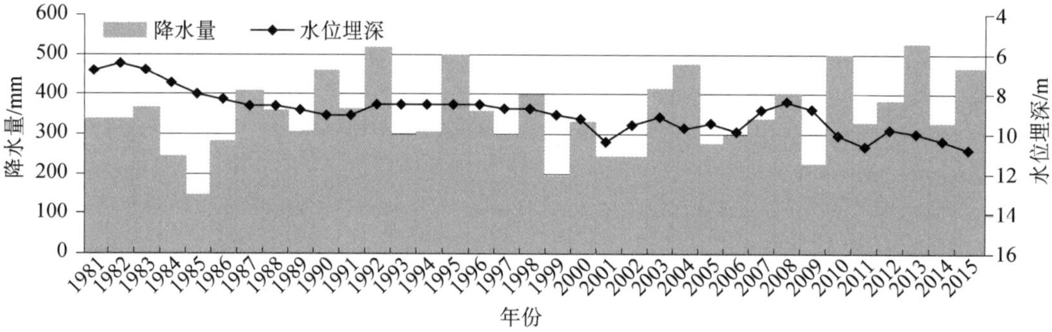

图2-4-3　1981—2015年宣钢综合厂（宣9）年均水位与降水量关系曲线图

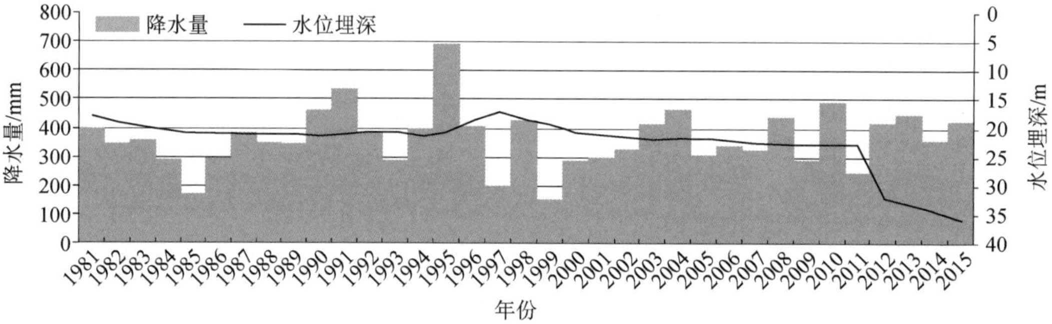

图2-4-4　1981—2015年赵川年均水位与降水量关系曲线图

随着近些年政府实施地下水压采政策，地下水开采量相对减少，加之个别年份降水量增多，地下水得到较多的补给，出现水位回升现象，但总体呈现下降的态势。通过河北省张家口市地质环境监测站最新观测数据与初始数据的对比分析可知：张家口城区呈下降趋势，孤石林场观测点的变差值小，下降了1.31m；清水河冲洪积扇变差值较大，变差值最大的点在东辛庄观测点，下降了38.35m；研究区其他区域的地下水水位全部呈下降态势，下降最小的点是宣钢综合厂观测点，下降了6.14m，下降最大的点为孔家庄观测点，下降了62.99m。

2. 地下水水位动态变化的控制因素

地下水水位动态受多种因素的控制，如地形、地貌、气象、水文、含水层厚度、岩性、新构造运动、地下水水位埋深及补径排条件等，但主要的控制因素是大气降水量和人工开采因素。据有关气象资料，研究区内多年（1982—2019年）年均降水量为387.31mm，从历时曲线上看呈递减趋势，因为大气降水的渗入补给是地下水的重要补给来源，人工开采是影响地下水水位变化主要因素。另外，由于近年来兴修水利，在上游地带建水库、灌渠、拦洪、截潜工程，致使研究区内地下水来源大量减少，加之人工开采量的增加，从而导致了地下水水位的下降（图2-4-5）。

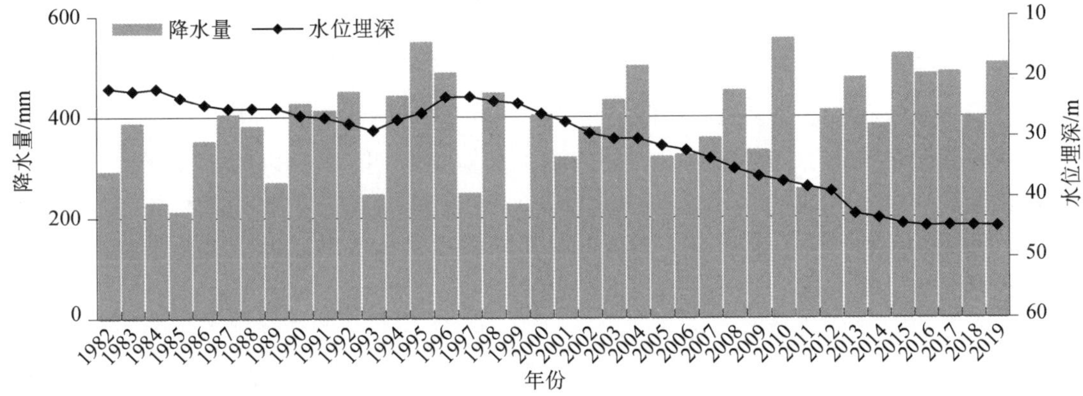

图2-4-5　1982—2019年南尾观测点年均水位动态与降水量关系曲线图

（二）水文地质单元年内地下水水位动态变化规律

依据研究区内水位监测点数据，按照水文地质单元分区对主要开采用水单元进行叙述，分析其完整水文年的地下水水位动态变化规律。

1. 清水河冲积扇年内地下水水位动态变化规律

一个水文年周期的动态变化过程：从4月初开始受到春灌、播种、灌溉的影响，地下水开采强度增大，水位出现下降，一般到6月底前虽有降水出现，但雨季尚未真正到来，地下水得不到充分补给，直到10月中旬地下水水位降至全年的最低值，在38~40m，下降幅度在0~1m。10月中旬随着灌溉的停止和地下水侧向补给来临，地下水水位开始缓慢回升，到11月中旬恢复到38m左右，并趋于稳定，高水位期持续4个月左右，直到次年3月底。完成一个水文年水位动态变化过程。但是一个水文年水位一般下降0~1m，年内水位呈现下降态势，这主要是区域补给量减少和该单元地下水开采较多，与地下水得不到充分补给有关（图2-4-6）。

2. 城东河、城西河冲洪积扇年内地下水水位动态变化规律

一个水文年周期的动态变化过程：4月开始受春灌、播种、灌溉的影响，地下水开采强度增大，水位出现下降，一般到6月底前虽有降水出现，但雨季尚未真正到来，地下水得不到充分补给，直到8月中下旬水位达到最低值，而后随着灌溉减少，地下水侧向补给

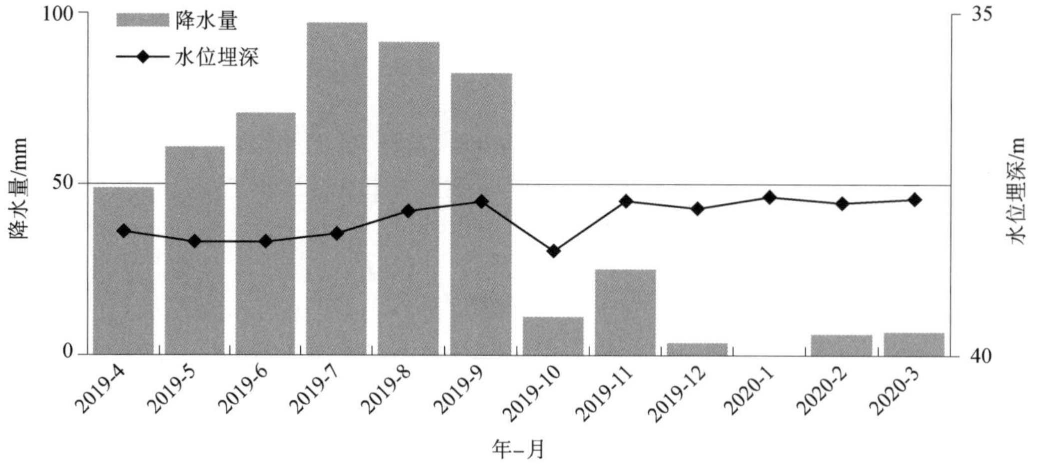

图 2-4-6 腰站堡观测点 2019—2020 水文年水位埋深与降水量关系曲线图

的到来，地下水水位开始逐渐缓慢回升，高水位期一般持续 4 个月左右，到年末或来年初地下水水位达到最高值，随后转入 3 个月左右的相对稳定期，3 月以后，又开始转入下一年的水位变化周期。完成一个水文年水位动态变化过程。但是一个水文年水位一般下降 2～3m，年内水位呈下降态势，这主要是区域补给量减少和该单元地下水开采较多，与地下水得不到充分补给有关（图 2-4-7）。

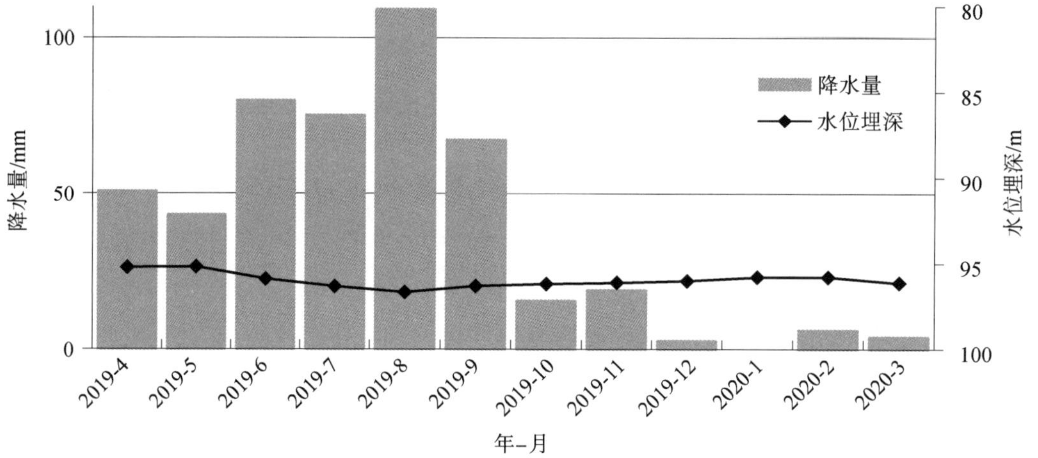

图 2-4-7 孔家庄镇观测点 2019—2020 水文年水位埋深与降水量关系曲线图

3. 柳川河冲洪积扇年内地下水水位动态变化规律

一个水文年周期的动态变化过程：4 月开始受春灌、播种、灌溉的影响，地下水开采强度增大，水位出现下降，8 月中旬出现年内最低水位，一般到 6 月底前虽有降水出现，但雨季尚未真正到来，地下水得不到充分补给。随着雨季的到来，地下水开采量相应减少，地下水得到较充沛的补给，水位以缓慢的速度回升，此后地下水用水量持续减少，地下水一般保持较高水位。高水位期一般保持 4～5 个月。直到次年 3 月底，又开始转入下一年的水位变化周期。完成一个水文年的周期变化。该单元年内水位呈现上升态势，水位埋深上升 1～2m，这主要是由于区域补给量增加和地下水开采量减少所致（图 2-4-8）。

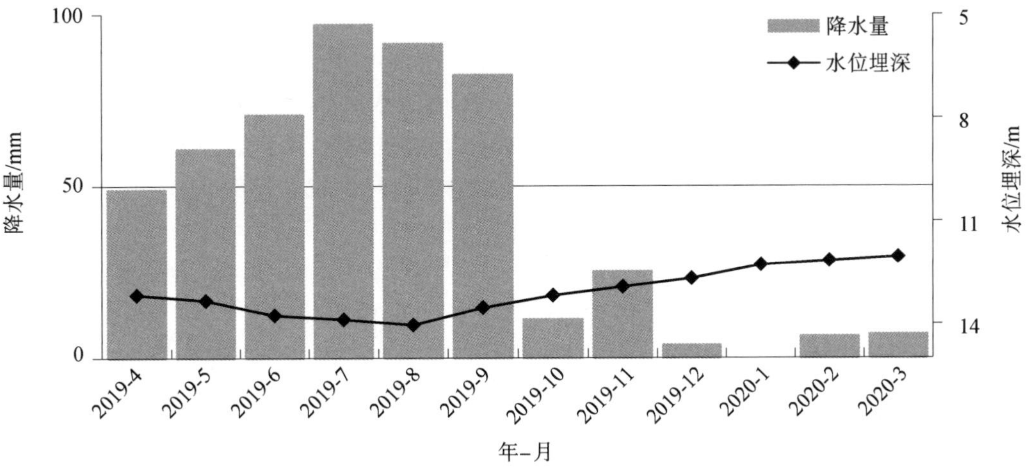

图 2–4–8　宣钢综合厂观测点 2019—2020 水文年水位埋深与降水量关系曲线图

4. 洪塘河冲洪积扇年内地下水水位动态变化规律

一个水文年周期的动态变化过程：4 月开始受春灌、播种、灌溉的影响，地下水开采强度增大，水位出现下降，一般到6 月底前虽有降水出现，但雨季尚未真正到来，地下水得不到充分补给，8 月初出现年内最低水位。随着雨季的到来，地下水开采量相应减少，地下水得到较充沛的补给，水位以缓慢的速度回升，此后地下水用水量持续减少，地下水一般保持较高水位。高水位期一般保持 4 ~5 个月。直到次年 3 月底，又开始转入下一年的水位变化周期。完成一个水文年的周期变化。该扇年内水位呈现上升态势，水位埋深上升 4 ~5m，这主要是由于区域补给量增加和地下水开采量减少所致（图 2–4–9）。

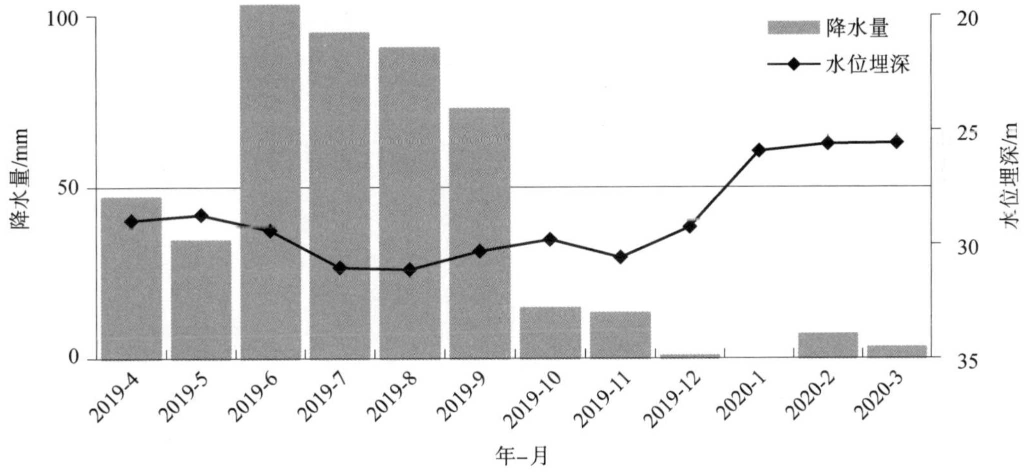

图 2–4–9　左卫村观测点 2019—2020 水文年水位埋深与降水量关系曲线图

五、地下水水化学特征

研究区内地下水水化学类型按舒卡列夫分类法可划分为 8 大类：

1）HCO_3-Ca 型水。主要分布在张家口市区东部山区、万全西北部山区以及万全太师庄—东辛庄一带，呈面状分布，由于地下水径流条件良好，水交替作用强烈，其矿化度一般在0.4~1g/L，F^-含量多小于1mg/L。

2）$HCO_3-Ca\cdot(Mg, Na)$型水。主要分布在清水河冲洪积扇和柳川河冲洪积扇，地下水类型主要受含水介质岩性影响，多以$HCO_3-Ca\cdot Mg$型为主，靠近山前的冲洪积扇区，颗粒粗大，径流条件好，水化学类型具补给区特性。矿化度多在0.4~1.6g/L，F^-含量多小于1mg/L，I^-含量多小于0.002mg/L。

3）$HCO_3-Mg\cdot(Ca, Na)$型水。主要分布在洪塘河冲洪积扇、水泉河冲洪积扇以及山前洪积锥和坡洪积裙，地下水径流途径较长，溶滤作用较强，Na^+含量增加，多形成$HCO_3-Mg\cdot(Ca, Na)$混合型水。矿化度多在0.4~0.7g/L，F^-含量一般小于1.0mg/L，I^-含量多小于0.002mg/L。

4）$HCO_3-Na\cdot(Ca, Mg)$型水。主要分布在万全冲洪积扇、龙洋河冲洪积扇和玉宝墩洪积锥以及大仓盖镇北侧基岩山区一带，该区含水层颗粒较细，地下水径流条件差，溶滤作用充分，蒸发作用强，Na^+含量增加，成为主要阳离子，矿化度多小于1.0g/L，F^-含量一般大于1.0mg/L，宣化区贾家营镇贾家营村一带含量最高，达2.8mg/L。

5）$HCO_3\cdot(Cl, SO_4)$型水。主要分布在宣化区北部山区一带，地下水的径流渐趋缓慢，水化学类型渐趋复杂，矿化度也逐渐增高，Cl^-、Na^+、SO_4^{2-}含量逐渐增多，矿化度多在0.56~1.62g/L，F^-含量在0.19~1.81mg/L。

6）$SO_4\cdot(HCO_3, Cl)$型水。该类型地下水在研究区零星分布，矿化度一般在1.08~1.80g/L，F^-含量一般小于1.0mg/L，I^-含量多在0.002~0.4mg/L。

7）$Cl\cdot HCO_3$型水。分布在桥东区小辛庄村东部山前地带，主要在村落周边，与人类活动污染有关，矿化度为1.31g/L，F^-含量为0.67mg/L。

8）$NO_3\cdot HCO_3$型水。分布在宣化区下八里村附近，主要在村落周边，与人类活动污染有关，矿化度为0.91g/L，F^-含量为1.35mg/L。

第三章 地下水系统演化的含水层结构研究

柴宣盆地所在区域大地构造位置属华北地台，古近纪该区处于剥蚀环境，形成准平原化地形。该盆地为洋河流域较大的一个山间盆地，大体呈三角形，周围由群山环抱，洋河自西北向东南流经盆地中央，并发育有二级堆积阶地，阶地之上则为山前发育起来的洪积、冲积扇所连成的山麓倾斜平原。3 条不同方向延伸的山脉使盆地整体呈现“三角形”地貌景观。另外，古近纪和新近纪发育的两级夷平面还说明这种垂直升降运动具有间歇性抬升特点，使得地块遭受河流切割，形成现代河谷和多级冲积、洪积阶地。本章通过分析研究区新生代断陷盆地发展演化历史以及新构造运动特征，阐述含水层成因与空间分布特征，结合含水层空间分布以及人类活动大规模开采，研究地下含水层疏干或地下水水位下降引起的地下含水层结构变化。

第一节 盆地发展演化特征

一、盆地形成

新生代以来，受喜马拉雅构造运动影响，地壳逐步抬升，在经历了 3 次大的夷平作用后，张垣大地基本处于准平原状态，但仍残留有一些低山、孤峰、浅滩、洼地，地表大多为长期风化后形成的赤红色残坡积层覆盖，多为黏土角砾混杂堆积。

在新近纪末至第四纪初期，本区新构造运动进入剧烈活动阶段，以断块不均衡升降运动为特点。断块活动造成山地大面积上升，山间盆地及谷地相对下降，同时伴随着老断裂的复活，新断裂的生成，也掀开了本区盆岭地貌演化的新篇章。

随着构造运动的加剧，同生盆地进一步下沉加深，盆地周边山体进一步抬升，同时区域内也开始接受碎屑物的沉积和河流的冲刷，盆岭地貌开始逐渐演化发展，这一过程一直持续到全新世之初，现代地貌特征已经基本形成。

二、控盆断裂与盆地演化

通过对资料的综合分析、研究，发现在研究区中部分布一组奶奶怀山－沙岭子－左卫东西向低矮山脉。该山脉自沙岭子向西，隐伏于新生代盖层之下，由数条倾向不同的东西向断裂（F7）控制，为一条新生代之前形成的古老山脉，组成地层为太古宇变质岩、元古宇沉积岩和中生界火山岩。由于它的存在，将研究区分隔成万全、宣化两个演化略有不同的新生代断陷盆地。

张家口断裂（F1）。万全盆地的北部控盆断裂，为一条多期活动的活断层。受喜马拉雅运动影响，新构造运动特征明显，将晚更新世地层切断，造成北部地块抬升形成山体，南部地块下降形成洼地，断层上盘下降，垂直断距在50m以上。

洋河隐伏断裂（F3）。位于研究区中部，完全隐伏于新生代盖层之下，为一条活断裂。从晚白垩世—晚更新世一直在活动，它不仅控制了洋河水系宣化段的流向，还间接控制了宣化盆地的发展演化。

洗马林－水泉断裂（F4）。万全盆地和宣化盆地的南部控盆断裂，为一条多期活动的活断层。受喜马拉雅运动影响，在中新世复活，并伴随蔚县组玄武岩喷发，造成南部地块抬升，形成盆地南部边界。

万全断裂（F5）。万全盆地的西部控盆断裂，由南段和北段斜列组成，呈北北东向展布，为中高角度倾向南东的正断层。受喜马拉雅运动影响复活后，地表形成明显的断层陡坎，剖面上错断晚第四纪不同时期的堆积物，垂直错距可达数米至百米，形成盆地西部边界。

三、岩相古地理特征

1. 早更新世岩相古地理

区内该时期地层以一套淡水湖相沉积地层为特征，岩性以淡黄绿色—灰白色及少量淡黄褐色的粉砂、粉砂质黏土为主，有少量的粗砂、砂砾石（岩）夹泥灰岩等，普遍含钙质结核。

根据收集的资料和本次工作成果，研究区内均未发现有早更新世地层分布。推测在该时期洋河并没有贯通，受奶奶怀山－沙岭子－左卫东西向低矮山脉阻隔，万全盆地和宣化盆地为相对封闭的两个小型洼地，沉积环境相对较为独立。

2. 中更新世岩相古地理

该时期地层岩石呈半固结状态，在万全盆地由北向南有沉积厚度逐渐增厚的规律，在宣化盆地有中心厚四周薄的沉积规律，岩石颜色以棕红、砖红色调为主。

通过钻孔资料发现，在奶奶怀山－沙岭子－左卫东西向低矮山脉附近，中更新世地层沉积厚度较薄，仅在30m左右。推测认为，该时期洋河依旧没有贯通，万全盆地和宣化盆地的沉积环境与早更新世基本一致。

3. 晚更新世岩相古地理

晚更新世地层在研究区内分布广泛，成因类型多种多样，堆积厚度较大。总体来看，冲积物沉积在洋河及各主要支流上均有分布；冲洪积物分布于洋河、城西（东）河、清水河等主要河流河道的两岸；风积物由于后期地质作用的改造，出露面积较小，仅在山前坡麓地段可见；坡洪积物是由改造风积物而来，故分布面积广，厚度大。

在晚更新世末期，由于喜马拉雅运动的加剧，华北地块发生了不均衡升降，造成华北地块总体向东倾斜，加之气候逐渐转暖，降水量增加，使得盆地湖水向东泄漏，阻隔盆地的山岭被切穿，洋河贯通。同时城西（东）河、清水河、洪塘河、柳川河等主要河流均汇入洋河，现代地貌的雏形在这个时期已基本形成。

4. 全新世岩相古地理

全新世地层在研究区分布较广，主要分布在洋河冲洪积平原，城西（东）河、清水河、柳川河等冲洪积扇、洪积扇及山间沟谷等地。总体来看，全新世冲洪积物沿冲洪积扇体展布；冲积物在洋河、清水河及各主要支流上均有分布；坡洪积物沉积在山前地势陡变处；风积物出露面积较小，仅在山前坡麓地段可见。

全新世沉积物及孢粉资料显示，该时期气候为凉爽—偏温暖和偏湿润，岩相以沉积相为主。清水河、柳川河受人类活动和降水量减少影响，河流变窄、改道，位置有所变化；城西（东）河受气候和流水作用，一分为二形成城东河和城西河；城西（东）河冲洪积扇、清水河冲洪积扇、洪塘河冲洪积扇等基本继承晚更新世扇体形态，整体范围变化不大，沉积厚度具有向洋河方向增厚的特点。洋河冲洪积平原发育冲洪积相，河流进一步下切，且下切速率大于山前冲洪积平原的下切速度，致使洋河具有由南向北侵蚀的趋势。

四、沉积演化特征

研究区新生代地层发育基本是从第四纪中更新世开始，各综合孔基岩之上均见到厚度不等的中更新世地层堆积。其后各时代地层发育并不平衡，现以万全盆地和宣化盆地做对比，将研究区新生代地层发育情况叙述如下。

1. 万全盆地新生代地层发育特征

大致以逯家湾—南兴渠为中心，接受沉积最厚，从 ZK0864、ZK8、ZK9 钻孔可知，第四纪沉积厚度大于350m，盆地基底大部以南天门组一段灰白色砂砾岩为主，东部清水河流域以张家口组火山岩为主。中更新统地层厚 28 ~ 170m，大致可上、下两分，下部为赤红色含砾红黏土层，角砾多棱角状，无分选，反映长期风化残积特征，各孔砾石成分变化较大，反映基底岩性特征；上部为一套巨厚层状冲洪积、坡洪积堆积物，以红褐色、砖红色黏土、粉砂质黏土、砂砾石为主，局部夹有砂质、泥砂质透镜体。固结程度较好，特别是黏性土，岩芯采取率可达 100%。上更新世地层大致也可上、下两分，下部为冲洪积物、马兰组、迁安组，颜色为淡黄色、浅棕色，局部夹有数层棕色地层，个别钻孔见 2 ~ 3 层黑色淤泥，为牛轭湖相沉积；上部为坡洪积物和洪积物。本组由于所处沉积环境、地理位置不同，沉积物粒度及沉积构造变化较大。全新世地层从区域上看，仅分布于现代河流发育地带，而洋河冲积带堆积厚度仅 30 ~ 60m，多以粉细砂为主。

2. 宣化盆地新生代地层发育特征

大至以江家屯 - 洋河南镇为中心，沉积厚度一般小于 200m，盆地基底宣化以西为土城子组紫红色黏土岩、细砂岩、粉砂岩，岩石中可见岩屑、云母等成分；宣化以东基底地层多变，以髫髻山组安山岩、九龙山组砂砾岩为多。以 ZK5 钻孔为例，150m 以下为砖红色、红褐色含砾黏土层，固结程度较好，岩心完整，应为中更新世地层；150m 以上为黄褐色、棕黄色黏土夹数层砂砾、粉砂，同样在中、上部见数层豆瓣状冻融红、黄黏土层，推测应为上更新统产物。16m 以上为厚度巨大的杂色砂卵石层，上部为灰白色粉细砂，据岩性特征判断应为全新世河流相产物。洋河两侧发育 2 ~ 3 级阶地，反映了全新世早期地壳振荡上升，地表流水以侵蚀为主，后期地壳运动相对平稳，堆积物沉积略有停滞。

五、现代河流的生成与发展

从前述各盆地演化特征及钻孔岩性变化可以看出，第四纪沉积物分布于现代河道流域，呈带状分布，且厚度相对较薄，这一特征与盆地沉积特征不相协调。

从大的构造成因环境分析，自晚更新世末期，由于喜马拉雅运动的加剧，华北地块发生了不均衡升降，太行山以西大幅度上升，华北平原继续下降，造成华北地块总体向东倾斜，使吕梁以东地表水向东排泄。张家口先前存在的几大盆地湖水向东泄漏，分隔已久的山岭被切穿，随着流量、流速逐渐加大，河道下切加深，河道拓宽，最终互不相通的盆地被打通，湖水排泄殆尽，经近万年的流水侵蚀、冲刷，洋河、桑干河得以形成。

从大气候因素分析，晚更新世末，末次冰期结束之后，全新世气候转暖、温润，降水量增加，加之存在于山地高处的积雪冰川迅速融化，增加了湖泊、河流的水量，盆地进一步淤浅并遭受侵蚀，使得第四纪沉积物呈带状分布。

第二节　新构造运动特征

一、第四系

第四系广泛分布于整个盆地及山间沟谷之中。分布面积广，成因类型复杂，岩性、岩相、厚度变化大，是研究区内最为发育的地层。

二、第四系特征

1. 下更新统（Qp_1）泥河湾组

泥河湾组为一套河湖相地层。盆地内大部分地区缺失，仅在盆地基底凹陷的局部地段零星分布。据钻孔揭露，其埋藏深度不等。宣化洋河南于家屯一带在250m以下，而柴沟堡一带仅有65m，均未揭穿。岩性多为灰绿色、黄绿色黏土夹粉细砂层，其层理清楚，厚度变化大。

2. 中更新统（Qp_2）

1）冲洪积层（Qp_2^{al+pl}）。地表很少出露，在盆地底部分布较为普遍，但埋藏深度和厚度各不相同。洋河河道地带：宣化附近顶板埋深80～110m，揭穿厚度最大达140m；沙岭子一带顶板埋深一般100～120m；岸庄屯—柴沟堡顶板埋深为51～69m，已揭露厚度为15～33m；西洋河一带顶板埋深为79m。据已有资料，张家口冲洪积扇Qp_2顶板埋深为91～121m，洗马林冲洪积扇Qp_2顶板埋深为105m。其岩性特征是棕红色黏土含砾卵石（俗称泥包砾）夹薄层砂砾石。砂、砾不纯，多呈半滚圆状，为洪水或冰水堆积而成。

2）坡残积层（Qp_2^{dl+el}）。分布于洋河柴家堡—第九屯段的南岸及其他一些地方的山麓、坡脚。其范围极小，天然剖面可见厚度在1～5m，岩性为红色黏土含少量碎石。

3. 上更新统（Qp_3）

上更新统分布于研究区山间盆地、山麓边缘、河谷阶地或山坡地带。平行不整合于下更新统或其他基岩之上。成因类型为冲洪积，局部为风积、坡积。冲洪积物为土黄色、黄褐色亚砂土、亚黏土，含砾或夹不稳定砾石层和透镜体。垂直节理发育，常被冲刷为陡壁冲沟，局部含有钙质结核，厚5～136m。风积、坡积物为浅灰、灰黄、棕黄色黄土，粒度均一，垂直节理发育，在山麓及沟谷汇集地段常夹细砂、细砾层，含螺壳，厚30～40m。

4. 上更新统—全新统（Qp_3-Qh）

上更新统—全新统分布于研究区各个山间盆地、冲积平原和山区、山坡、山麓地带，以及山前第一级洪积扇，主要成因类型为冲洪积，也有风积。上部岩性为黑色黏土及亚黏土、亚砂土或灰黄、土黄色亚砂土、亚黏土，夹透镜状或层状砂砾石及砾石层，砾石大小不均，呈棱角状，局部为碎石；下部岩性为灰、灰黑色粉砂、细砂或土黄色砂质黏土、粉砂土，颗粒均匀，局部含贝壳碎片。在洪积扇部位，多以砂砾石为主，在其边缘为土状物堆积；局部及坝上地区有风积或冲风积堆积的风砂土。厚度为 10～100m。

5. 全新统（Qh）

全新统分布于研究区各个水系及其支流的河床、河漫滩及山区的山谷中，是现代河流堆积物。主要成因类型为冲洪积、湖积、风积。岩性为砾石、粗砂，夹淤泥。厚 50～100m。

冲积层。分布于现代河谷，为砂砾石及土黄色亚砂土，砾石成分复杂，厚度在 5～20m 之间。

冲积、洪积层。分布于现代河谷的两侧，在赤城、赵川、宣化西望山一带均有出露，为砂砾石及细砂、黄土状砂土，砾石成分为火山岩及少量片麻岩，厚度≥27m。

风积层。分布于山坡及山谷中，为黄色粉砂、细砂，颗粒大小不均匀，砂的成分为石英、长石，厚度变化很大，呈沙丘堆积。

湖积层。分布于湖泊周围和剥蚀洼地，为深灰、灰黑色淤泥。

第三节　含水层形成与控制作用

一、含水层的形成

盆地周围山区出露的前第四系地层由老到新依次有太古宇变质岩、元古宇海相沉积岩、中生界火山岩、火山碎屑岩、碎屑岩以及新生界第三系（古－新近系）部分陆相碎屑岩。这些地层不仅分布在盆地周围的基岩山区，还构成了盆地的基底。

新构造运动使盆地与山区分异，山区上升盆地下沉，洋河及其支流从山区携带的碎屑物被运送到盆地中沉积下来，形成了含水丰富的第四系堆积物，并塑造了盆地内地貌景观。第四系地层可划分为下—中更新统（$Qp_1 - Qp_2$）和上更新统—全新统（$Qp_3 - Qh$）。$Qp_1 - Qp_2$ 下部为灰黑色砂层和砂砾石层，不连续地分布在盆地基底之上，厚 1～5m；上部是褐红色黏土类砾石层，分布几乎遍及全区，厚 20～50m。盆地两侧山前地带黄土斜梁及坡洪积裙区，$Qp_3 - Qh$ 由浅黄色黄土状亚砂土、坡洪积亚砂土构成，分选性和磨圆度极差，厚度 5～10m 不等。冲洪积扇上的 $Qp_3 - Qh$ 主要由冲洪积砂、砾石层和亚砂土层构成，砂砾石磨圆度及分选性较好，厚度 50～120m 不等。现代洋河河道带两侧，$Qp_3 - Qh$ 则由砂砾卵石、亚砂土和亚黏土构成，砂砾石层分选性和磨圆度极好，厚度 70～120m 不等。

二、地层岩性组合对地下水的控制作用

1. 松散岩类

研究区松散岩类孔隙水主要受含水层成因类型和地层岩性组合的影响，地下水的赋存条件及富水性差异极大。

研究区松散物的成因类型主要为冲洪积、洪积、坡洪积、坡积、风积，含水层岩性主要为第四系砂、砾石、卵石。冲洪积物主要分布于洋河带状冲积平原，由巨厚砂、砾石夹

薄层黏性土组成，分选性较好，纯净，利于地下水的赋存。西起安家堡（研究区西部边界），东至响水铺，长90km，宽2～5km，含水层由总厚度在40～80m的砂、卵、砾石组成，构成洋河带状冲洪积平原富水区。虽然各冲洪积扇水文地质条件略有差异，但含水层具有共同的规律，即一般由卵石、砾石、砂等粗粒相含水层夹黏性土层组成，从冲洪积扇的顶部至前缘岩性由粗变细，由以碎石、卵、砾石为主渐变为以中砂、粗砂含砾为主，其分选性相对较差，呈松散厚层状构造，孔隙连通性好，加之包气带岩性亦以粗粒物质为主，利于降水入渗、地下水赋存和富集，富水性较强，且一般轴部富水性最强、两翼及扇缘地带次之。如洋河北岸发育的城东河、城西河冲洪积扇、清水河冲洪积扇，南岸发育的洪塘河冲洪积扇、口泉河冲洪积扇等，含水层以砂、卵、砾石为主，厚度为10～50m，构成极富水区和富水区。

洪积物主要分布于各较大支流或次级支流形成的洪积扇中，含水层岩性多为碎石、砂、砾石、卵石，厚度在20～80m不等。各洪积扇一般都有一条主流线，在主流线附近含水层相对纯，厚度相对大，为富水区或中等富水区。两翼及前缘多为泥包砾，含水层较薄，富水性减弱。

坡洪积、坡积、风积台地主要分布于盆地边缘地带，一般由黄土状土夹含土砾（碎）石透镜体或薄层砂组成，分选性差，孔隙连通性较差或被黏性土充填，地下水储存空间有限，富水性一般较弱或不含水。

2. 火山岩类

火山岩主要分布于张家口断裂以北，沿西沟村—稍道沟村—元宝山村—东太平山—鱼儿山一线的低中山区，张家口市区东西两侧和火石窑山—草帽山一线的低山丘陵区。岩性以安山岩、流纹岩、凝灰岩、粗面岩、玄武岩为主，由于其节理裂隙不发育，风化程度较低，从而导致储水空间有限，富水性较弱。

3. 碎屑岩类

碎屑岩分布于张家口断裂以北，沿坝底村—土井子村—清河村一线低中山区、宣化城区以北陈家庄—鸦儿山一带和洋河南岸下果园—卧虎山一带低山丘陵区分布，岩性以碎屑岩为主，其次为砂岩、砾岩。由于风化程度较低，从而导致储水空间有限，富水性较弱。

4. 碳酸盐岩类

碳酸盐岩分布于宣化城区以北陈家庄—鸦儿山一带和洋河南岸下果园—卧虎山一带，岩性主要为元古宇白云岩、燧石条带白云岩。由于其分布位置较高，地形切割较为强烈，一般不可能形成规模较大的岩溶水含水系统，地下水往往以上层滞水的形式“悬浮”于区域岩溶水之上，且含水层分布面积较小，储水空间有限，虽然在灰岩与下伏页岩的界面处有泉水出露，但流量小于1.0L/s。

三、地貌对地下水的控制作用

1. 地貌对孔隙水的控制作用

研究区内孔隙水主要赋存于洋河冲洪积平原、冲洪积倾斜平原中，含水层岩性以粗砂、砾石为主，局部夹有透镜状粉细砂层，厚度较大，富水性好。洪积扇倾斜平原含水层厚度薄、岩性颗粒细、黏性物质含量有所增加，导致其富水性较弱。洪积、坡洪积、坡积、风积台地由于其所处位置较高，岩性以细颗粒黏性物质为主，其富水性弱或者不含水。

2. 地貌对基岩水的控制作用

研究区内地表水与地下水的分水岭基本一致，地形地貌控制了不同水文地质单元的补给面积。分水岭部位，地形坡度较陡，风化壳不易保存，地表水容易流失，降水入渗量小，地下水贫乏；地形低洼的坡脚处及河流沟谷地带，地形上起汇水作用，风化壳较厚，易于接受大气降水入渗补给，地下水相对丰富。

四、地质构造对地下水的控制作用

研究区内涉及的大断裂共有7条，即张家口断裂、石窑山－八角台山断裂、洋河隐伏断裂、洗马林－水泉断裂、万全断裂、清水河断裂、怀安－宣化断裂，其规模不一，产状各异，逆断层多于正断层。从影像解译与其他相关资料来看，张家口断裂、石窑山－八角台山断裂、洋河隐伏断裂属正断层，形成充水断层，富水性相对较强；其他断层均为逆断层，具阻水作用，上游相对富水。

第四节　含水层系统划分及其特征变化

一、含水层系统划分

柴宣盆地第四系含水层可划分为上、下两大含水层组：上部是 Qp_3－Qh 的强含水层组，下部为 Qp_1－Qp_2 的弱含水层组。两含水层组之间有稳定黏性土（相对隔水层）分隔，Qp_1－Qp_2 含水层组内只有透镜状砂层分布，弱含水，可视为隔水底板。Qp_3－Qh 含水层组是区内主要含水目的层，按成因与岩相变化，在平面上又可细分为洋河冲积相含水层组、支流冲洪积相含水层组、洪积相含水层组和过渡相含水层组。

二、含水层系统特征变化

1. 包气带厚度变化

由图3－4－1～图3－4－3可知，20世纪80年代初期，研究区包气带厚度相对较薄，地下水水位埋深相对较浅，在洋河河谷区分布有地下水自流区；2016年相对于80年代初期，包气带厚度增加较多，特别是万全地下水水位下降幅度较大，包气带厚度增加较多。

2. 地下水降落漏斗形成

根据以上地下水变差演化，到2020年年底研究区内形成不同程度的地下水降落漏斗有3处，分别为腰站堡漏斗、样台漏斗和第八滩漏斗，各漏斗基本情况见表3－4－1。

（1）地下水降落漏斗诱发的环境地质问题

在地下水降落漏斗周围，原有的机（民）井抽空吊泵，机（民）井出水量减少；工农业机（民）井深度增加，甚至造成大量水井报废，在经济上造成了较大的损失。漏斗的出现改变了局部区域内地下水流场，还可能造成局部地面不均匀沉降，某些建筑物或地下管线等设施弯曲变形等。

（2）地下水降落漏斗的防治措施

地下水降落漏斗的成因是人为大量开采地下水，而开采的地下水又得不到补给，打破了原有的水资源平衡，从而使地下水水位持续下降，形成降落漏斗，漏斗区地下水水位变

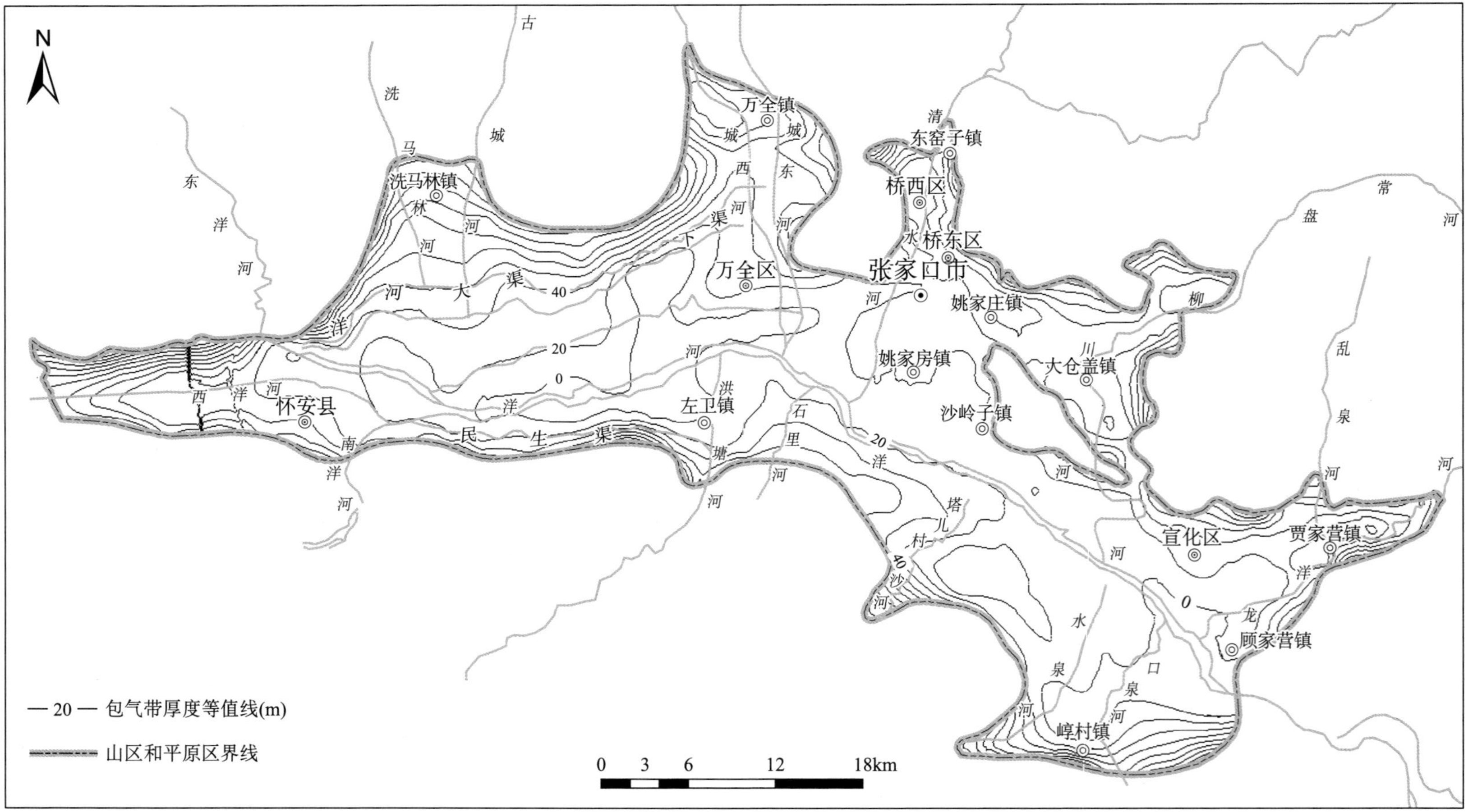

图 3-4-1 1980 年研究区包气带厚度分布图

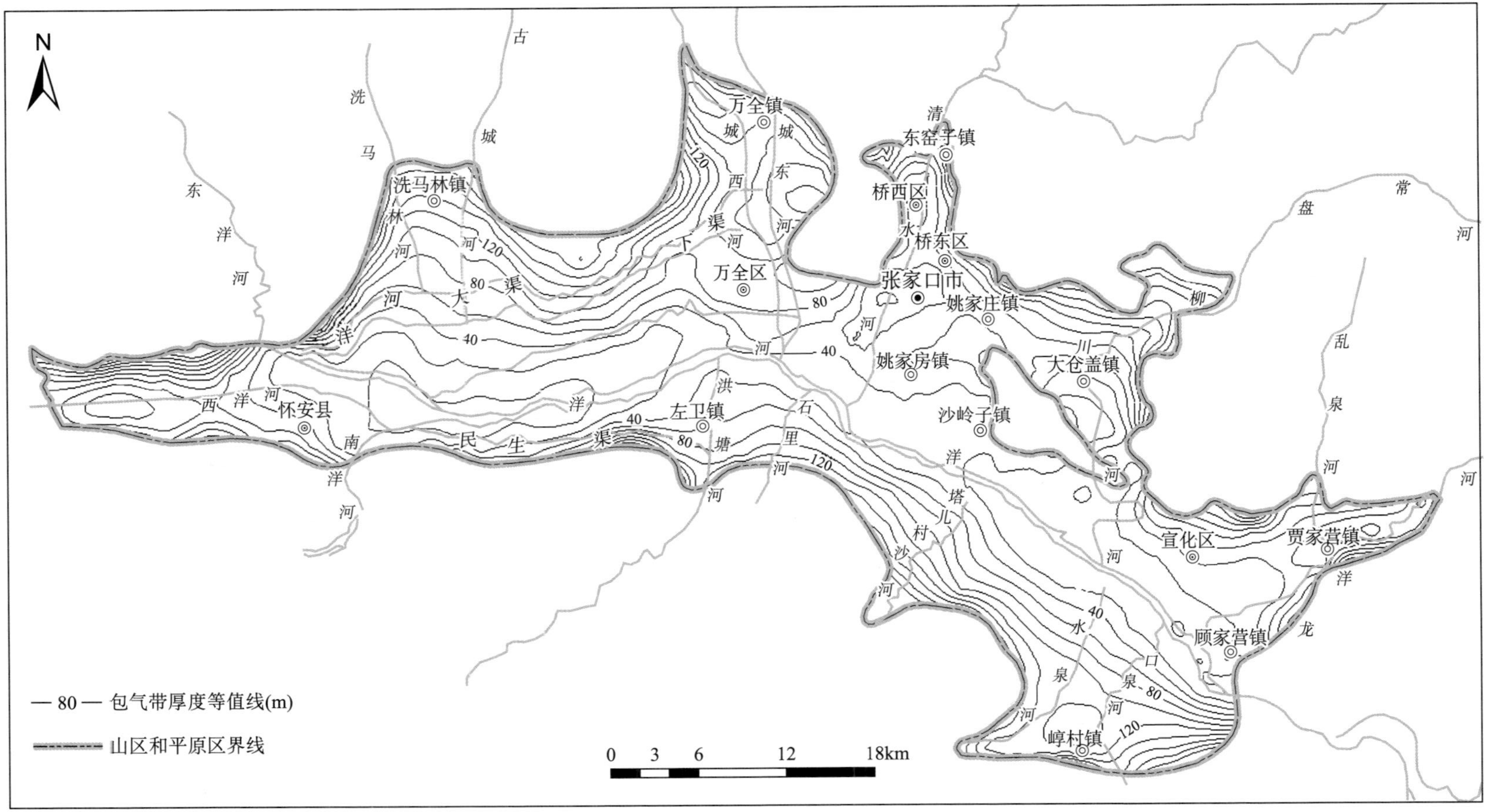

图 3-4-2　2016 年研究区包气带厚度分布图

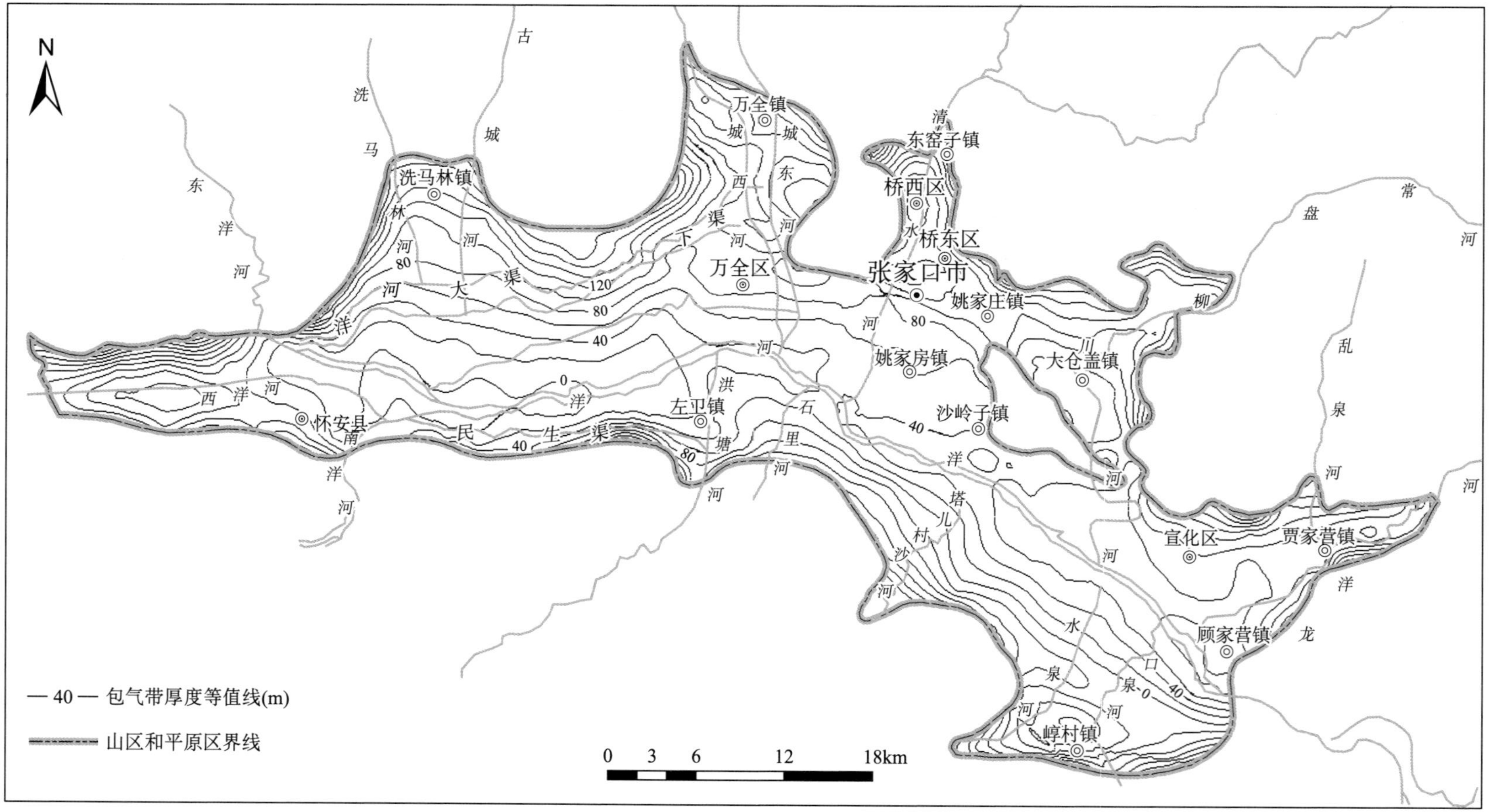

图 3-4-3　2020 年研究区包气带厚度分布图

表 3-4-1　地下水降落漏斗现状

漏斗名称	年份	中心位置	漏斗面积/km^2	中心水位埋深/m	疏干体积/$10^4 m^3$	备注
腰站堡漏斗	2015—2019	腰站堡	11.88	47.35	3900	张家口城区供水水源地，集中开采地下水所致
第八滩漏斗	2015—2019	第八滩	6.53	19.67	2600	富泉水厂集中开采地下水所致
样台漏斗	2015—2019	样台水源地	5.22	18.92	1700	沙岭子电厂和样台水源地集中开采地下水所致

化严格受降水量、开采量的制约，三者之间存在着极其密切的相关关系。降水量增加，开采量减少，水位上升，反之则下降。防治原则是地下水开采量不超过长年地下水的补给量，即：不要长期超量开采。对已经形成的漏斗区，要严格限制开采量，或调水以解决漏斗区用水问题。防治措施是科学规划，实行计划用水和节约用水。

三、含水层富水性变化

柴宣盆地各不同地貌单元的富水性及导水性规律总体从山前到盆地中心，富水性和导水性逐渐增强，并受地貌形态的严格制约，呈现明显的对应关系。各地貌单元富水性和导水性强弱的排列顺序是：洋河冲积带状平原 > 冲洪积扇 > 洪积锥 > 坡洪积裙 > 黄土斜梁台地。

1. 黄土台地、黄土斜梁区

该区位于基岩山区的边缘。地形坡度较大，多为 3% ~10%，切割强烈，沟谷密布，一般透水不含水。局部地段虽含水，富水性及导水性均很弱。单井涌水量（q）一般小于 1L/s，导水系数（T）一般小于 10，只个别沟谷中心 q、T 值较大。

2. 坡洪积裙区

大部分地区 T 为 10 ~100，q 小于 1L/s。一些较大沟谷的地下水主流线附近，富水性和导水性相对较强，T 一般在 100 ~500，q 一般小于 20L/s。主流线的宽度主要取决于含水层的发育程度及所处地貌单元的位置。

3. 洪积锥区

自锥体的轴线向两侧富水性及导水性逐渐减小，多数锥体有主流线存在。洋河南侧，锥体规模较大，锥底靠近洋河，一般 q 在 1 ~10L/s，T 在 100 ~500。锥底由于受到洋河冲积层影响，富水性及导水性增强，q 在 6 ~100L/s，T 在 1000 ~7000。洋河北侧，洪积锥一般规模较小，其富水性及导水性较弱，q 一般在 1 ~5L/s，T 一般小于 100。个别锥底抵达河边，富水性大于锥体。河家堰洪积锥四周被基岩山区所围限，赋水条件较好，它的富水性及导水性近于洋河南侧的洪积锥。

4. 冲洪积扇区

各扇富水性和导水性规律各不相同，但在扇内均有一条富水性及导水性较强的主流带存在，分布部位因扇而异。

1）洗马林冲洪积扇。由于其为两条河流共同堆积的产物，扇顶富水性及导水性规律也反映了分叉现象。洗马林河上游主流带位于沙地房子—旧堡一带；古城河上游主流带位于兵民村西。都沿河流右侧发育。两河主流带汇合后，沿丰胜庄—旧羊屯—郭磊庄西—水庄屯西一线发育，表现出沿左侧发育的特点。主流带附近 q 最大可在 60L/s 以上，T 最大在 1300 以上。向两侧逐渐减小，q 减小至 20L/s 以下，T 减小至 500 以下。

2）城东河、城西河冲洪积扇。在扇顶主流带仍是两个，位于现代河床附近。两河汇合后，主流带沿蔡家庄—暖店堡一带发育。q 最大可在 200L/s 以上，T 最大在 1000 以上。再往前缘，主流带偏左侧沿西红庙—马家房子—太师庄一线延伸，但富水性和导水性比上段略小。直至最前缘富水性、导水性再次加大，构成前缘富水带，q 可在 50L/s 以上，T 大于 5000。

主流带两侧，富水性、导水性明显减小。在张杰庄一带构成了一个贫水区，q 小于 10L/s，T 小于 300。

3）清水河冲洪积扇。扇顶主流带位于西坝岗—烟厂—吉家房—姚家坊一线。沿扇体至前缘，富水性逐渐增强，q 在 1～50L/s，T 在 100～4000。从姚家坊向前缘主流带不明显，q 均大于 50L/s，T 大于 5000，最大在 10000 以上。

4）柳川河冲洪积扇。从扇的东北角向西南角导水性能逐渐增强，至福全美附近 T 值达到高峰，在 9000 以上。主流带沿轴线偏西方向发育，向两侧逐渐变小，q 自 50L/s 逐渐增大至 90L/s 以上。

5）洪塘河冲洪积扇。主流带位于扇体东侧边缘。扇顶主流带 q 在 50L/s 以上，前缘主流带 q 大于 60L/s，T 大于 1000。左卫城—西房子一带有一贫水区，q 小于 20L/s，T 小于 300。

6）水泉河、口泉河冲洪积扇。整个扇内富水性较弱，q 一般在 10～20L/s，前缘有逐步增强的趋势。在许家堡一带富水性较弱，q 小于 10L/s，T 小于 200，向前缘增至 1000 以上。

7）龙洋河河道。河道带中下游富水性较强，向两端逐渐减弱。在左家营附近有一富水性较强区，q 在 60L/s 左右，T 可在 3400 以上。其东段 q 一般在 1～10L/s，个别大于 10L/s，T 在 100～400。

8）柳川河河道带。在张家园、大仓盖附近导水性及富水性均较强，q 在 140L/s 以上，T 在 3600 以上。向四周其值递减。

5. 洋河冲积带状平原区

该区是主要的地下水赋存区。一般富水性及导水性均大于两侧倾斜平原区，但各段不一。现自西向东分述如下：

1）西洋河至柴沟堡段。富水性、导水性较强。河道中心，q 大于 50L/s，T 大于 5000。向两侧渐弱，q 大于 30L/s，T 大于 1000。

2）柴沟堡至左卫桥段。富水性、导水性较弱，但较均匀。主河道 q 大于 50L/s，T 大于 2000。两侧渐弱，q 大于 30L/s，T 大于 1000。

3）左卫桥至清水河入口段。富水性、导水性较强。河道中心，q 在 50～70L/s，T 大于 5000。两侧渐小，q 在 30～50L/s，T 大于 2000。

4）清水河入口以东段。主河道富水性极强，q 大于 100L/s，T 大于 10000。向两侧逐渐变小，q 在 30L/s 以上，T 在 5000 以上。

第四章　地下水循环模式的同位素识别

第一节　样品采集与测试

在研究区内共采集地表水和地下水 D、^{18}O、^{34}S、^{87}Sr 和 ^{3}H 同位素样品 38 组，其中地表水样品 8 组（TB），地下水样品 30 组（TJ、TQ），采样位置见图 4－1－1。

D 和 ^{18}O 同位素样品的采样瓶为聚乙烯瓶（50mL），在取样前先用去离子水清洗 3 次，在充分抽水洗井后进行取样，用待采水样清洗聚乙烯瓶 2～3 次，再取满水样，排出空气并封好瓶口。采集 ^{34}S 同位素样品时，将水过滤后直接装瓶（$<0.45\mu m$；1L 聚乙烯瓶），瓶内留 20% 顶空。样品在采样现场应保存在临时冷藏箱内，采样结束后立即转移到冷冻柜中保存。采集 ^{87}Sr 同位素样品时，将水过滤后直接装瓶（$<0.45\mu m$；500mL 聚乙烯瓶），在环境温度下保存。采集 ^{3}H 同位素样品时先用待采水样清洗聚乙烯瓶 2～3 次，瓶顶留少许顶空，密封。

$^{18}O/^{16}O$ 比值采用平衡方法测定，D/H 比值采用锌还原法测定，均采用 Picarro L 1102－i 激光同位素分析仪完成测试，δD 和 $\delta^{18}O$ 的测试精度分别为 ±2.0‰和 ±0.2‰。

^{34}S 同位素由中国地质科学院水文地质环境地质研究所实验测验室完成测试。利用高温燃烧－气体同位素质谱法进行 ^{34}S 同位素含量测试，检测环境温度为 24℃，相对湿度为 45%，测试前先将水样用超纯盐酸调至 $pH<2$，加入过量 10% $BaCl_2$ 溶液放置过夜后用定量滤纸过滤，并用 Milli－Q 水反复清洗沉淀，以清除 Cl^-。将滤纸转移至瓷坩埚，并在 800℃马弗炉中灼烧 1h。将 $BaSO_4$ 与 V_2O_5 和 SiO_2 混合（质量比 1∶10∶10），在真空线上灼烧，产生纯净的 SO_2 气体，用来测试 ^{34}S 同位素，并用 MAT253 气体同位素质谱仪完成测试。测试精度为 ±0.2‰。同位素测试结果以 Diablo 峡谷硫铁陨石陨硫铁（CDT）为标准，用 $\delta^{34}S$（‰）值表示。

^{87}Sr 同位素测试仪器为 Phoenix 热表面电离质谱仪，误差 2σ。^{3}H 同位素首先通过电解富集，然后利用低本液体闪烁仪记数测定，单位表示为 TU，分析误差为 ±0.5～0.8TU。

第二节　氢氧同位素组成及地表水地下水转化关系分析

一、氢氧同位素组成分析

由表 4－2－1 可知，研究区地表水的 $\delta^{18}O$ 值为 －10.04‰～－7.88‰，平均值为 －9.24‰；δD 值的变化范围为 －73.34‰～－62.11‰，平均值为 －69.60‰。地下水的 $\delta^{18}O$ 值为 －10.42‰～－8.03‰，平均值为 －8.98‰；δD 值的变化范围为 －75.98‰～

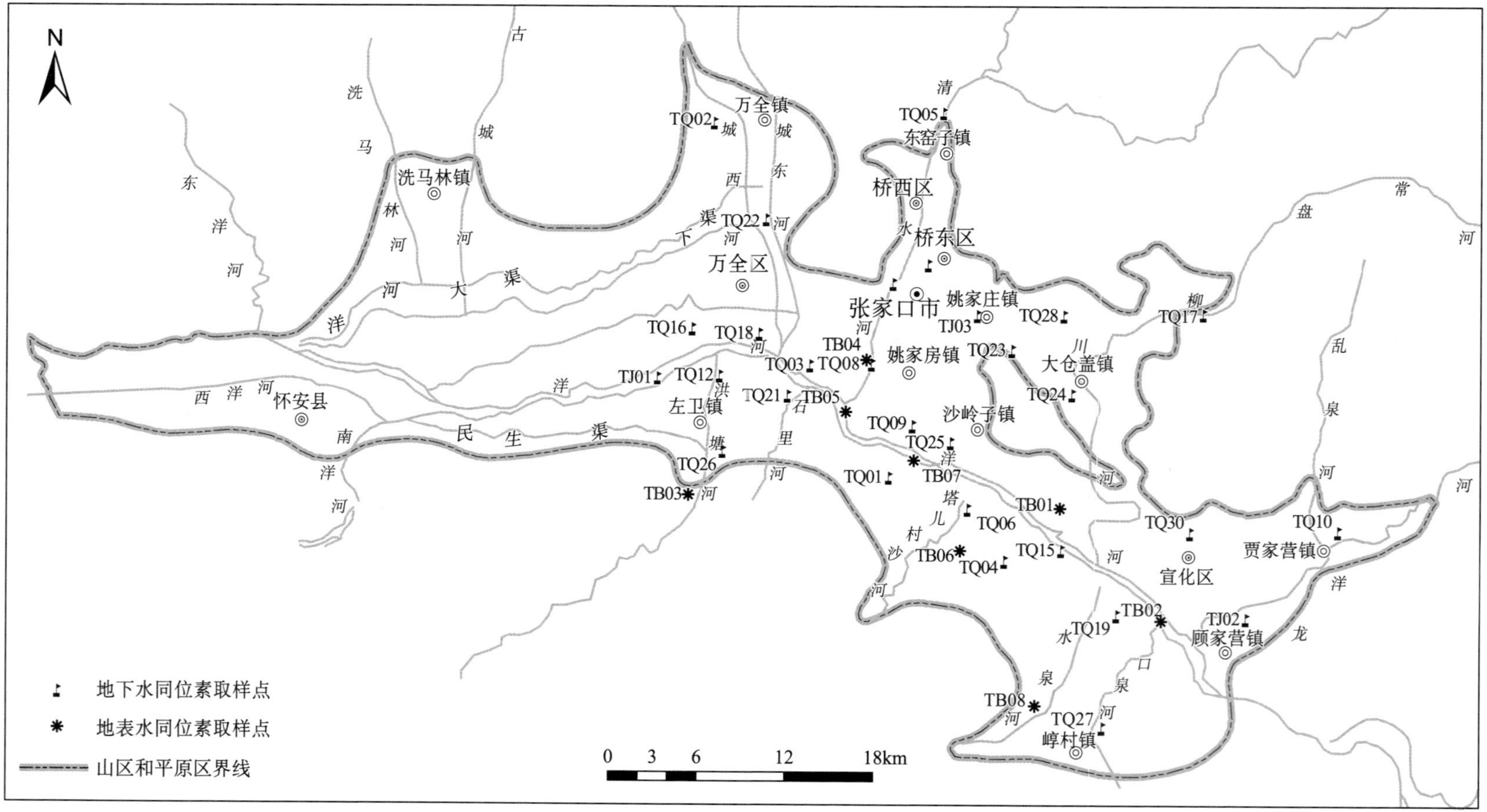

图 4-1-1 地表水和地下水同位素采样位置图

-62.83‰，平均值为 -68.43‰。地表水和地下水 $\delta^{18}O$ 和 δD 的值十分接近，表明研究区存在明显的地下水和地表水相互补给关系。

表 4-2-1　研究区水样氢氧同位素组成　　单位:‰

特征值	地表水		地下水	
	$\delta^{18}O$	δD	$\delta^{18}O$	δD
最小值	-10.04	-73.34	-10.42	-75.98
最大值	-7.88	-62.11	-8.03	-62.83
平均值	-9.24	-69.60	-8.98	-68.43

二、水体 $\delta D-\delta^{18}O$ 间的关系

从图 4-2-1 可以看出，与 Caring 在 1961 年提出的全球大气降水线方程 GMWL（$\delta D=8\delta^{18}O+10$）相比较，张家口清水河流域大气降水线 LMWL（$\delta D=4.76\delta^{18}O-23.15$）斜率小于全球大气降水线斜率且截距较偏负，这说明此流域水体受到的蒸发作用均较大，一般在封闭的盆地常会有此种情况（殷秀兰等，2010）。根据多人对干旱—半干旱地区的研究（连英立等，2011；钱云平等，2005；蒋保刚等，2013），其大气降水线斜率大多小于全球大气降水线斜率，说明蒸发作用对氢氧同位素分馏具有较大的影响。通过对研究区地表水和地下水氢、氧同位素进行回归分析，得出的蒸发趋势线方程为 $\delta D=5.32\delta^{18}O-20.65$（$R^2=0.9036$），其斜率大于当地降雨线斜率且相交于 $\delta^{18}O=-4.50$‰和 $\delta D=-44.58$‰处，地表水、地下水落于当地降水线右下方。这说明研究区的蒸发程度大于邻近清水河流域，且区内地下水初始补给源即有效补给地下水的降水的加权平均同位素值约为 -4.50‰和 -44.58‰。总体上，研究区地表水和地下水 δD、$\delta^{18}O$ 组成接近，表明区内地表水与地下水具有较强的水力联系。

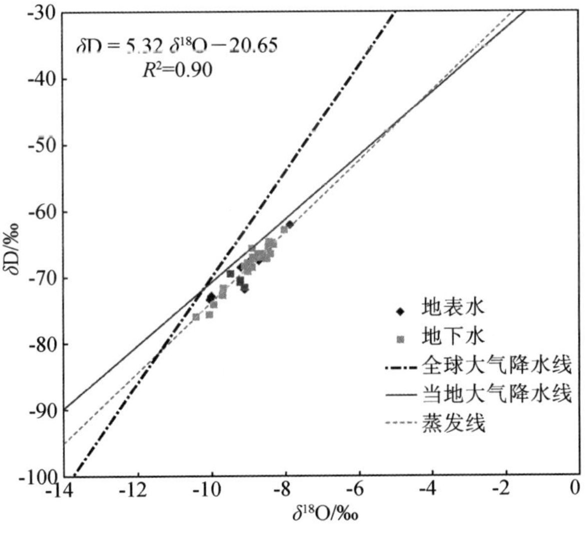

图 4-2-1　研究区地表水和地下水 $\delta D-\delta^{18}O$ 关系图

三、地表水和地下相互转化关系分析

W. Dansgaard 于 1964 年提出了氘过量参数 d，定义 $d = \delta D - 8\delta^{18}O$，相当于当地大气降水线的斜率 $\delta D/\delta^{18}O$ 为 8 时的截距（Dansgaard，1964）。其值可以反映大气降水蒸发强度和凝结过程的不平衡程度，氘盈余下降，指示蒸发越强烈（张慧和张新基，2006）。由表 4－2－2 可知，研究区地表水 d 值变化范围为 0.89‰～7.19‰，平均值为 4.33‰；地下水 d 值变化范围为 0.66‰～7.40‰，平均值为 3.42‰。地表水和地下水 d 值较为接近，地下水 d 值略低一些，侧面反映出地表水和地下水具有明显的相互补给关系，同时对比全球降水中过量氘值 10‰，进一步表明研究区的蒸发作用强烈。此外，地下水环境中水－岩相互作用会发生同位素交换反应，地下水中 d 值在当地大气降水 d 值的基础上发生变化，水－岩间的 D、^{18}O 交换不足以明显影响水的 δD 值，而其氧同位素交换可以导致水中的 ^{18}O 富集，地下水的 d 值存在降低（偏负）的趋势（周训等，2017）。δD、$\delta^{18}O$ 数据点在 $\delta D - \delta^{18}O$ 关系图上向右沿水平或近似水平方向平移，称这种现象为 ^{18}O 漂移，水－岩作用发生时，同位素交换反应主要有以下几种（Clark and Fritz，1997）。

表 4－2－2　研究区水样氘盈余值（d 值）统计　　单位：‰

d 值	最小值	最大值	平均值
地表水	0.89	7.19	4.33
地下水	0.66	7.40	3.42

水与方解石之间 ^{18}O 交换：

$$CaCO_2^{18}O + H_2O \rightleftharpoons CaCO_3 + H_2^{18}O \quad (4-1)$$

水与石英之间的 ^{18}O 交换：

$$SiO^{18}O + H_2O \rightleftharpoons SiO_2 + H_2^{18}O \quad (4-2)$$

水与长石之间的 ^{18}O 交换：

$$CaAl_2SiO_7^{18}O + H_2O \rightleftharpoons CaAl_2SiO_8 + H_2^{18}O \quad (4-3)$$

地下水环境中水－岩作用越强烈，交换程度越高，^{18}O 漂移越显著，地下水的氘盈余值就越小，其值的大小能反映区域水－岩之间的同位素交换程度。另一方面，地下水氘盈余值越小或与补给区水的氘盈余值相差越大，说明地下水径流速度越慢，其在含水层停留的时间就越长，也有可能是受到一定蒸发浓缩作用（尹观等，2008）。如图 4－2－1 所示，流域内地下水点都偏移于当地降雨线的右边，存在明显的 ^{18}O 漂移现象，表明地下水环境中水－岩作用强烈，且受到一定程度蒸发浓缩作用。结合取样点位置可知，地下水排泄区 ^{18}O 漂移现象显著，水－岩作用和蒸发作用强烈。

第三节　硫、锶同位素组成及地下水组分溯源

一、硫同位素组成分析

目前，硫同位素被广泛运用于自然生态系统中各种硫源的示踪和地球化学循环的研

究（宋柳霆等，2008）。地下水中的硫元素主要以 SO_4^{2-}、HSO_4^-、H_2S 和 HS^- 形式存在，在大多数地下水中以 SO_4^{2-} 和 H_2S 为主（王恒纯等，1991）。不同来源的硫同位素值相异，大气沉降中的 $\delta^{34}S$ 值为 2‰~9‰，陆相蒸发岩的 $\delta^{34}S$ 值为 -14‰~10‰，化肥中的 $\delta^{34}S$ 值为 -3.9‰~3.7‰，硫酸铵中的 $\delta^{34}S$ 值为 -5.9‰~0.5‰，合成洗涤剂粉末和液体中的 $\delta^{34}S$ 值分别为 4‰~25.8‰和 -3.2‰~ -2.1‰，汽油和煤中的 $\delta^{34}S$ 值为 -5.0‰~10‰（Mizota and Sasaki，1996），磷酸盐肥料中的 $\delta^{34}S$ 值为 0.4‰~10.3‰，人类排放物中的 $\delta^{34}S$ 值为 1‰~8‰，黄铁矿氧化物中的 $\delta^{34}S$ 值为 -15‰~4‰（Emmanuelle et al.，2009；Cortecci et al.，2002），表层土壤中的 $\delta^{34}S$ 值为 -2.64‰~ -1.34‰（张伟等，2010）。

由表 4-3-1 可知，研究区地表水 $\delta^{34}S$ 值变化范围为 4.9‰~6.3‰，平均值为 5.6‰；地下水 $\delta^{34}S$ 值变化范围为 2.3‰~10.8‰，平均值为 7.4‰。地下水 $\delta^{34}S$ 值较地表水变化范围较大，平均值较高。SO_4^{2-} 与 ^{34}S 同位素结合的分析方法可以用来研究硫酸盐的来源及迁移转化过程（张彦鹏，2015）。地下水中 SO_4^{2-} 的来源主要有两部分，自然来源（硫酸盐矿物的溶解、大气降水、硫化物矿物氧化、海水飞溅出的 SO_4^{2-} 以及火山喷发等）与人类活动来源（谢先军等，2019）。不同物质来源和地下水赋存环境的水文地球化学条件不同，其 $\delta^{34}S$ 值的差别很大。陆相沉积物 $\delta^{34}S$ 值一般小于 10‰，海陆交互相沉积物 $\delta^{34}S$ 值介于 10‰~15‰之间，海相沉积物 $\delta^{34}S$ 值较高（15‰以上）（Tabakh et al.，1999）。如图 4-3-1 所示，研究区大部分地下水 $\delta^{34}S$ 值介于 0~10‰之间，与 SO_4^{2-} 呈正相关，表明研究区地表水 SO_4^{2-} 主要来源于陆相沉积蒸发岩溶滤，另外可能来源于海陆交互相沉积蒸发岩溶滤。

表 4-3-1 研究区水样 $\delta^{34}S$ 值统计　　单位:‰

$\delta^{34}S$ 值	最小值	最大值	平均值
地表水	4.9	6.3	5.6
地下水	2.3	10.8	7.4

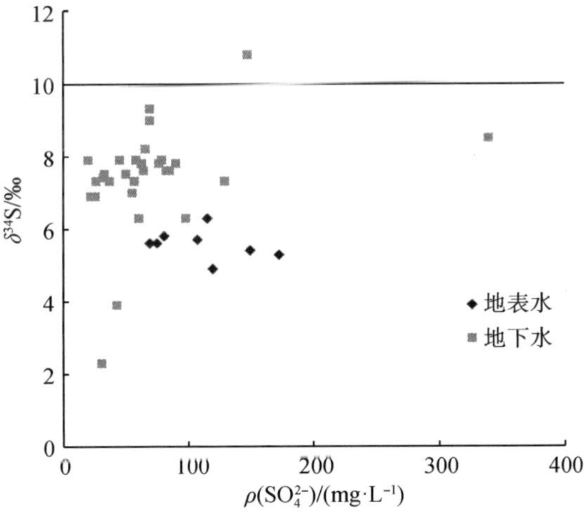

图 4-3-1 研究区地表水和地下水 $\delta^{34}S-SO_4^{2-}$ 关系图

二、锶同位素组成分析

地下水同位素的组分可记录沿地下水流向发生的水－岩相互作用信息，地下水的$^{87}Sr/^{86}Sr$值基本反映了含水介质中锶的同位素特征（Frost et al.，2002）。不同物源混合会造成混合物呈现特有的$^{87}Sr/^{86}Sr$值特征，通常情况下地下水中$^{87}Sr/^{86}Sr$值与其接触的岩石矿物中的$^{87}Sr/^{86}Sr$值相似，所以锶同位素是确定物源及其贡献比例的有效工具。围岩易溶矿物中的$^{87}Sr/^{86}Sr$值高低对地下水中的$^{87}Sr/^{86}Sr$值易产生影响，若易溶矿物中含有较高的$^{87}Sr/^{86}Sr$值，则通过溶解作用后也会使得地下水中$^{87}Sr/^{86}Sr$值升高（Klaus et al.，2007）。地下水中锶主要来源为碳酸盐岩的风化，可将$^{87}Sr/^{86}Sr$平均值0.7075和低Mg^{2+}/Ca^{2+}值（约0.1）作为石灰岩溶解物质的端员；$^{87}Sr/^{86}Sr$值0.7093和较高Mg^{2+}/Ca^{2+}值（约1.05）作为白云岩溶解物质的端员；$^{87}Sr/^{86}Sr$值0.7200和中等Mg^{2+}/Ca^{2+}值（约0.7）作为硅酸盐岩溶解物质的端员（Junbing et al.，2012）。

由表4－3－2可知，研究区地表水$^{87}Sr/^{86}Sr$值变化范围为0.7091～0.7121，平均值为0.7098；地下水$^{87}Sr/^{86}Sr$值变化范围为0.7091～0.7135，平均值为0.7107。地下水较地表水$^{87}Sr/^{86}Sr$值较高，变化范围较大。如图4－3－2所示，研究区地表水和地下水主要分布在石灰岩和白云岩端点的混合线附近，表明研究区地表水和地下水的水化学组分主要来源为白云岩和石灰岩风化溶解（苏春利等，2019）。

表4－3－2　研究区水样$^{87}Sr/^{86}Sr$值统计

$^{87}Sr/^{86}Sr$值	最小值	最大值	平均值
地表水	0.7091	0.7121	0.7098
地下水	0.7091	0.7135	0.7107

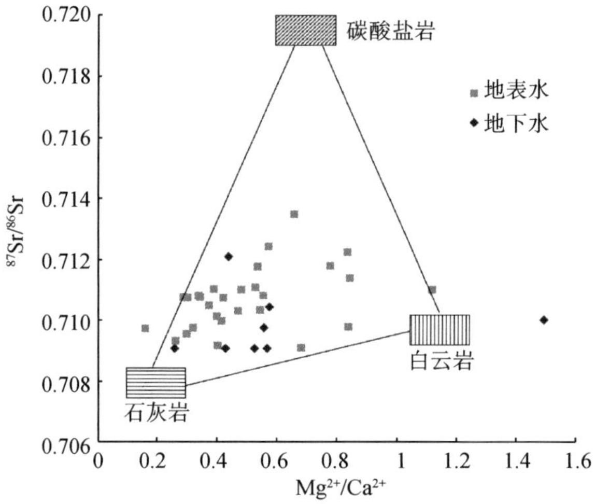

图4－3－2　研究区地表水和地下水$^{87}Sr/^{86}Sr-Mg^{2+}/Ca^{2+}$关系图

第四节 氚同位素组成及地下水测年

^3H 的来源包括天然来源（宇宙射线与大气中的氮、氧之间进行的核反应产生）及人类活动（核试验、核动力工厂和核能利用等），^3H 是研究水的运动状态的最佳指示剂，主要用来区分老水（核爆前的）与至少有近期大气降水的水，也用以判明含水层的混合和越流（刘锋等，2008）。^3H 同位素的半衰期为 12.43 年，Clark 和 Fritz 等（2013）相关专家学者提出了基于 ^3H 含量估算地下水年龄的经验法，见表 4-4-1。研究区部分地下水样品 ^3H 含量测试结果见表 4-4-2。

表 4-4-1 地下水的近似年龄（以 ^3H 浓度为基础、大陆地区）

氚浓度/TU	地下水的年龄
<0.8	1952 年前补给的地下水（>60 年）
0.8~4.0	1952 年前补给与最近补给的混合水
5~15	现代水（>15 年）
15~30	存在部分核爆氚的地下水
>30	20 世纪 60—70 年代补给的地下水
>50	主要为 20 世纪 60 年代补给的地下水

（据汪洋，2019；付昌昌，2015）

表 4-4-2 研究区部分地下水样 ^3H 含量测试结果统计

样品编号	氚比值（R_{sa}）	氚比值（R_{sa}）扩展不确定度 U/TU	样品编号	氚比值（R_{sa}）	氚比值（R_{sa}）扩展不确定度 U/TU
TQ01	1.5	0.6	TQ12	2.0	0.8
TQ02	1.2	0.5	TQ13	1.0	0.5
TQ03	1.7	0.7	TQ15	1.9	0.7
TQ04	1.6	0.6	TQ16	2.7	0.9
TQ05	1.5	0.6	TQ17	2.0	0.8
TQ06	1.7	0.7	TQ18	2.3	0.8
TQ07	1.4	0.6	TQ19	2.1	0.7
TQ08	1.2	0.6	TQ20	1.6	0.6
TQ09	1.4	0.6	TQ21	2.1	0.8
TQ10	1.7	0.6	TQ22	1.1	0.5

第五章 人类活动胁迫下的地下水系统响应研究

第一节 地下水资源开发利用历史变化

一、张家口地下水资源开发利用变化情况

张家口水资源开发历史悠久，研究区地下水的开发利用程度较高，境内永定河水系的洋河滋养着张宣盆地河流两岸肥沃的土地，养育着当地居民。20 世纪 80 年代以前，研究区内地下水开采利用较少，地下水实际开采量小于可开采资源量，地下水系统基本上处于天然状态。但 90 年代后随着当地工农业的发展，对水资源需求的逐年增加，加之河流径流量的减少，地表水利用占比逐渐减少，地下水开采量逐渐增加。

1981—1985 年和 1986—1990 年全区地下水总开采量分别为 219626. 170 $\times 10^4 m^3$ 和 204359. 560 $\times 10^4 m^3$；1991—1995 年全区地下水开采总量为 285133. 8 $\times 10^4 m^3$，其中坝上高原为 18891 $\times 10^4 m^3$，只占全区总开采量的 6. 6%，张家口市（四区一镇）面积不足 250km^2，总开采量为 108024. 8 $\times 10^4 m^3$，占全区总开采量的 38%。工业及生活用水开采量总量为 114843. 8 $\times 10^4 m^3$，较上个 5 年（1986—1990 年）81114 $\times 10^4 m^3$ 多开采了 33729. 8 $\times 10^4 m^3$，增长率为 41%，年平均增长率为 8. 32%。农业用水开采总量为 170290 $\times 10^4 m^3$，较上个 5 年（1986—1990 年）120458 $\times 10^4 m^3$ 多开采了 49832 $\times 10^4 m^3$，增长率为 41. 4%，5 年平均增长率为 8. 3%。

1996—2000 年地下水开采总量为 234711 $\times 10^4 m^3$，比上个 5 年（1991—1995 年）减少了50422. 8 $\times 10^4 m^3$，减少幅度达 17. 7%。这是由于市区开采量大幅度减少所致。5 年中市区开采总量减少了 40038. 8 $\times 10^4 m^3$，减少幅度达 37. 1%。全市 1996—2000 年的生活及工业用水开采量为82911 $\times 10^4 m^3$，占全市开采总量的 35. 3%，比上个 5 年（1991—1995 年）少采了 31932. 8 $\times 10^4 m^3$，减少了 27. 8%。5 年中张家口市各区生活及工业用水量最大，为 42252 $\times 10^4 m^3$，占全市生活及工业用水开采量的 51. 0%；1996—2000 年农业用水开采量为 151800 $\times 10^4 m^3$，占全市开采总量的 64. 68%，较上个 5 年（1991—1995 年）的开采量减少了 1849 $\times 10^4 m^3$，减少幅度达 10. 8%。

2001—2005 年地下水开采总量为 317857. 29 $\times 10^4 m^3$，比 1996—2000 年的 264711 $\times 10^4 m^3$（包括沙岭子电厂和宣化钢铁集团公司）多开采 53146. 29 $\times 10^4 m^3$，增加幅度达 20. 1%。其中生活及工业用水开采量增加了 30180. 27 $\times 10^4 m^3$，增加幅度达 26. 7%。农业用水开采量增加了 22966. 02 $\times 10^4 m^3$，增加幅度达 15. 1%。

2006—2010 年地下水用水总量为 431940. 06 $\times 10^4 m^3$，其中生活用水量为 93463. 56 $\times$

10^4m^3，工业用水量为 76947.75 $\times 10^4m^3$，农业用水量为 261528.75 $\times 10^4m^3$。与 2001—2005 年地下水用水总量 335432.34 $\times 10^4m^3$ 相比，多用水 96507.72 $\times 10^4m^3$。主要增加在生活用水和农业用水方面，分别达到 93463.56 $\times 10^4m^3$ 和 261528.75 $\times 10^4m^3$，工业用水量相对持平，仅减少了 1031.15 $\times 10^4m^3$。

2011—2015 年地下水用水总量为 360076.27 $\times 10^4m^3$，其中农林牧业用水量为 248302.52 $\times 10^4m^3$，工业用水量为 54631.37 $\times 10^4m^3$，生活用水量为 57142.38 $\times 10^4m^3$。与上个 5 年地下水用水量 431940.06 $\times 10^4m^3$ 相比减少了 71863.79 $\times 10^4m^3$，减少了 16.64%。其中，农林牧业用水量减少 13226.23 $\times 10^4m^3$，减少了 5.06%；工业用水量减少 22316.38 $\times 10^4m^3$，减少了 29.00%；生活用水量减少 37802.71 $\times 10^4m^3$，减少了 40.44%。

2016—2020 年地下水用水总量为 304891.44 $\times 10^4m^3$，其中农林牧业用水量为 179470.0 $\times 10^4m^3$，工业用水和生活用水量为 1254221.44 $\times 10^4m^3$。与上个 5 年地下水用水总量 360076.27 $\times 10^4m^3$ 相比减少 55184.33 $\times 10^4m^3$，减少了 15.32%。

1981—2020 年，期间 8 个 5 年段中的前 6 段（1981—2010 年），张家口地下水开采量呈逐渐加大趋势。2006—2010 年的 5 年间地下水开采量达到 439331.17 $\times 10^4m^3$。在 2011 年以后，由于国家实施节水政策，农灌采用了高效节水灌溉方式，并在地下水超采区禁止新建开采井，全市地下水开采量逐渐呈现下降状态（图 5－1－1）。

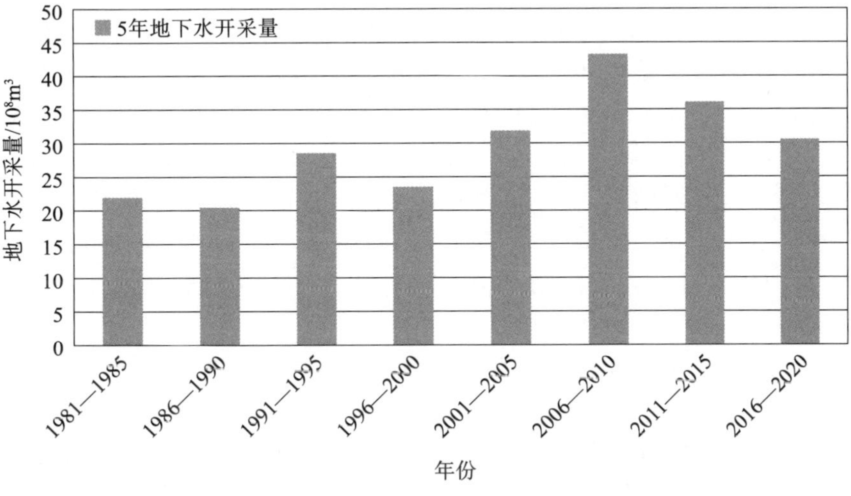

图 5－1－1 1981—2020 年张家口各阶段（5 年）地下水开采量

二、柴宣盆地地下水资源开发利用变化情况

柴宣盆地人口密集、城市化率高、工业发达、农业种植面积及有效灌溉面积大，工农业及生活耗水量巨大，是张家口地下水水位下降幅度最大、下降速率最快的地区、地下水超采最严重的地区。

1986—1990 年柴宣盆地地下水总开采量为 99132.13 $\times 10^4m^3$，地下水总开采量小于柴宣盆地的地下水可开采资源量；1991—1995 年柴宣盆地地下水总开采量为 158846.80 $\times 10^4m^3$，工业及生活用水总开采量为 81869.00 $\times 10^4m^3$，较上个 5 年（1986—1990 年）

58789. 05 × 10^4m^3 多开采了 26079. 95 × 10^4m^3，增长率为 44. 36%，年平均增长率为 8. 87%；农业用水开采总量为 76977. 8 × 10^4m^3，较上个 5 年 1986—1990 年 44343. 08 × 10^4m^3，多开采了 32634. 72 × 10^4m^3，增长率为 73. 59%，5 年平均增长率为 14. 72%，农业用水开采量增速较快。

1996—2000 年地下水开采总量为 137676. 0 × 10^4m^3，比上个 5 年（1991—1995 年）减少了 21170. 8 × 10^4m^3，减少幅度达 13. 3%。这是由于张家口市区开采量大幅度减少所致。柴宣盆地 1996—2000 年的生活及工业用水开采量为 82910 × 10^4m^3，占全市开采总量的 60. 22%，比上个 5 年（1991—1995 年）多开采了 1041. 0 × 10^4m^3，增加了 1. 27%；农业用水开采量为 54766. 0 × 10^4m^3，占全市开采总量的 39. 78%，较上个 5 年（1991—1995 年）的开采量减少了 22257. 0 × 10^4m^3，减少幅度达 28. 89%。

2001—2005 年地下水开采总量为 173135. 89 × 10^4m^3，比 1996—2000 年多开采了 35459. 89 × 10^4m^3，增加幅度达 25. 76%。其中生活及工业用水开采量为 109586. 84 × 10^4m^3，增加了 26676. 84 × 10^4m^3，增加幅度达 32. 17%。农业用水开采量增加了 63549. 05 × 10^4m^3，增加幅度达 16. 04%。

2006—2010 年地下水总用水量为 173675. 13 × 10^4m^3，其中生活及工业用水量为 104777. 65 × 10^4m^3，农业用水量为 68897. 48 × 10^4m^3。与 2001—2005 年地下水用水量 173135. 89 × 10^4m^3 相比，多用水 539. 24 × 10^4m^3。主要增加在农业用水方面，增加了 5348. 43 × 10^4m^3，达到 68897. 48 × 10^4m^3，工业用水量和生活用水量有所减少，减少了 4809. 19 × 10^4m^3。可见，2001—2010 年 10 年间柴宣盆地地下水开采量增幅较大。

2011—2015 年地下水总用水量为 144353. 13 × 10^4m^3，其中生活及工业用水总量为 60617. 20 × 10^4m^3，与上个 5 年用水量 104777. 65 × 10^4m^3 相比减少 44160. 45 × 10^4m^3，减少了 42. 14%；农业用水量为 83735. 93 × 10^4m^3，增加 14838. 45 × 10^4m^3，增加了 21. 53%。

2016—2020 年地下水用水总量为 129258. 70 × 10^4m^3，其中生活及工业用水总量为 52241. 38 × 10^4m^3，与上个 5 年用水量 60617. 20 × 10^4m^3 相比减少 8375. 82 × 10^4m^3，减少了 13. 82%；农业用水量为 71771. 28 × 10^4m^3，与上个 5 年用水量减少 11964. 65 × 10^4m^3，减少了 14. 28%。

从 1981—2020 年，期间 8 个 5 年段中的前 6 段（1981—2010 年），柴宣盆地地下水开采量呈逐渐增大趋势，特别是 2001—2010 年的 10 年之间，2006—2010 年的 5 年间地下水开采量达到173675. 13 × 10^4m^3。在 2011 年以后，由于国家实施节水政策，农灌采用了高效节水灌溉方式，并在地下水超采区禁止新建开采井，盆地地下水开采量逐渐呈现下降状态（图 5 – 1 – 2）。

柴宣盆地所开采的地下水主要为农业用水和工业用水，其他用水占比相对较小。地下水用水结构中，农田灌溉占比最重，约为 39. 34%，工业用水占比为 21. 77%、城镇公共用水占比为 9. 38%、城镇生活用水占比为 19. 59%、农村生活用水占比为 7. 65%、其他占比为 2. 26%（图 5 – 1 – 3）。由图 5 – 1 – 4 可看出，地下水开采量呈缓慢减少趋势，主要原因是张家口从 2016 年开始实施《张家口市实行最严格水资源管理制度 2016—2020 年控制目标分解方案》，使地下水开采量得到了有效控制。

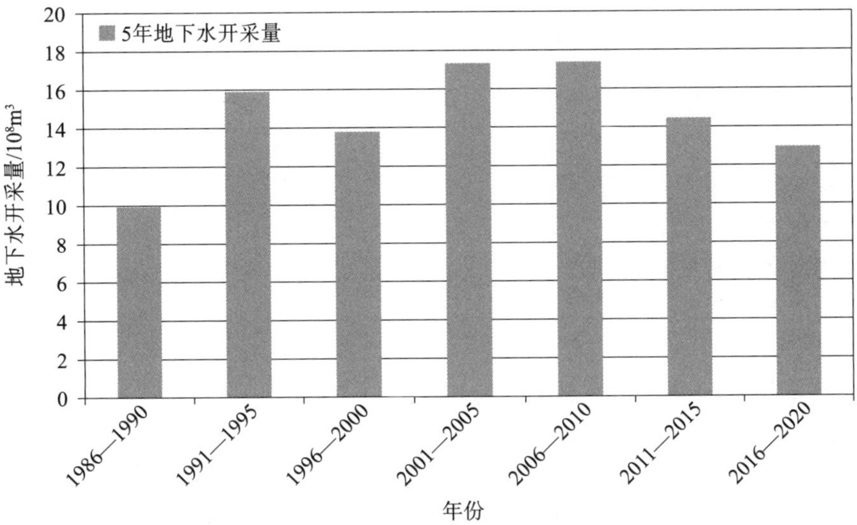

图 5－1－2　1981—2020 年柴宣盆地各阶段（5 年）地下水开采量

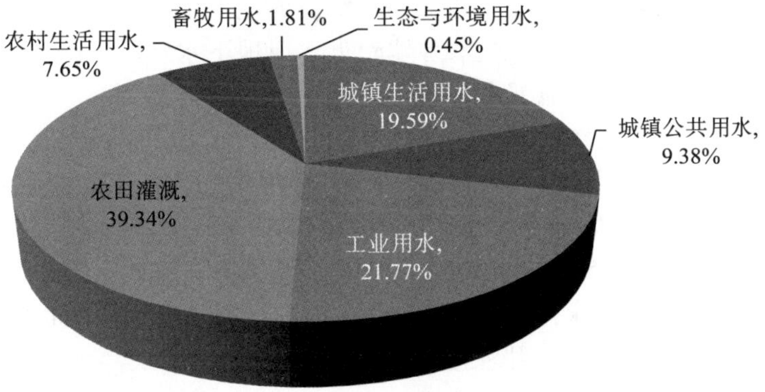

图 5－1－3　研究区地下水资源开发利用现状

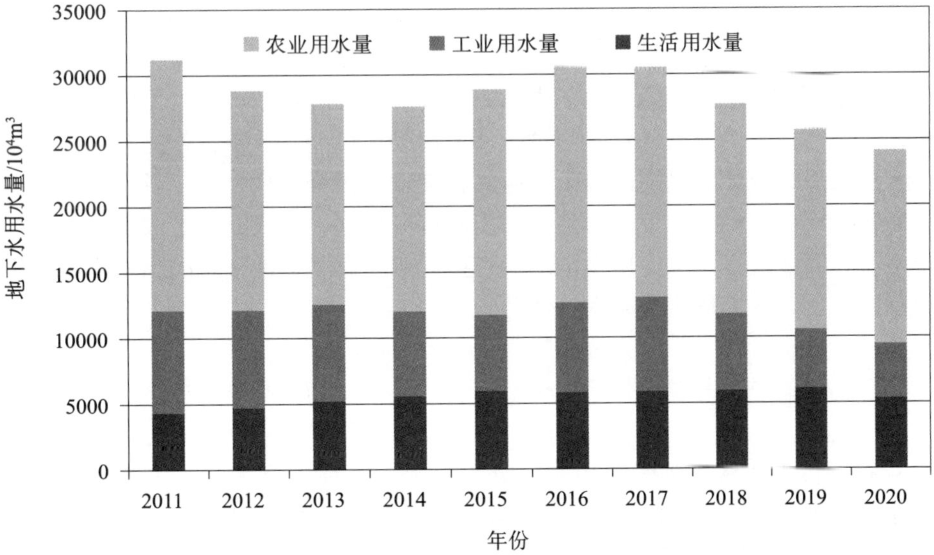

图 5－1－4　2011—2020 年柴宣盆地地下水用水量结构

三、地下水资源开发利用中存在的问题

1. 地下水资源利用效率仍有较大提升空间

近些年，地下水开采量总体呈增加趋势，导致浅层地下水水位均大幅度下降、部分机井报废，主要原因是农业用水需求的扩大，这就要求大幅度提高灌溉效率。近两年来，随着高效节水示范区的实施，总体情况有所好转，但仍然存在不科学用水的现象，人们节水意识差，农田灌溉仍采用传统的灌溉方式，生活用水大量浪费，节水仍是缓解调查区水资源紧张的有力措施。控制好用水总量，从而保障水资源在短缺的情况下能够有效利用，促进可持续发展。

2. 生态环境地质问题日益严重

近些年，随着河道径流量的减少，加上河道硬化工程的实施，导致径流量对河道入渗补给量逐渐减少。对地下水资源的补给产生很大影响。随着人类活动的加剧，研究区生活用水和农业用水及工业用水均采用地下水，造成地下水的开采强度增大，其中农业用水占用地下水比重最大，生活用水次之，存在农业用水与生活用水争夺优质地下水的现象。由于地下水资源承载能力有限，过度开采地下水造成地下水水位下降，导致第四系含水层厚度随之变小乃至含水层的疏干，在水源地附近形成地下水水位降落漏斗。地下水水位降落漏斗的成因是人为大量开采地下水，而开采的地下水又得不到补给，打破了原有的水资源平衡，从而使地下水水位持续下降，形成降落漏斗。其中集中供水是造成地下水水位下降的重要诱因。在腰站堡、样台水源地等地均发现不同程度的地下水水位降落漏斗，腰站堡水源地漏斗年均下降4.29m，年均疏干体积约$780\times10^4m^3$；样台水源地漏斗年均下降5.20m，年均疏干体积约$520\times10^4m^3$；第八滩水源地漏斗年均下降4.26m，年均疏干体积约$340\times10^4m^3$。在地下水水位降落漏斗周围，原有的机（民）井抽空吊泵，机（民）井出水量减少；工农业机（民）井深度增加，甚至造成大量水井报废，在经济上造成了较大的损失。漏斗的出现改变了局部区域内地下水流场，还可能造成局部地面不均匀沉降，某些建筑物或地下管线等设施弯曲变形等。随着工农业的加速发展，加上没有及时采取止水措施，造成了多个含水层的水力连通，致使深、浅层水混用，导致地下水污染。根据本次调查，研究区污染主要集中在沿洋河分布从万全区至宣化区段，污染成分以硝酸盐为主，可能导致第四系地下水水源地污染。地下水污染已经对生态环境造成了严重影响，如果不进行有效防治，生态环境将会继续恶化。同时，环境污染也可能造成粮食作物有害成分超标。因此，地下水污染时刻威胁人民生命健康。居民长期饮用污染的地下水，或食用污染区生产的粮食会引发各种疾病；同时地下水污染使得用水环境变差，工农业用水成本增加，如污染地下水变得不适宜农业灌溉，工业用水也不能直接利用。总之，地下水的生态环境得不到改善将难以得到恢复，并长期危害着人民身体健康。

第二节　地下水流动系统的变化情况

天然状态条件下，浅层地下水含水层处于最上部，大气降水入渗、地表水渗漏是其主要的补给来源，其次还有侧向径流补给。由于柴宣盆地地貌类型多样，低山丘陵区地下水水力坡度较大，冲洪积平原区地下水水力坡度相对较小。

20世纪80年代，浅层地下水流向基本为由西向东径流，低山丘陵区向洋河河谷区汇流，水力坡度为0.06‰~0.3‰；进入90年代后，由于地下水的大规模开采，在局部形成了地下水水位降落漏斗，增大了水力坡度，但是并没有整体改变地下水的流向。

清水河冲洪积扇地下水水位埋深多在20~140m之间，水力坡度为0.002‰~0.02‰；城东河、城西河冲洪积扇地下水水位埋深多在20~110m之间，水力坡度为0.008‰~0.027‰；洪塘河冲洪积扇地下水水位埋深大多在50~80m之间，水力坡度为0.01‰；柳川河冲洪积扇地下水水力坡度为0.004‰~0.02‰；龙洋河河谷地下水水位埋深在15~75m，水力坡度为0.007‰~0.01‰。扇顶部含水层厚，岩性为砂卵石、中粗砂；中下部—前缘，含水层变为多层状，厚度变薄（多为潜水，局部为微承压水）。地下水以主流带的形式流经扇中或扇两侧，径流方向和地表的倾斜方向基本相同，径流条件好，途径长，水力坡度一般小于地形坡度。

洋河河道带以及河流两侧一级阶地上有薄层粉砂或粉质黏土覆盖，冲积层地下水两侧与冲洪积、坡洪积含水层水力联系紧密。据有关资料，地下水水位一般小于10m，太师庄以西水力坡度为0.035‰，太师庄以东水力坡度为0.001‰~0.002‰。含水层岩性以砂砾（卵）石、中粗砂为主，具有分选性好，孔隙度大，径流条件好，途径长等特征，地下水由西向东沿带状冲积平原运移，水力坡度与地形坡度基本一致。

由图5-2-1~图5-2-7可知，由于20世纪90年代后地下水的大规模开采，地下水水位出现大幅度的下降，2011年6月相对于1980年6月，在万全区、左卫镇、桥西区、宣化区南部地下水水位出现了大幅度的下降，降幅在40~120m；2016年6月相对于1980年6月，区内地下水水位基本都呈现下降的状态，降幅多在40~80m，局部大于100m，在万全形成了较大幅度的降落漏斗；2020年12月相对于1980年6月，区内地下水水位大部分仍呈下降的状态，降幅多在40~80m，怀安和宣化等局部地区相对于2016年6月时出现了回升。

第三节　地下水水位动态变化情况

一、地下水水位特征值变化情况

张家口地下水动态监测工作始于20世纪70年代中期，至今已有40年的监测时段，掌握和积累了大量的地下水动态监测资料，根据资料可以看出地下水水位始终保持下降态势，由于所处水文地质单元不同，其变化情况也不尽相同。个别年份降水量增多，同时地下水开采量相对减少，地下水得到较多的补给，出现水位回升现象，但总体呈现下降的态势。本次收集了柴宣盆地38个地下水长观孔长系列监测数据（图5-3-1）。

根据柴宣盆地地下水水位监测点2011年、2015年和2020年平均水位数据与其初始水位数据的对比分析：张家口城区地下水水位呈下降趋势，张市1（孤石林场）的水位变差值小，2011年、2015年和2020年相对于初始值分别下降了1.31m、1.38m和1.52m；宣9（宣钢综合厂）的水位变差值也相对较小，2011年、2015年和2020年相对于初始值分别下降了3.49m、3.80m和3.99m。其余的观测点水位变差值都较大，变差值最大的点是万36（孔家庄），2011年、2015年和2020年相对于初始值分别下降了46.23m、

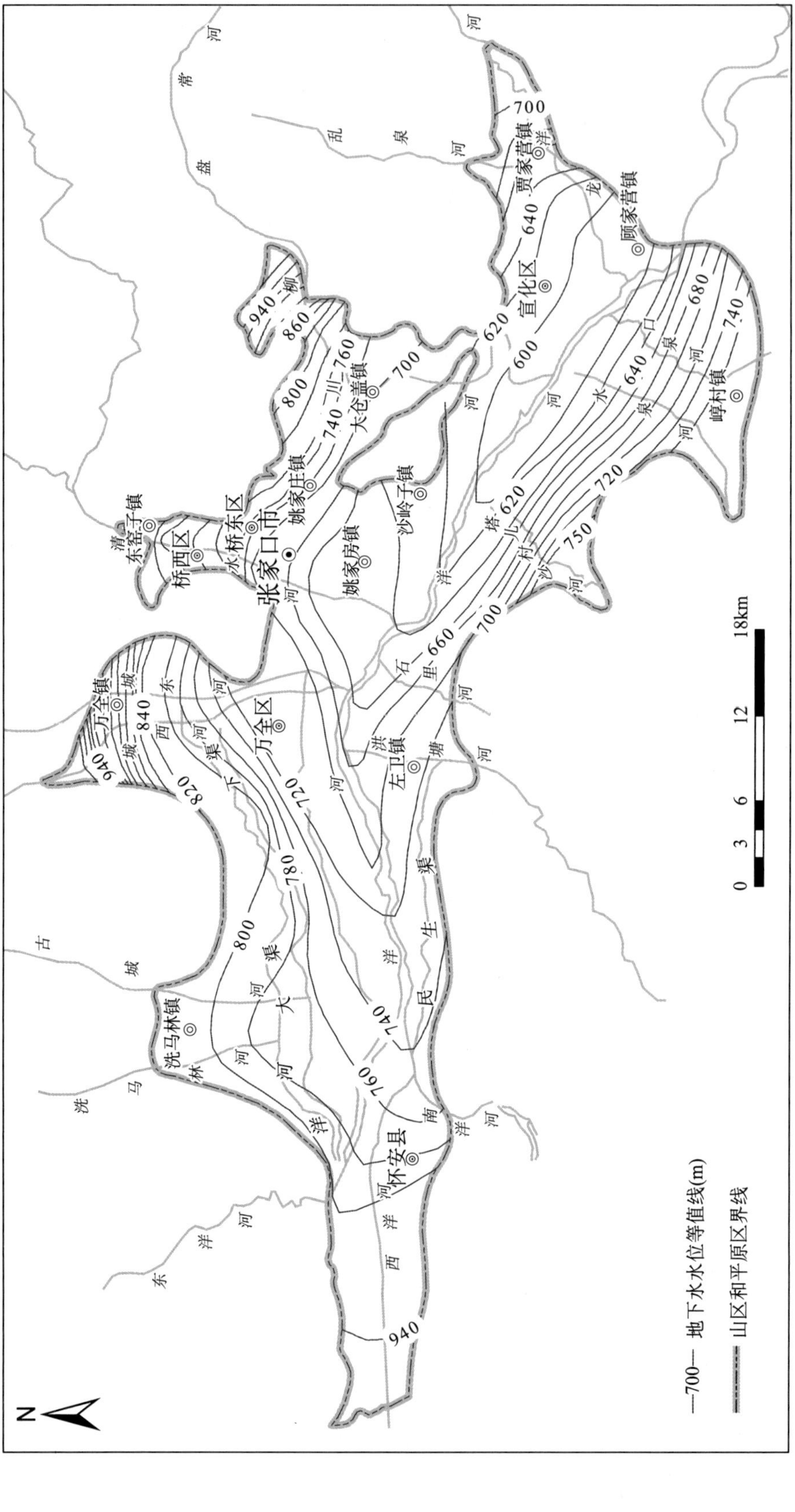

图 5-2-1 研究区 1980 年 6 月地下水等水位线图

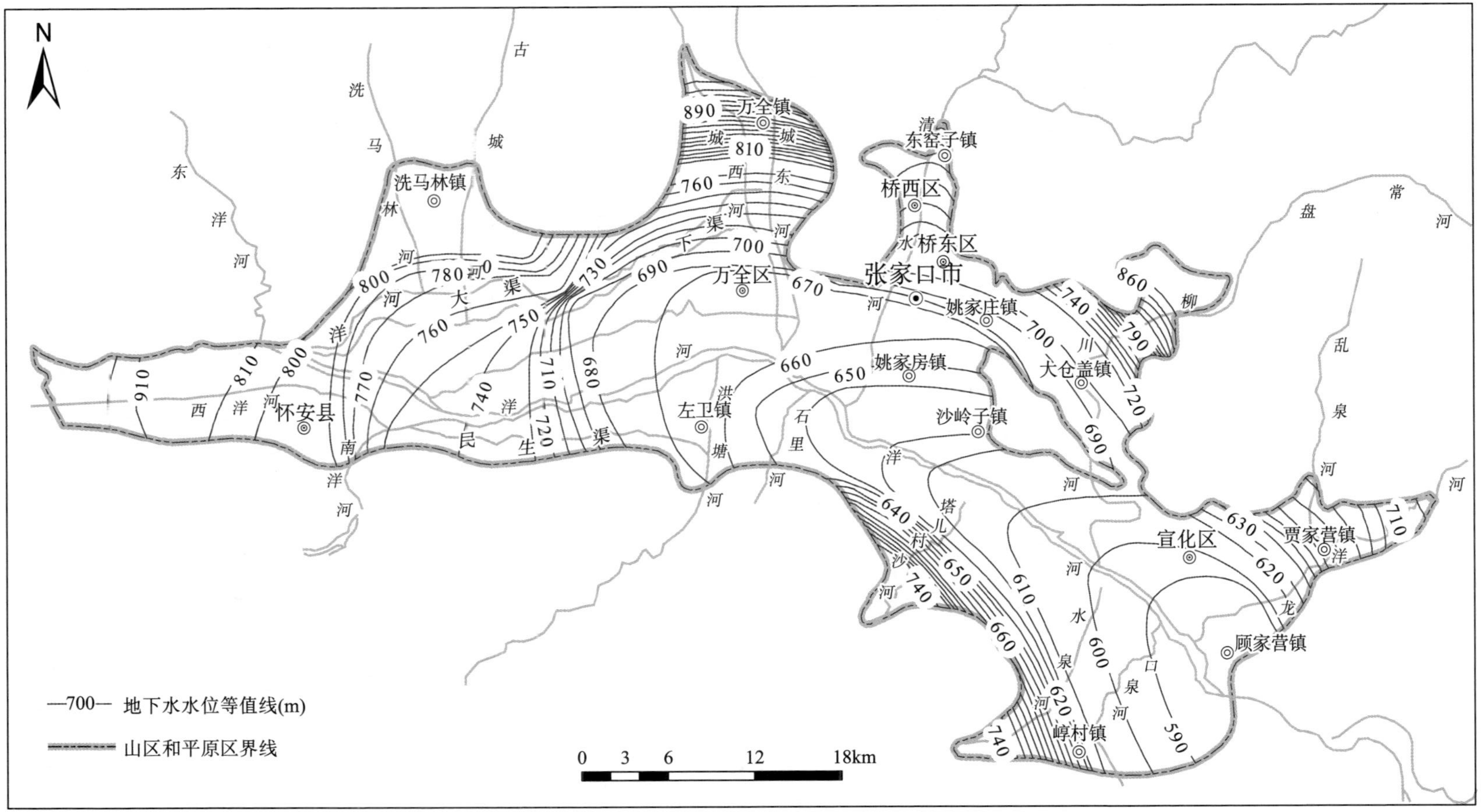

图 5－2－2　研究区 2011 年 6 月地下水等水位线图

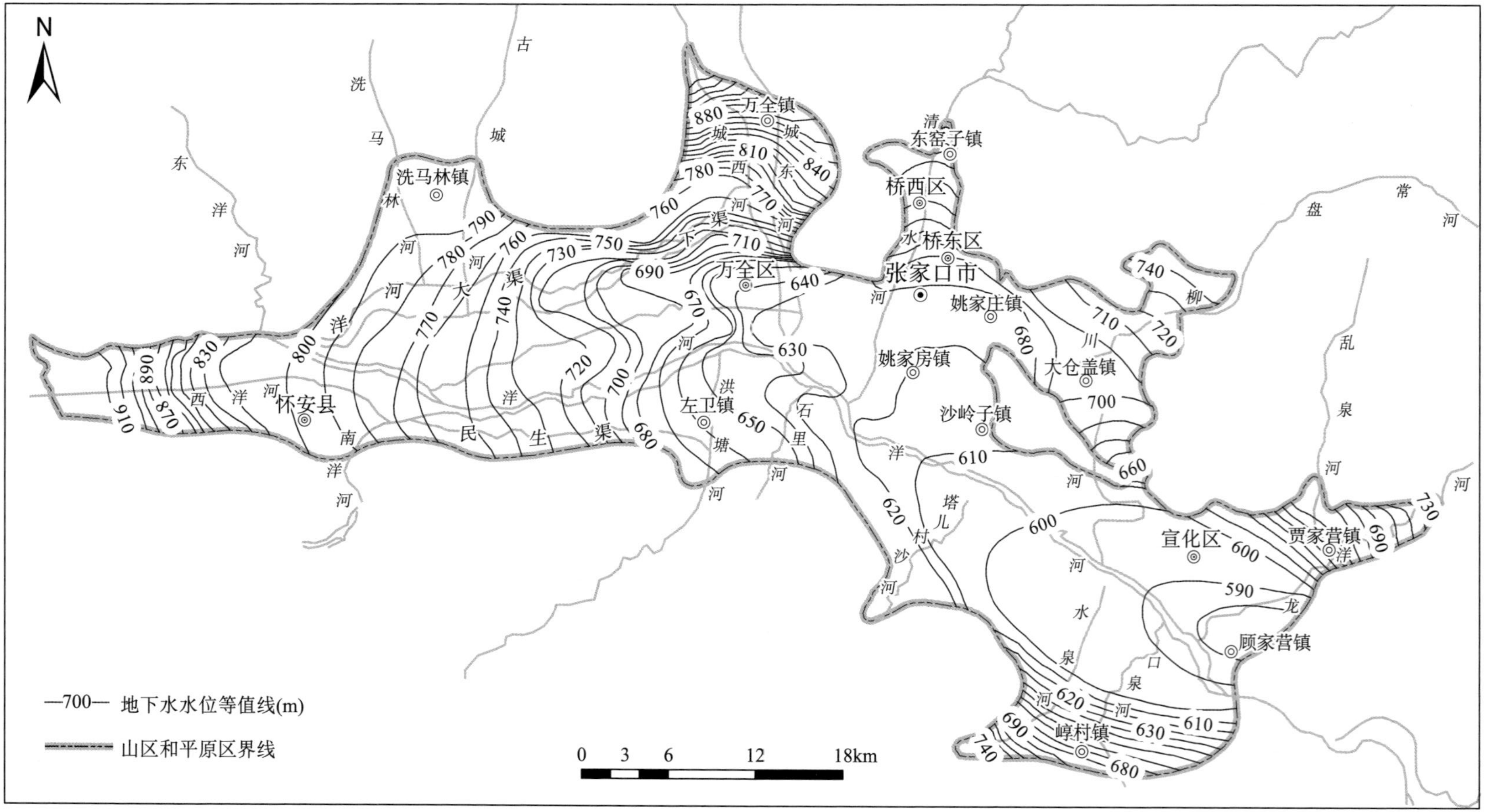

图5-2-3 研究区2016年6月地下水等水位线图

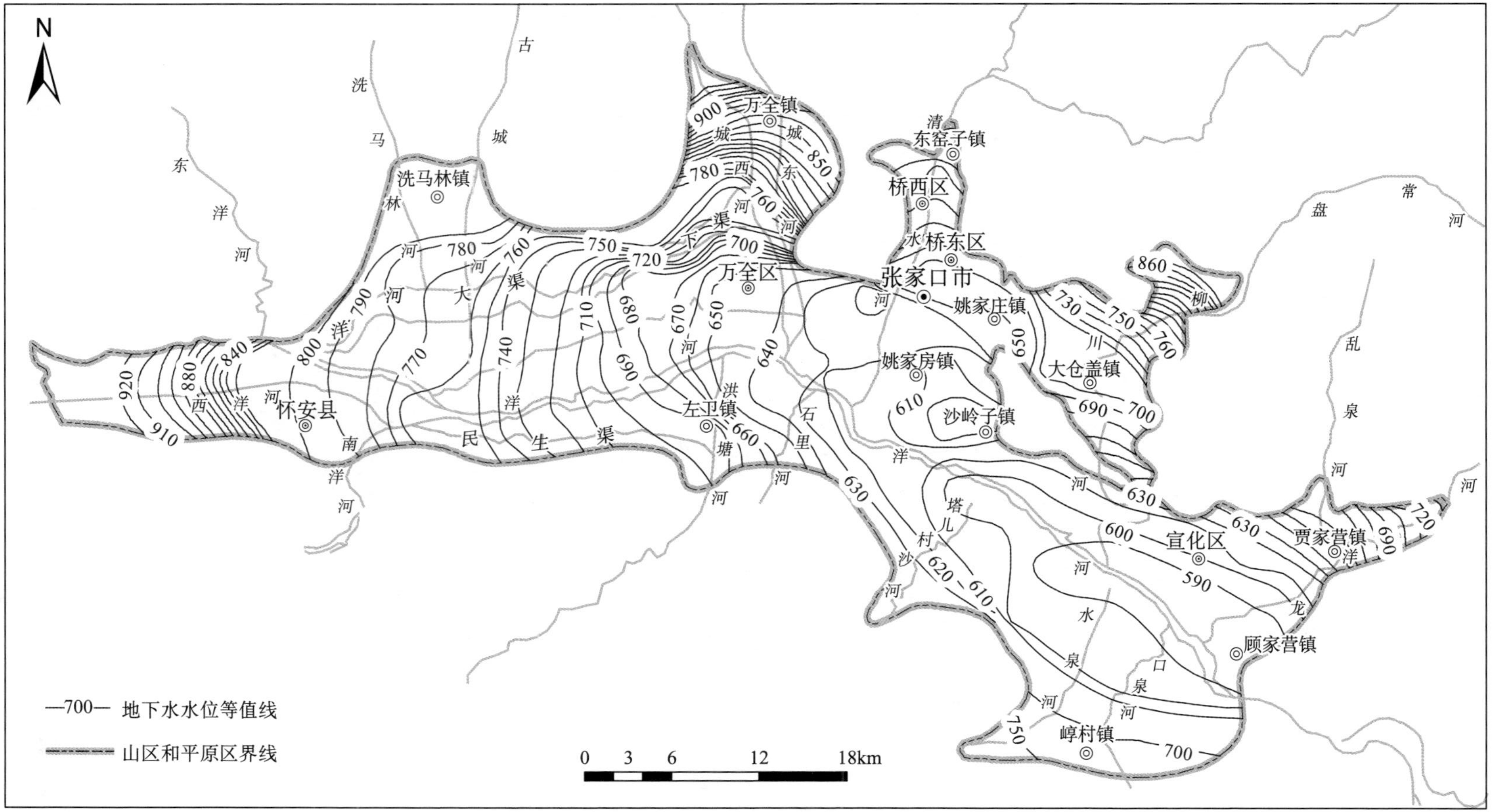

图 5-2-4 研究区 2020 年 12 月地下水等水位线图

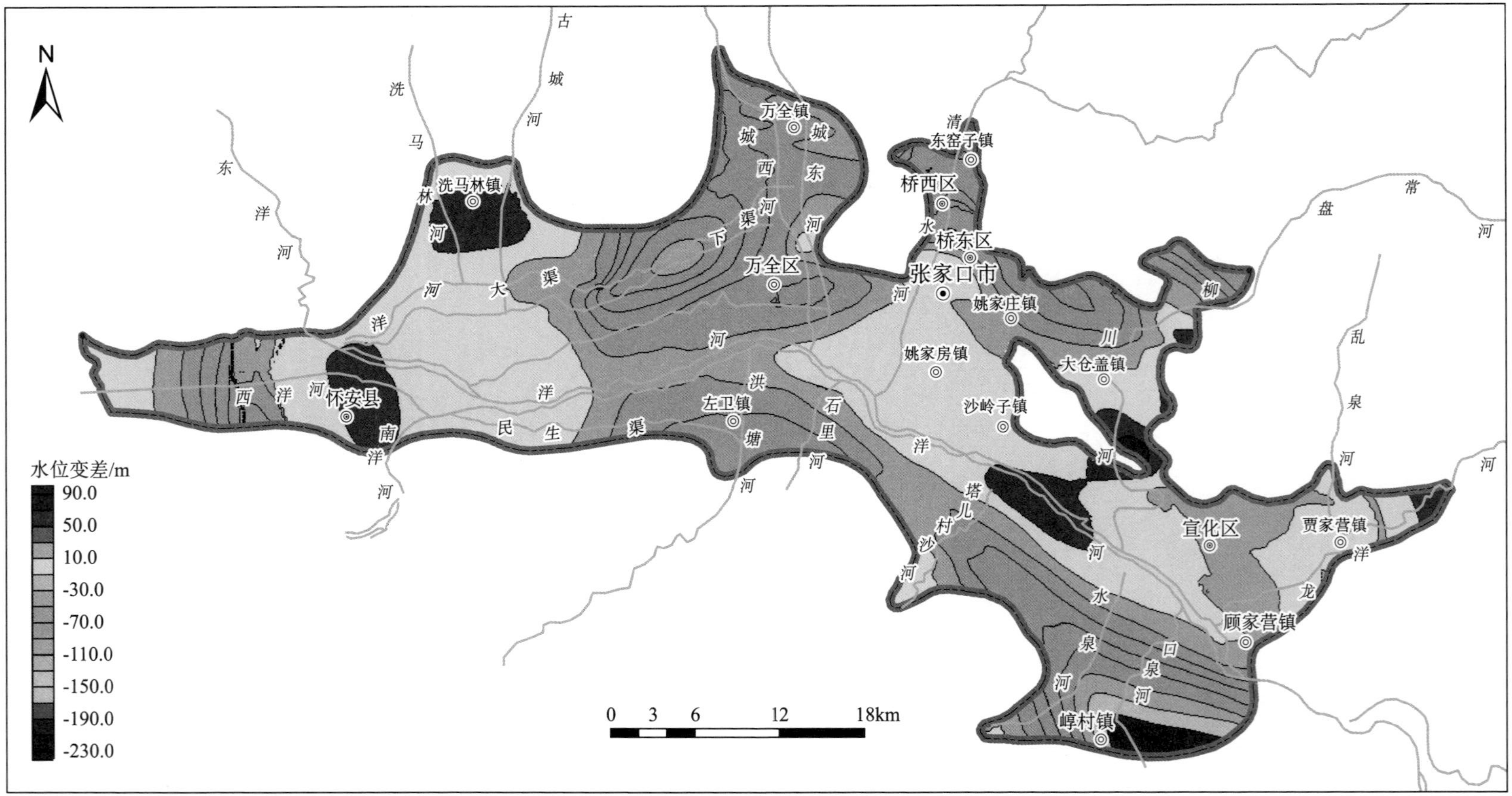

图 5-2-5　2011 年 6 月与 1980 年 6 月地下水水位变差图

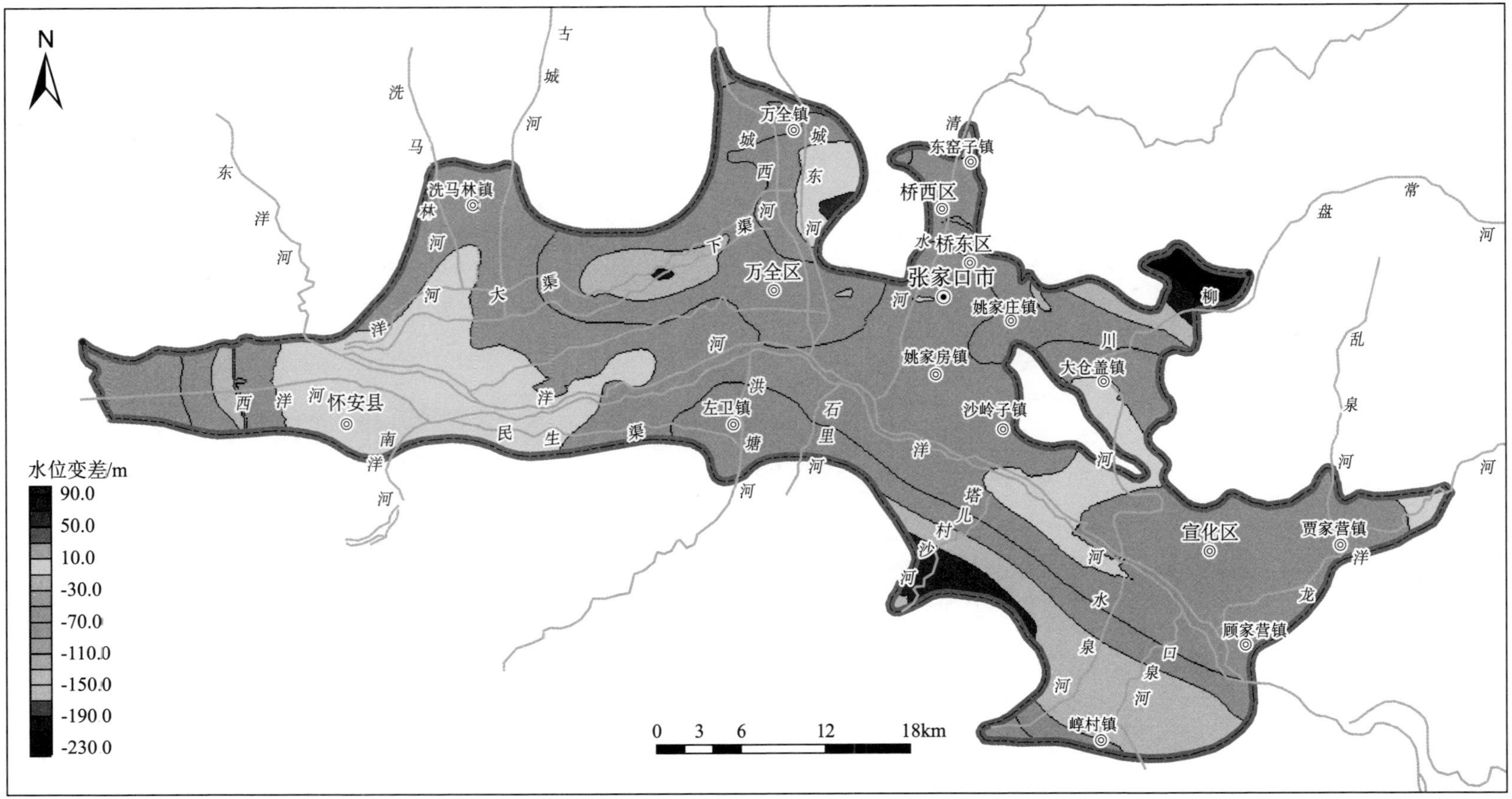

图 5－2－6　2016 年 6 月与 1980 年 6 月地下水水位变差图

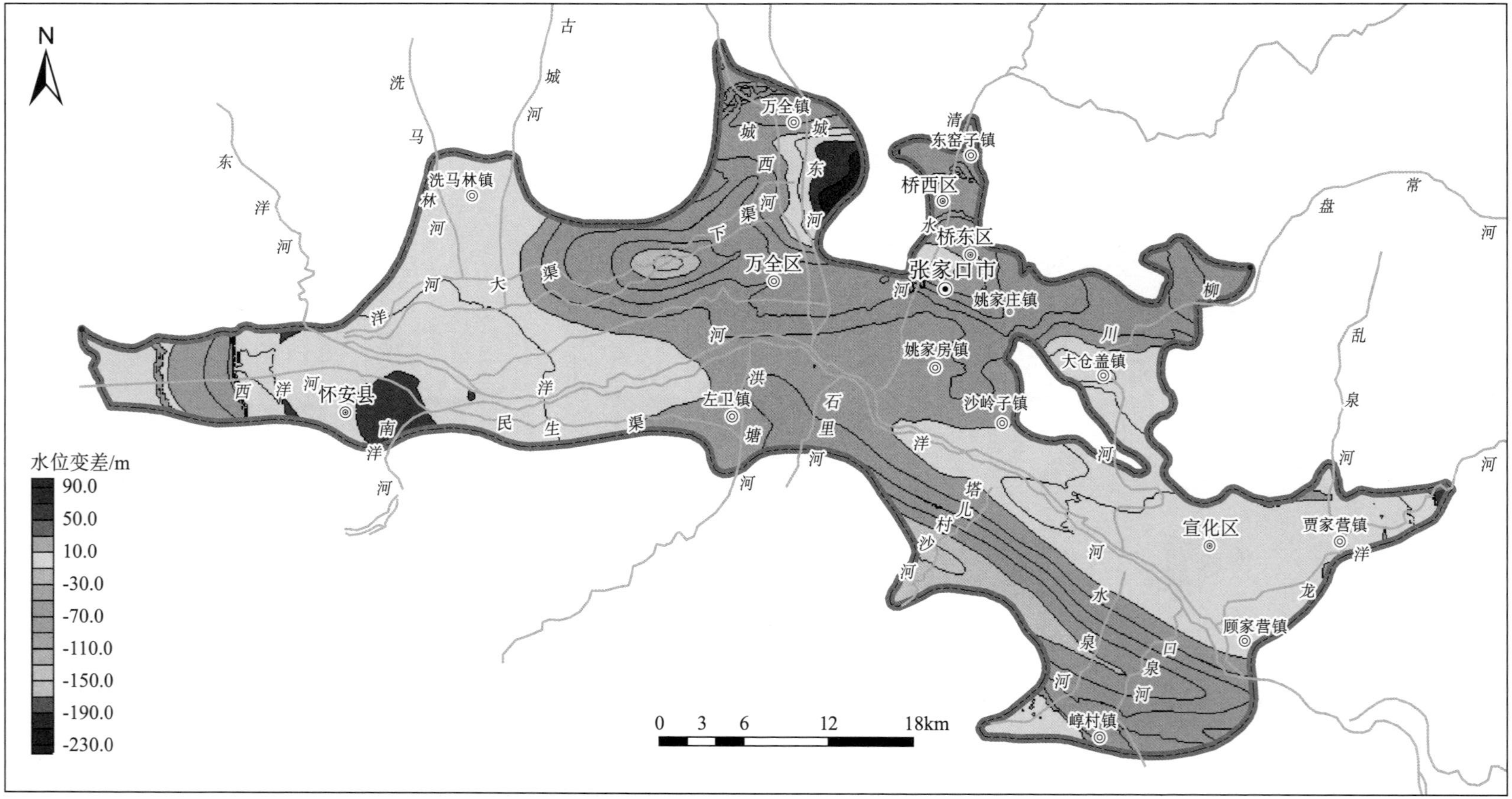

图 5-2-7　2020 年 12 月与 1980 年 6 月地下水水位变差图

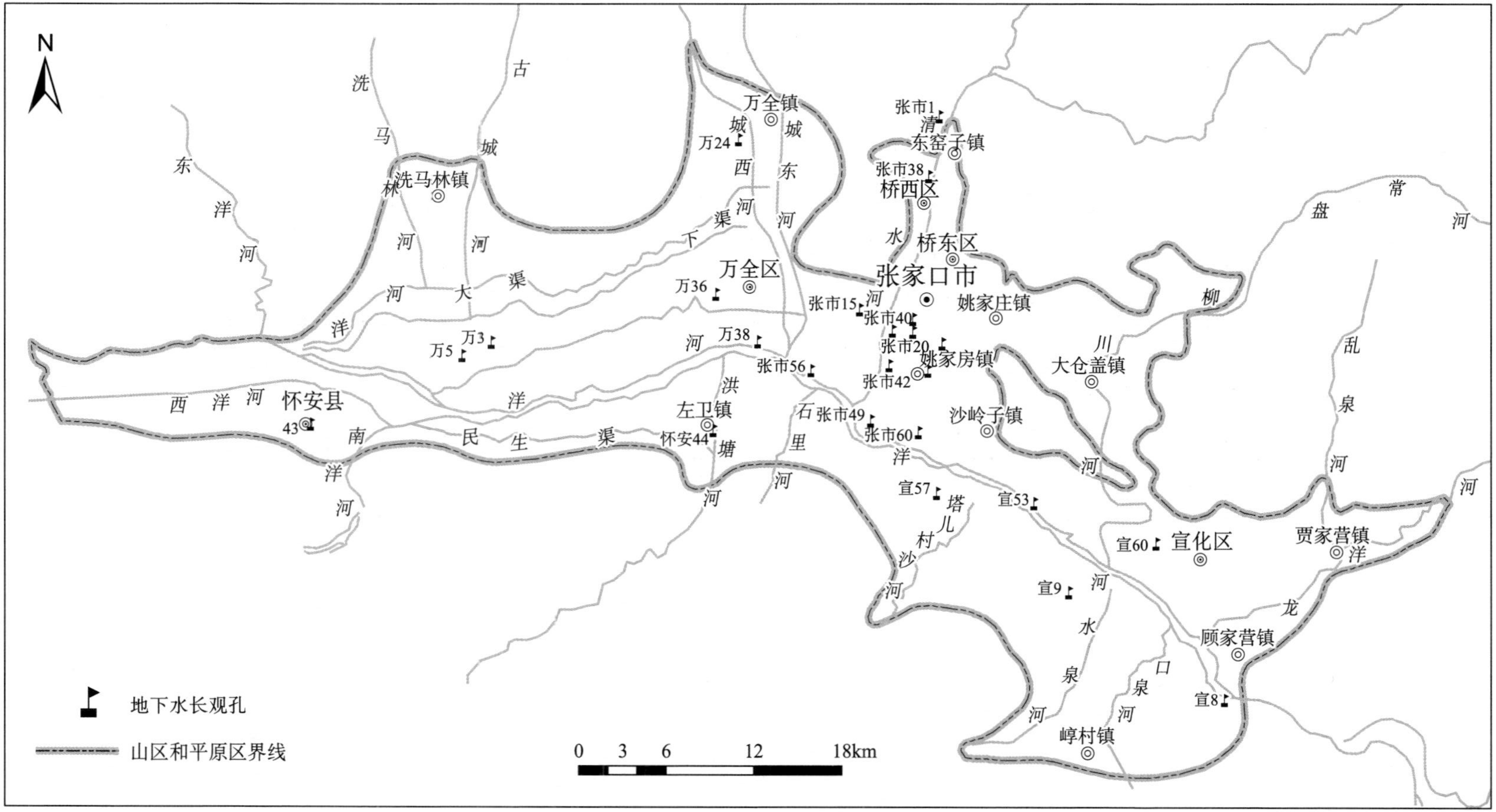

图5-3-1　柴宣盆地地下水长观孔位置分布图

56.70m 和 63.69m；其次是张市 37（东辛庄），其水位变差值 2011 年、2015 年和 2020 年相对于初始值分别下降了 32.17m、35.21m 和 39.11m。所选的 17 个监测点位仅有张市 38（地质三大队）的水位变差值相对于初始值是上升的，2011 年、2015 年和 2020 年相对于初始值分别上升了 18.04m、18.04m 和 19.07m（表 5－3－1）。随着近些年政府实施地下水压采政策，地下水开采量相对减少，加之个别年份降水量增多，地下水得到较多补给，出现水位回升现象，但总体仍呈现下降的态势。

表 5－3－1　2020 年与初始年（部分监测点）水位变差统计

点号	点位	2011 年水位/m	2015 年水位/m	2020 年水位/m	初始水位/m	2011 年水位与初始水位变差/m	2015 年水位与初始水位变差/m	2020 年水位与初始水位变差/m	初始年
张市 1	孤石林场	6.37	6.44	6.58	5.06	1.31	1.38	1.52	1986
张市 15	许家庄	63.99	68.23	79.33	46.1	17.89	22.13	33.23	1986
张市 20	燕北机械厂	56.87	60.59	61.53	46.42	10.45	14.17	15.11	1986
张市 23	王安坊	44.73	52.08	56.01	22.8	21.93	29.28	33.21	1986
张市 38	地质三大队	29.41	29.41	28.38	47.45	－18.04	－18.04	－19.07	1988
张市 49	太平寨	25.49	33.84	39.37	12.38	13.11	21.46	26.99	2001
张市 55	清水河村西北	38.66	44.14	48.82	17.36	21.3	26.78	31.46	2001
张市 56	下营屯	23.43	31.02	35.91	5.9	17.53	25.12	30.01	2001
张市 37	东辛庄	49.33	52.37	56.27	17.16	32.17	35.21	39.11	1981
宣 53	样台	8.21	9.44	10.50	1.75	6.46	7.69	8.75	1993
宣 9	宣钢综合厂	10.16	10.47	10.66	6.67	3.49	3.80	3.99	1981
宣 28	赵川公路	22.62	19.66	14.26	7.16	15.46	12.50	7.10	1981
宣 57	前所林场	40.53	47.9	51.33	29.64	10.89	18.26	21.69	1993
万 36	孔家庄	79.15	89.62	96.61	32.92	46.23	56.7	63.69	1981
万 24	万全城林场	49.12	50.77	66.03	46.99	2.13	3.78	19.04	1990
怀安 43	柴沟堡中学	34.42	33.48	33.15	5.75	28.67	27.73	27.4	1981
怀安 44	左卫	62.33	73.58	78.45	46.13	16.2	27.45	32.32	1981

对观测资料分析可知，柴宣盆地现状条件（2020 年）与天然条件下（1980 年）对比，地下水水位总体呈下降趋势，平均累计下降幅度为－46.81m，平均下降速率为－1.17m/a。地下水水位下降明显可分为 2 个阶段，1981—2000 年水位降幅逐步增大，该阶段水位累计降幅为－24.64m，平均降速为－1.23m/a；1996—2000 年水位降幅为最大，下降幅度达－8.26m；2001—2015 年水位降幅逐步减小，降幅从－7.63m 减小到－5.50m；2016—2020 年水位降幅明显减小，下降幅度为－2.19m。2001—2015 年地下水水位平均降速由－1.53m/a 降至－1.10m/a，特别是 2016—2020 年平均降速为－0.44m/a，为 40 年水位降速的最小值，详见表 5－3－2、图 5－3－2。以上趋势分析证明，《张家口市实行最严格水资源管理制度 2016—2020 年控制目标分解方案》的实施取得了明显成效，使地下水水位下降速率得到了有效控制。

表 5－3－2　柴宣盆地地下水多年平均水位变差及下降速率统计

项目	年份								水位变差及下降速率
	1981—1985	1986—1990	1991—1995	1996—2000	2001—2005	2006—2010	2011—2015	2016—2020	
水位变差/m	－4.47	－5.63	－6.28	－8.26	－7.63	－6.85	－5.50	－2.19	－46.81
下降速率/($m \cdot a^{-1}$)	－0.89	－1.13	－1.26	－1.65	－1.53	－1.37	－1.10	－0.44	－1.17

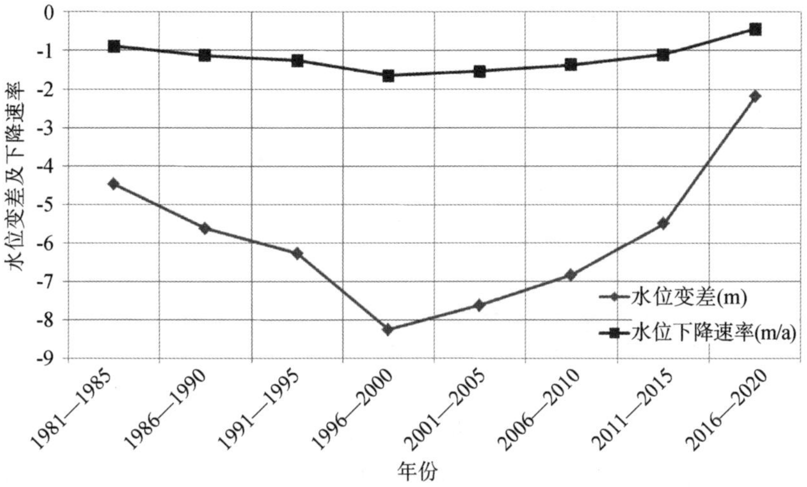

图 5－3－2　柴宣盆地地下水水位多年变差及下降速率变化曲线

二、地下水水位年际变化情况

柴宣盆地地下水水位变化情形可分为 1981—1998 年、1998—2014 年和 2014—2020 年 3 个阶段（图 5－3－3）。1981—1998 年地下水水位呈波动下降趋势，降幅为 9.791m；1998—2014 年地下水水位呈急速下降的趋势，降幅为 17.498m；2014 年后地下水水位有小幅度回升，2020 年时增幅为 1.92m。

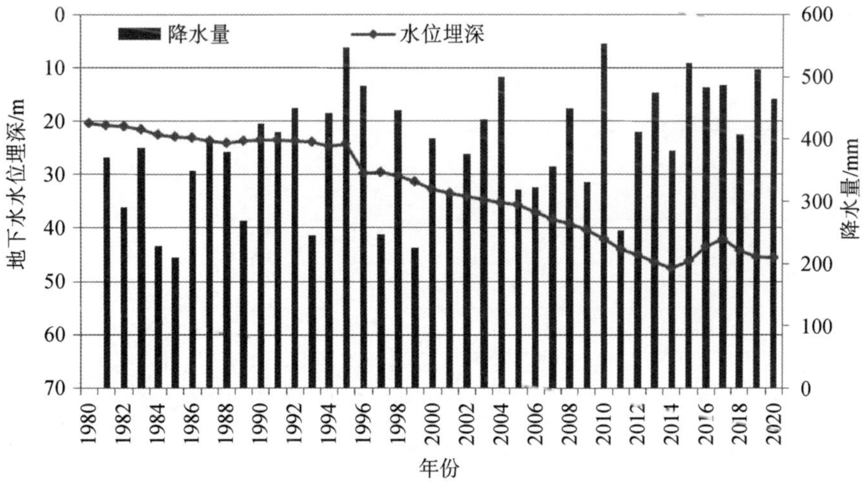

图 5－3－3　1980—2020 年柴宣盆地降水量及地下水水位埋深曲线

张市 1 地下水长观孔位于柴宣盆地张家口市桥西区北东窑子镇的清水河河谷，为地下水的上游补给区，地下水水位埋深相对较小。2011 年 1 月—2020 年 12 月，最大地下水水位埋深为 7. 20m，最小地下水水位埋深为 5. 80m，最大水位变幅为 1. 4m；平均地下水水位埋深 6. 48m，水位相对平稳，变幅较小，埋深变化曲线斜率为 -0. 0001（图 5 -3 -4）。

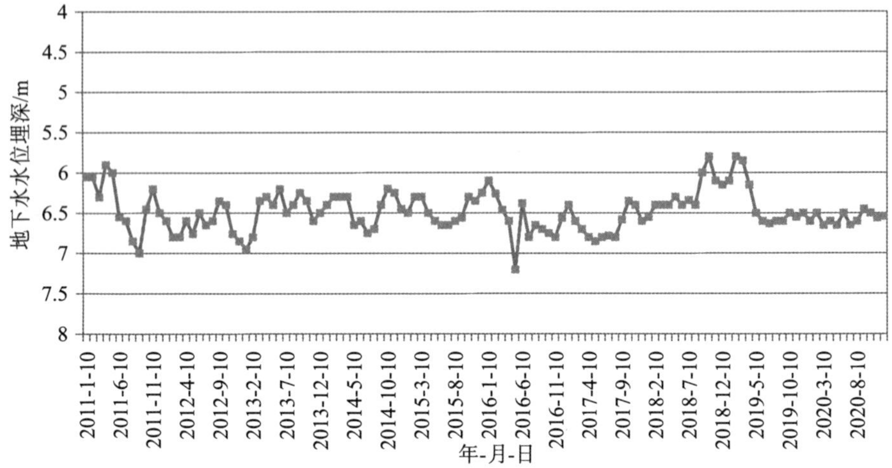

图 5 -3 -4　张市 1 长观孔地下水水位埋深变化曲线

张市 18、张市 20 和张市 40 地下水长观孔位于柴宣盆地张家口市姚家庄镇，由于地下水的开采，地下水水位呈现逐年下降趋势。其中，张市 18 最大地下水水位埋深为 71. 6m，最小地下水水位埋深为 55. 85m，最大水位变幅为 15. 75m，平均地下水水位埋深 65. 97m，埋深变化曲线斜率为 -0. 0957；张市 20 最大地下水水位埋深为 62. 19m，最小地下水水位埋深为 54. 90m，最大水位变幅为 7. 29m，平均地下水水位埋深 59. 99m，埋深变化曲线斜率为 -0. 0437；张市 40 最大地下水水位埋深为 75. 18m，最小地下水水位埋深为 62. 71m，最大水位变幅为 12. 47m，平均地下水水位埋深 71. 80m，埋深变化曲线斜率为 -0. 0529（图 5 -3 -5 ~ 图 5 -3 -7）。

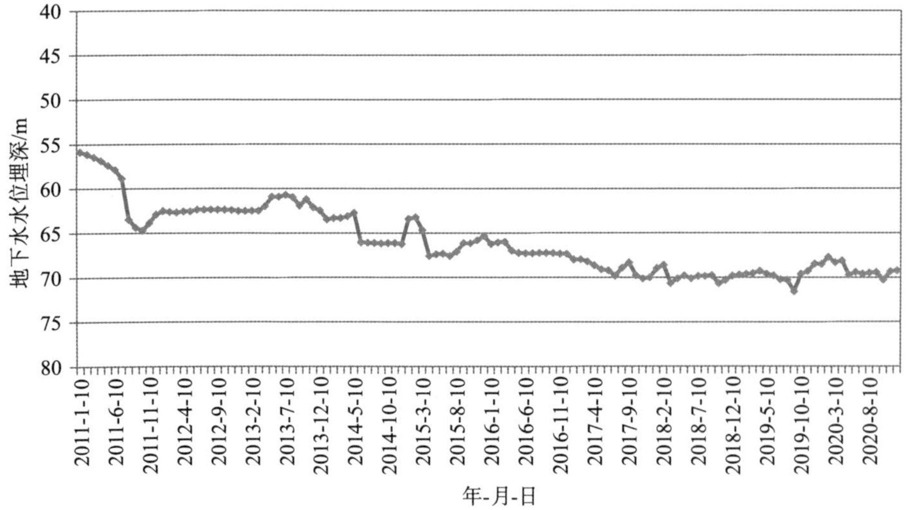

图 5 -3 -5　张市 18 长观孔地下水水位埋深变化曲线

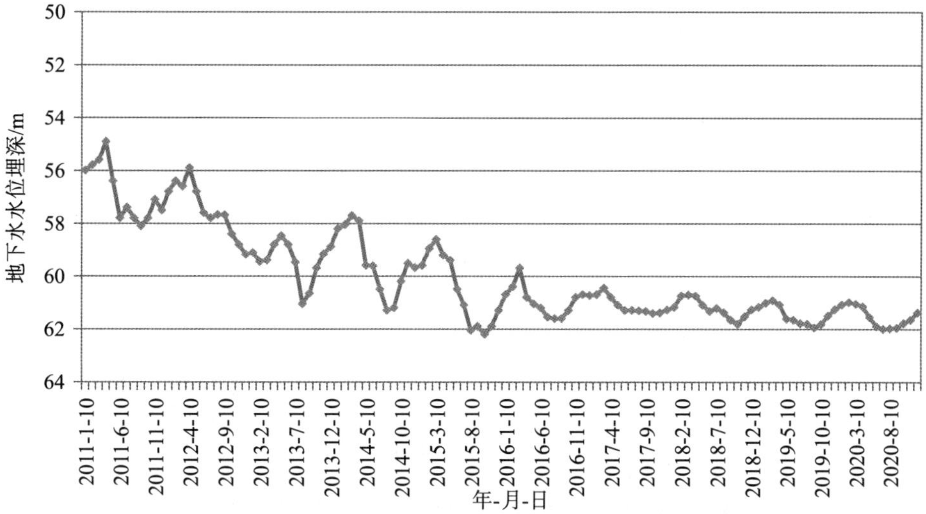

图 5-3-6　张市 20 长观孔地下水水位埋深变化曲线

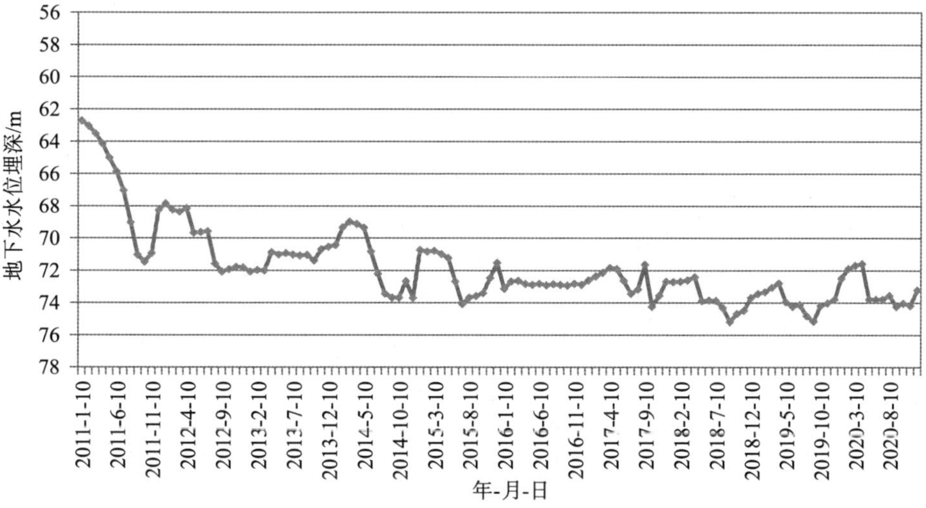

图 5-3-7　张市 40 长观孔地下水水位埋深变化曲线

万 36 地下水长观孔位于柴宣盆地张家口市万全区，由于地下水的开采，地下水水位埋深较大。2011 年 1 月—2020 年 12 月，最大地下水水位埋深为 97.55m，最小地下水水位埋深为 77.19m，最大水位变幅为 20.36m，平均地下水水位埋深 89.18m，水位呈现持续下降趋势，埋深变化曲线斜率为 0.1622（图 5-3-8）。

宣 8 地下水长观孔位于柴宣盆地张家口市宣化区洋河河谷，水位埋深相对较小。2016 年 1 月—2020 年 12 月，最大地下水水位埋深为 4.78m，最小地下水水位埋深为 3.11m，最大水位变幅为 1.67m，平均地下水水位埋深 4.18m，水位呈现小幅趋势，埋深变化曲线斜率为 -0.0067（图 5-3-9）。

张市 38 地下水长观孔位于柴宣盆地张家口市桥西区地质三队院内，由于地下水的开采，地下水水位埋深较大。该井 1988 年开始监测时水位埋深为 47.45m，1990 年为 48.98m，1992 年张家口城区为防止地下水水位下降，对城区内的工业自备井全部关停，

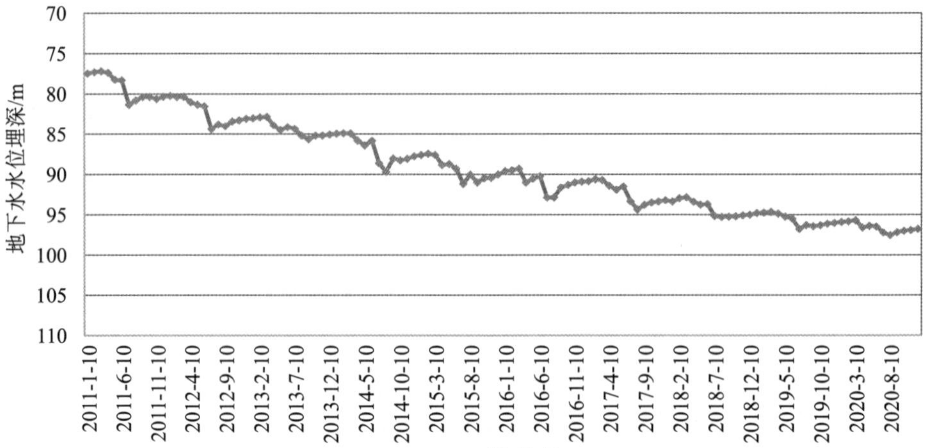

图 5－3－8　万 36 长观孔地下水水位埋深变化曲线

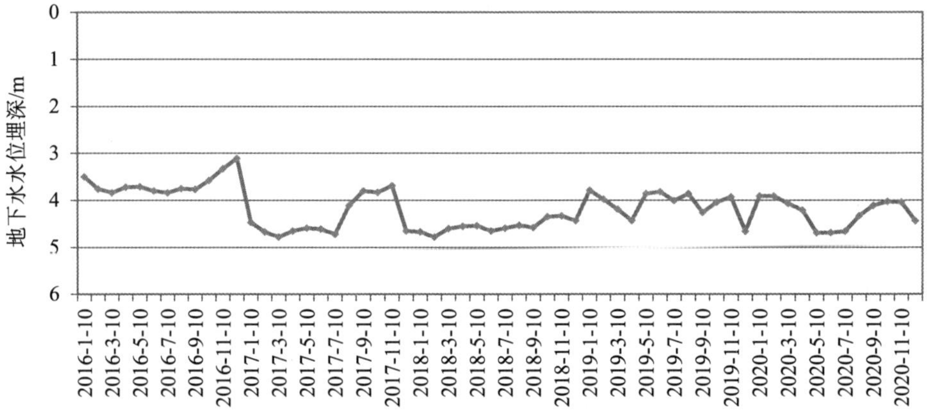

图 5－3－9　宣 8 长观孔地下水水位埋深变化曲线

之后地下水水位逐渐回升，1995 年回升至 42.49m，2020 年回升至 28.30m。2011 年 1 月—2020 年 12 月，最大地下水水位埋深为 29.74m，最小地下水水位埋深为 27.55m，最大水位变幅为 2.19m；平均地下水水位埋深 29.07m。2014 年后地下水水位呈现上升趋势，埋深变化曲线斜率为 0.012（图 5－3－10）。

三、不同地貌单元地下水水位年际变化情况

柴宣盆地地貌类型可分为低山丘陵区、山前冲洪积平原区和洋河冲洪积平原区，由于所处地貌单元不同，地下水水位的年际变化趋势不同，因此根据地貌单元分区以及地下水长观孔的位置，对天然状态和不同时期地下水水位变差及下降速率进行详细分区论述。

（一）低山丘陵区

1. 山间沟谷松散岩类孔隙水

山间沟谷地下水水位整体呈现上升的趋势，主要原因是该区能够较快得到清水河地表水的补给。20 世纪 80 年代初山间沟谷地下水水位埋深为 0～10m，2000 年之前水位上升

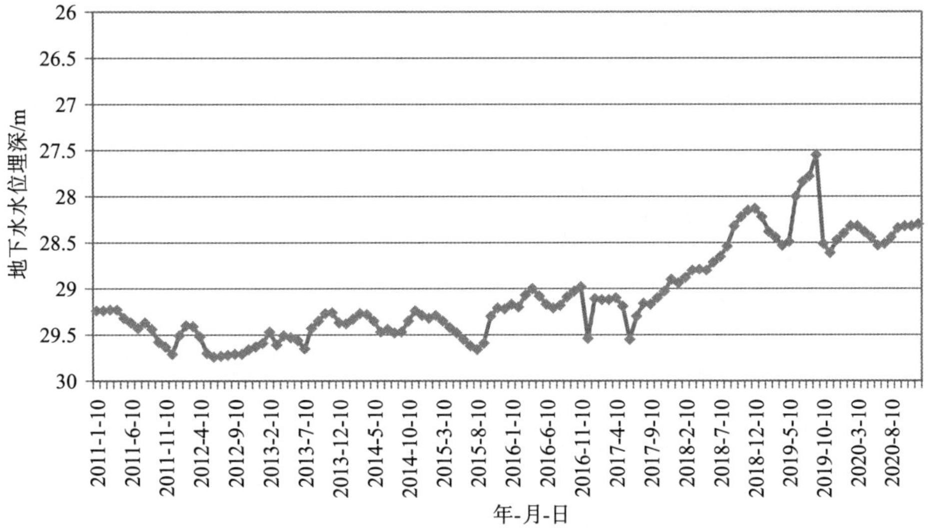

图5-3-10　张市38长观孔地下水水位埋深变化曲线

速率较快，平均水位上升幅度累计为3.93m，平均上升速率为0.197m/a；2000年后由于区域地下水水位下降，山间沟谷地下水虽然能够快速得到清水河地表水的补给，但是水位上升速率减小，平均上升速率为0.163m/a，地下水水位累计上升2.36m。2005—2014年的10年间是区内地下水大量开采阶段，也是该区地下水水位变差持续减小的阶段，该阶段水位变差平均值仅0.55m（表5-3-3；图5-3-11）。

表5-3-3　山间沟谷多年年末地下水平均水位变差及上升速率统计

类别	年份							
	1981—1985	1986—1990	1991—1995	1996—2000	2001—2005	2006—2010	2011—2015	2016—2020
水位变差/m	—	0.35	1.05	1.25	1.28	0.65	0.56	1.15
上升速率/($m \cdot a^{-1}$)	—	0.07	0.21	0.25	0.26	0.13	0.12	0.24
水位埋深/m	0~10	0~10	3~10	3~10	3~10	6~10	3~10	0~10

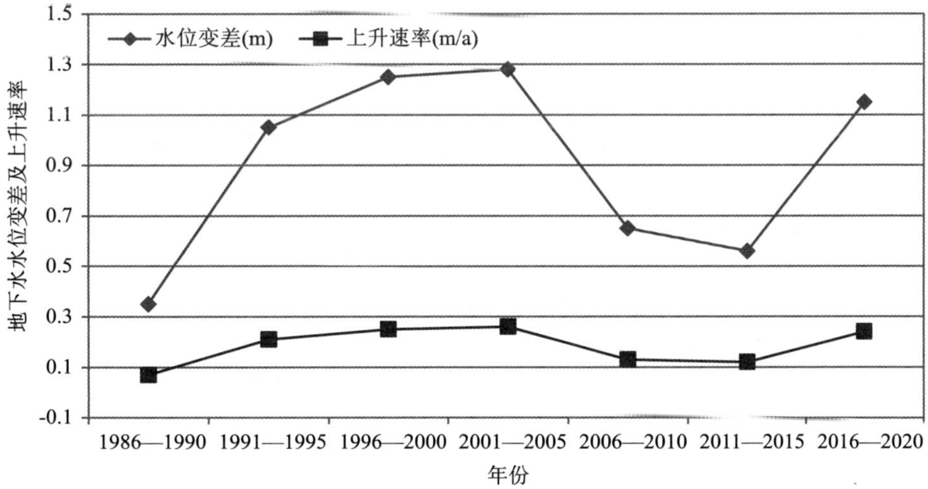

图5-3-11　山间沟谷多年地下水水位变差及下降速率趋势

2. 坡洪积台地松散岩类孔隙水

坡洪积台地在研究区分布较广泛，地下水水位埋深受地形和地貌的影响存在较大的差异，20 世纪 80 年代初地下水水位埋深为 10 ~ 50m。通过天然状态年与 2020 年调查结果比较，总体来看，该单元地下水水位总体呈下降趋势，平均水位下降幅度累计为 -15.85m，年平均下降速率为 -0.47m/a，导致第四系含水层厚度随之变小乃至含水层的疏干。其中 1986—2000 年间地下水水位变差逐渐减小，2014 年为地下水水位变差的第二个转折点。详见表 5-3-4、图 5-3-12。

表 5-3-4　坡洪积台地多年年末地下水平均水位变差及下降速率统计

类别	年份							
	1981—1985	1986—1990	1991—1995	1996—2000	2001—2005	2006—2010	2011—2015	2016—2020
水位变差/m	—	-3.50	-2.26	-1.56	-1.88	-2.1	-2.4	-2.15
下降速率/($m \cdot a^{-1}$)	—	-0.70	-0.45	-0.31	-0.38	-0.42	-0.48	-0.55
水位埋深/m	10 ~ 50	10 ~ 40	30 ~ 50	30 ~ 50	30 ~ 50	30 ~ 50	>40	>50， 局部 <50

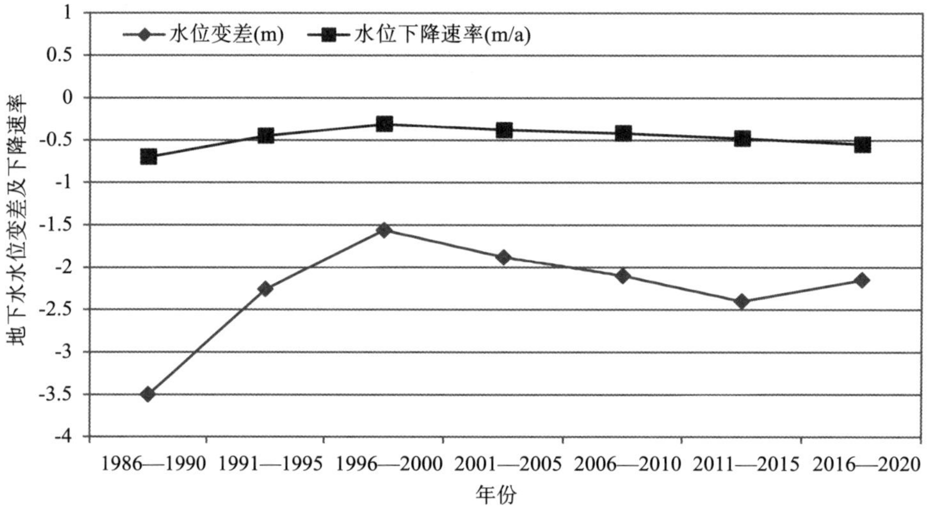

图 5-3-12　坡洪积台地地下水多年水位变差及下降速率趋势

3. 风积台地松散岩类孔隙水

风积台地研究区仅在左卫镇西侧和洋河南镇东南侧分布，由于在此单元的几乎没有水点，所以地下水水位的变化随着周边地貌单元及研究区的规律和趋势而变化。20 世纪 80 年代初地下水水位埋深为 10 ~ 30m。通过天然状态年与 2020 年调查结果比较，总体来看，该单元地下水水位较 80 年代有明显下降，水位降幅在 10 ~ 30m，导致第四系含水层厚度随之变小乃至含水层的疏干。

（二）山前冲洪积平原区

1. 残留洪积扇松散岩类孔隙水

20世纪80年代初残留洪积扇地下水水位埋深为10~50m。通过天然状态年与2020年调查结果比较，总体来看，该单元地下水水位总体呈下降趋势，平均水位下降幅度累计为-11.35m，平均下降速率为-0.33m/a，导致第四系含水层厚度随之变小乃至含水层的疏干。2020年单元内水位埋深大部分大于50m，局部在20~50m。详见表5-3-5、图5-3-13。

表5-3-5 残留洪积扇多年地下水平均水位变差及下降速率统计

类别	年份							
	1981—1985	1986—1990	1991—1995	1996—2000	2001—2005	2006—2010	2011—2015	2016—2020
水位变差/m	—	-1.10	-1.87	-0.55	-2.42	-2.1	-1.86	-1.45
下降速率/($m \cdot a^{-1}$)	—	-0.22	-0.38	-0.11	-0.49	-0.42	-0.37	-0.35
水位埋深/m	10~50	30~50	20~50	20~40	20~50	30~50	35~50	>50，局部20~50

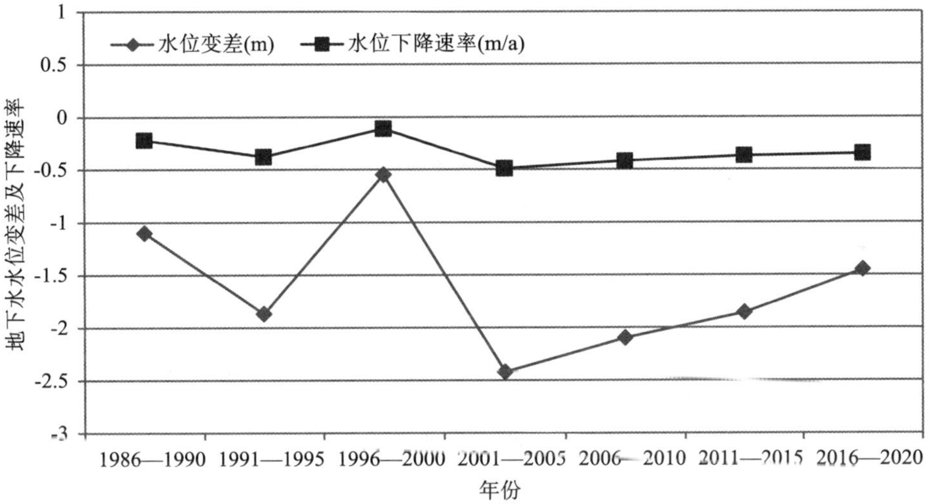

图5-3-13 残留洪积扇多年地下水水位变差及下降速率趋势

2. 城东河、城西河冲洪积扇松散岩类孔隙水

20世纪80年代初城东河、城西河冲洪积扇地下水水位埋深由扇根（40~50m）至扇缘逐渐变小，扇中水位在30~40m，扇缘水位在20~30m。2020年城东河、城西河冲洪积扇地下水水位埋深大部分大于50m，仅在扇缘局部地带水位分布在10~20m之间。通过天然状态年与2020年调查结果比较，总体来看，该单元地下水水位总体呈下降趋势，平均水位下降幅度累计为-21.10m，平均下降速率为-0.64m/a，并且水位降速有增大趋势，导致第四系含水层厚度随之变小乃至含水层的疏干。2011—2015年，由于万全供水水源地开采量变大，在万全集中供水水源地（富泉水厂）形成地下水水位下降漏斗。详见表5-3-6和图5-3-14。

表 5-3-6 城东河、城西河冲洪积扇多年地下水平均水位变差及下降速率统计

类别	年份							
	1981—1985	1986—1990	1991—1995	1996—2000	2001—2005	2006—2010	2011—2015	2016—2019
水位变差/m	—	-2.50	-1.47	-2.25	-2.86	-1.95	-6.12	-3.95
下降速率/(m·a^{-1})	—	-0.50	-0.30	-0.45	-0.58	-0.39	-1.23	-0.99
水位埋深/m	20~50	30~50	10~50	20~40	10~50	30~50	20~60	大于50

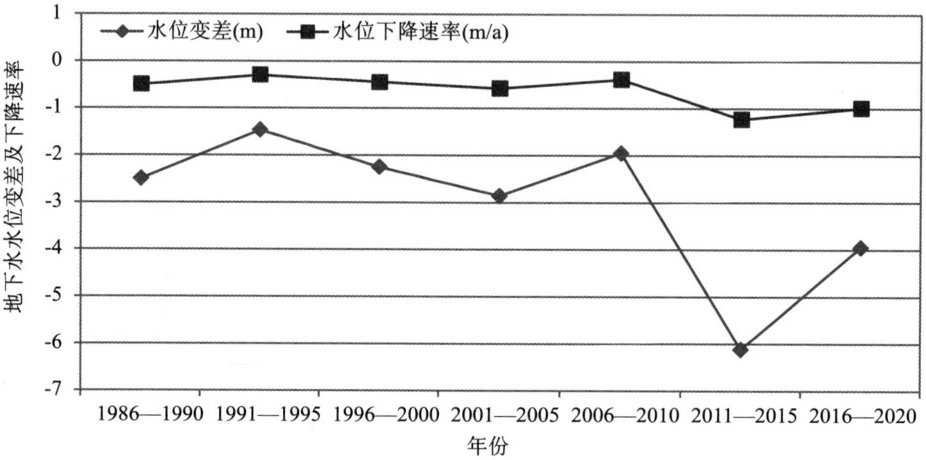

图 5-3-14 城东河、城西河冲洪积扇多年地下水平均水位变差及下降速率趋势

3. 清水河冲洪积扇松散岩类孔隙水

20 世纪 80 年代初，清水河冲洪积扇地下水水位埋深在 20~30m。在扇缘局部地带水位埋深在30~40m。2020 年清水河冲洪积扇地下水水位埋深由扇根（5~10m）至扇缘逐渐变大，扇缘水位大于 50m，最深达到 67.67m。通过天然状态年与 2020 年调查结果比较，总体来看，该单元地下水水位总体呈下降趋势，平均水位下降幅度累计为 -17.61m，平均下降速率为 -0.512m/a，2000 年后地下水水位降速有增大趋势，2014 年后地下水压采后地下水水位变差及降速逐渐减小。该单元地下水的超采导致第四系含水层厚度随之变小乃至含水层的疏干，并在腰站堡水源地形成地下水水位下降漏斗。详见表 5-3-7、图 5-3-15。

表 5-3-7 清水河冲洪积扇多年年末地下水平均水位变差及下降速率统计

类别	年份							
	1981—1985	1986—1990	1991—1995	1996—2000	2001—2005	2006—2010	2011—2015	2016—2020
水位变差/m	—	-2.20	1.87	-3.55	-2.81	-3.15	-4.87	-2.90
下降速率/(m·a^{-1})	—	-0.44	0.38	-0.71	-0.57	-0.63	-0.98	-0.85
水位埋深/m	20~40	20~40	5~50	20~40	5~60	5~15	5~80	5~70

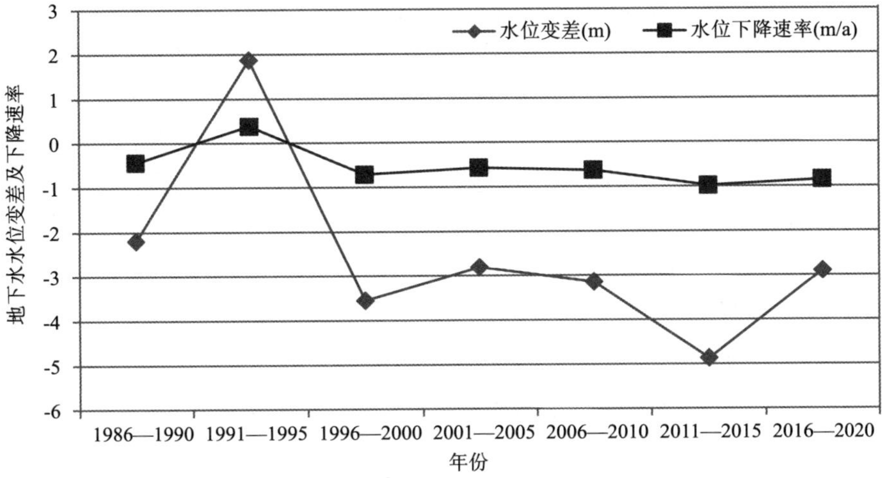

图 5-3-15　清水河冲洪积扇多年地下水水位变差及下降速率趋势

4. 柳川河冲洪积扇松散岩类孔隙水

20 世纪 80 年代初，柳川河冲洪积扇地下水水位埋深以小于 10m 为主。2020 年柳川河冲洪积扇地下水水位埋深由扇根（20～30m）至扇缘逐渐变小，扇缘靠近洋河河漫滩地带水位埋深在 0～5m。除 1991—1995 年地下水水位变差和水位降速变小外，其余时段水位变差和降速均呈增大趋势。通过天然状态年与 2020 年调查结果比较，总体来看，该单元地下水水位总体呈下降趋势，平均水位下降幅度累计为 -3.98m，平均下降速率为 -0.17m/a。详见表 5-3-8、图 5-3-16。

表 5-3-8　柳川河冲洪积扇多年年末地下水平均水位变差及下降速率统计

类别	年份							
	1981—1985	1986—1990	1991—1995	1996—2000	2001—2005	2006—2010	2011—2015	2016—2020
水位变差/m	—	-0.80	1.86	-0.75	-0.63	-0.8	-1.46	-1.40
下降速率/($m \cdot a^{-1}$)	—	-0.16	0.38	-0.15	-0.13	-0.16	-0.3	-0.42
水位埋深/m	0～10	0～20	5～30	0～20	5～40	6～10	5～40	0～30

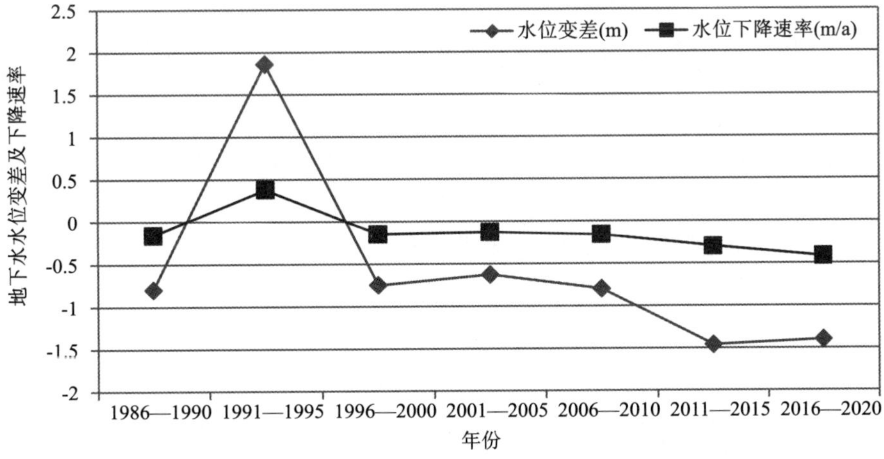

图 5-3-16　柳川河冲洪积扇多年地下水水位变差及下降速率趋势

5. 洪塘河冲洪积扇、洪塘河河谷松散岩类孔隙水

20 世纪 80 年代初，洪塘河冲洪积扇、洪塘河河谷地下水水位埋深以 10～20m 为主，仅在扇缘靠近洋河河漫滩地带水位小于 10m。2020 年洪塘河冲洪积扇、洪塘河河谷地下水水位埋深大部分大于 50m，仅在扇缘靠近洋河河漫滩地带水位埋深在 40～50m，个别地带小于 40m。1991—1995 年地下水水位变差和降速变小，其余时段水位变差和降速基本呈增大趋势，2014 年水位变差达到最大。通过天然状态年与 2020 年调查结果比较，总体来看，该单元地下水水位总体呈下降趋势，在扇缘靠近洋河河漫滩地带水位下降幅度较小，平均水位下降幅度累计为 -18.53m，平均下降速率为 -0.52m/a，导致第四系含水层厚度随之变小乃至含水层的疏干。详见表 5-3-9、图 5-3-17。

表 5-3-9　洪塘河冲洪积扇多年年末地下水平均水位变差及下降速率统计

类别	年份							
	1981—1985	1986—1990	1991—1995	1996—2000	2001—2005	2006—2010	2011—2015	2016—2020
水位变差/m	—	-1.1	-0.66	-1.55	-3.14	-3.85	-4.42	-3.81
下降速率/(m·a^{-1})	—	-0.22	-0.14	-0.31	-0.63	-0.77	-0.89	-1.0
水位埋深/m	10～20	10～30	5～50	0～40	5～50	10～30	5～60	大于 50

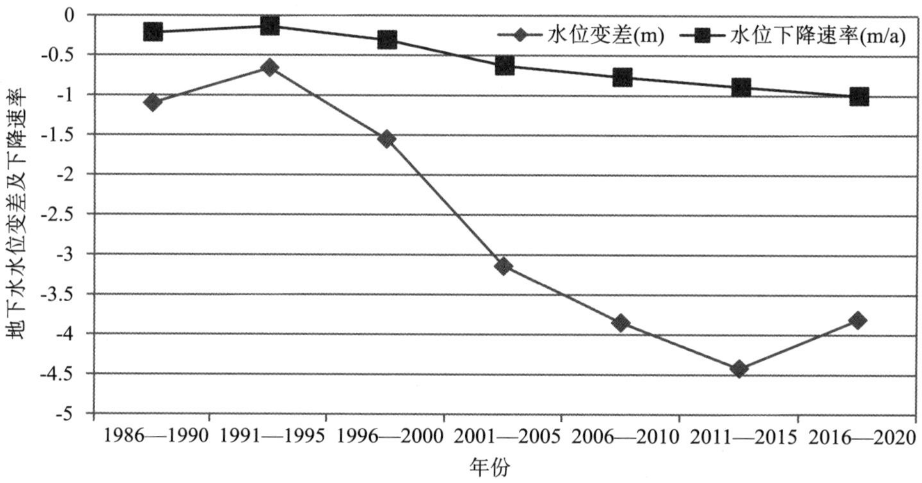

图 5-3-17　洪塘河冲洪积扇多年地下水水位变差及下降速率趋势

6. 十里河冲洪积扇松散岩类孔隙水

20 世纪 80 年代初，十里河冲洪积扇地下水水位埋深以 10～20m 为主，仅在扇缘靠近洋河河漫滩地带水位小于 10m。2020 年十里河冲洪积扇地下水水位埋深大部分以大于 50m 为主，扇缘靠近洋河河漫滩的局部地带水位埋深在 40～50m，零星点位水位埋深在 30～50m。1991—1995 年地下水水位变差和降速变小，其余时段水位变差和降速基本呈增大趋势，2014 年水位变差达到最大。通过天然状态年与 2020 年调查结果比较，总体来看，该单元地下水水位总体呈下降趋势，在扇缘靠近洋河河漫滩地带水位下降幅度较小，平均水位下降幅度累计为 -13.81m，平均下降速率为 -0.43m/a，导致第四系含水层厚度随之变小乃至含水层的疏干。详见表 5-3-10、图 5-3-18。

表 5-3-10　十里河冲洪积扇多年年末地下水平均水位变差及下降速率统计

类别	年份							
	1981—1985	1986—1990	1991—1995	1996—2000	2001—2005	2006—2010	2011—2015	2016—2019
水位变差/m	—	-0.96	0.58	-1.2	-1.68	-2.2	-5.15	-3.20
下降速率/($m\cdot a^{-1}$)	—	-0.19	0.12	-0.24	-0.34	-0.44	-1.03	-0.90
水位埋深/m	10~20	10~30	5~50	0~30	5~50	5~20	5~60	大于40

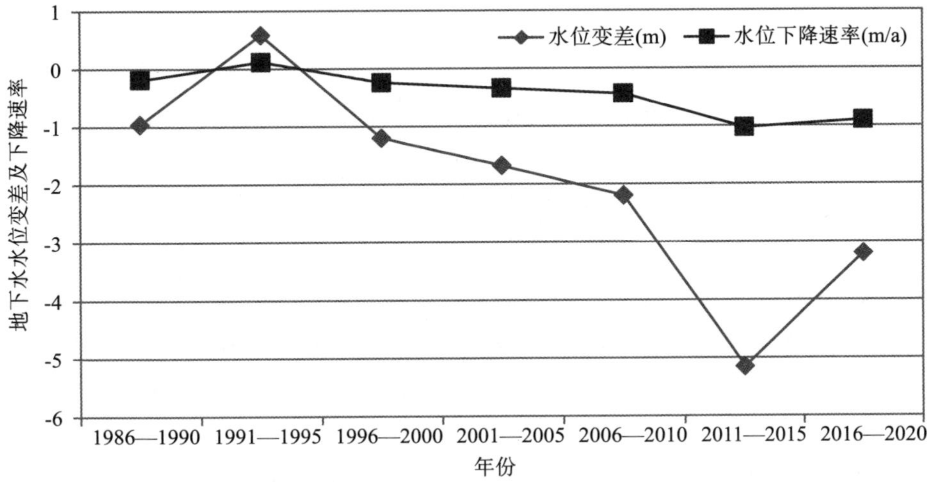

图 5-3-18　十里河冲洪积扇多年地下水水位变差及下降速率趋势

7. 龙洋河河道带松散岩类孔隙水

20 世纪 80 年代初，龙洋河河道带地下水水位埋深以 10~20m 为主，仅在下游靠近洋河河漫滩地带水位小于 10m。2020 年龙洋河河道带地下水水位埋深从上游至下游逐渐减小，上游水位埋深大于 50m，下游靠近洋河河漫滩地带水位埋深在 5~10m。1991—1995 年地下水水位变差和降速变小，其余时段水位变差和降速基本呈增大趋势，2014 年水位变差达到最大。通过天然状态年与 2020 年调查结果比较，该单元地下水水位总体呈下降趋势，在扇缘靠近洋河河漫滩地带水位下降幅度较小，平均水位下降幅度累计为 -4.88m，平均下降速率为 -0.18m/a，导致第四系含水层厚度随之变小乃至含水层的疏干。详见表 5-3-11、图 5-3-19。

表 5-3-11　龙洋河河道带多年年末地下水平均水位变差及下降速率统计

类别	年份							
	1981—1985	1986—1990	1991—1995	1996—2000	2001—2005	2006—2010	2011—2015	2016—2020
水位变差/m	—	-0.60	0.33	-0.75	-0.63	-0.8	-1.33	-1.10
下降速率/($m\cdot a^{-1}$)	—	-0.12	0.07	-0.15	-0.13	-0.16	-0.27	-0.22
水位埋深/m	10~20	10~20	5~30	0~20	5~30	5~10	5~40	>50，局部 5~10

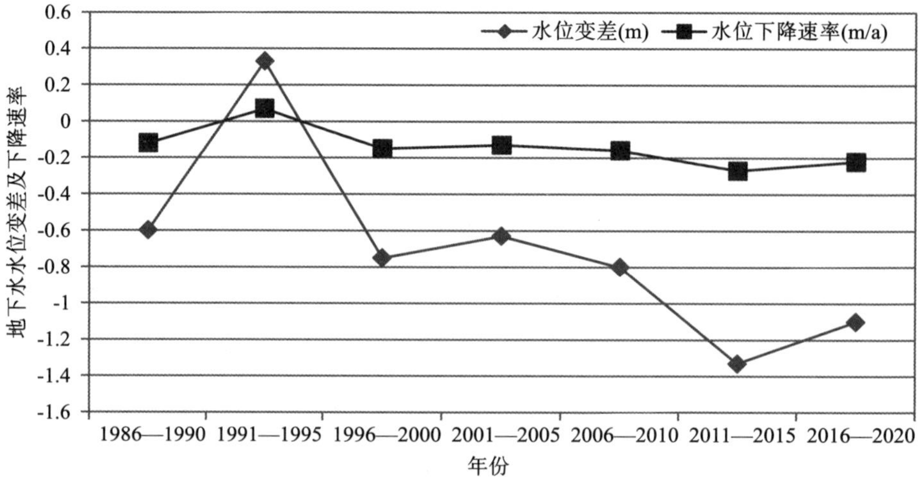

图 5－3－19　龙洋河河道带多年地下水水位变差及下降速率趋势

8. 侯家庙冲洪积扇松散岩类孔隙水

20 世纪 80 年代初，侯家庙冲洪积扇地下水水位埋深以 10～20m 为主，局部地带水位在 20～30m，仅在下游靠近洋河河漫滩地带水位小于 10m。2020 年侯家庙冲洪积扇地下水水位埋深从扇根至扇缘逐渐减小，扇根水位埋深大于 50m，扇缘靠近洋河河漫滩地带水位埋深在 5～10m。1991—1995 年地下水水位变差和降速变小，其余时段水位变差和降速基本呈增大趋势，2014 年水位变差达到最大。通过天然状态年与 2020 年调查结果比较，该单元地下水水位总体呈下降趋势，在扇缘靠近洋河河漫滩地带水位下降幅度较小，平均水位下降幅度累计为 －4.71m，平均下降速率为 －0.186m/a，导致第四系含水层厚度随之变小乃至含水层的疏干。详见表 5－3－12、图 5－3－20。

表 5－3－12　侯家庙冲洪积扇多年年末地下水平均水位变差及下降速率统计

类别	年份							
	1981—1985	1986—1990	1991—1995	1996—2000	2001—2005	2006—2010	2011—2015	2016—2020
水位变差/m	—	－0.75	1.28	－0.75	－0.86	－0.7	－1.68	－1.25
下降速率/($m \cdot a^{-1}$)	—	－0.15	0.26	－0.15	－0.18	－0.14	－0.34	－0.32
水位埋深/m	5～30	5～35	5～30	0～20	5～40	5～35	5～40	＞50，局部 5～10

9. 赵家梁洪积扇松散岩类孔隙水

20 世纪 80 年代初，赵家梁洪积扇地下水水位埋深以 20～30m 为主。通过天然状态年与 2020 年调查结果比较，该单元地下水水位总体呈下降趋势，平均水位下降幅度累计为 －14.19m，平均下降速率为 －0.41m/a，导致第四系含水层厚度随之变小乃至含水层的疏干。详见表 5－3－13、图 5－3－21。

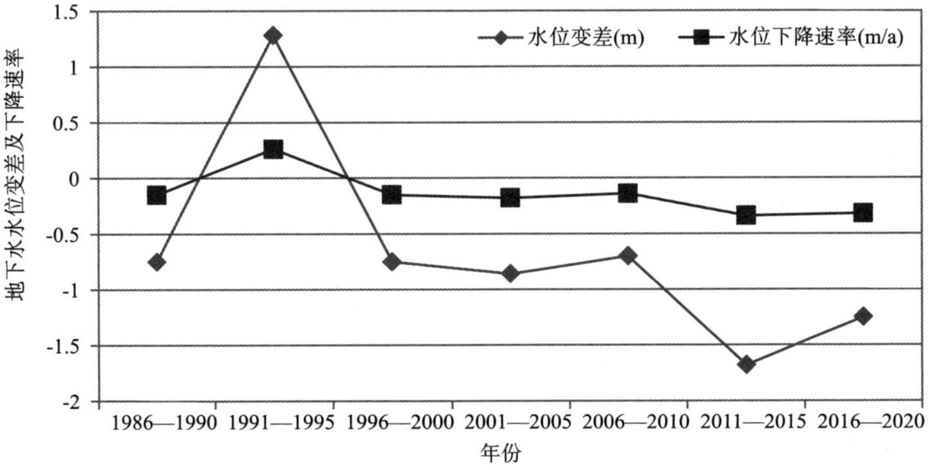

图 5－3－20　侯家庙冲洪积扇多年地下水水位变差及下降速率趋势

表 5－3－13　赵家梁洪积扇多年年末地下水平均水位变差及下降速率统计

类别	年份							
	1981—1985	1986—1990	1991—1995	1996—2000	2001—2005	2006—2010	2011—2015	2016—2020
水位变差/m	—	－2.50	－1.78	2.5	－3.28	－2.8	－4.33	－2.00
下降速率/($m \cdot a^{-1}$)	—	－0.50	－0.36	0.5	－0.66	－0.56	－0.87	－0.54
水位埋深/m	20～30	0～40	5～50	0～40	5～50	15～40	6～60	>50

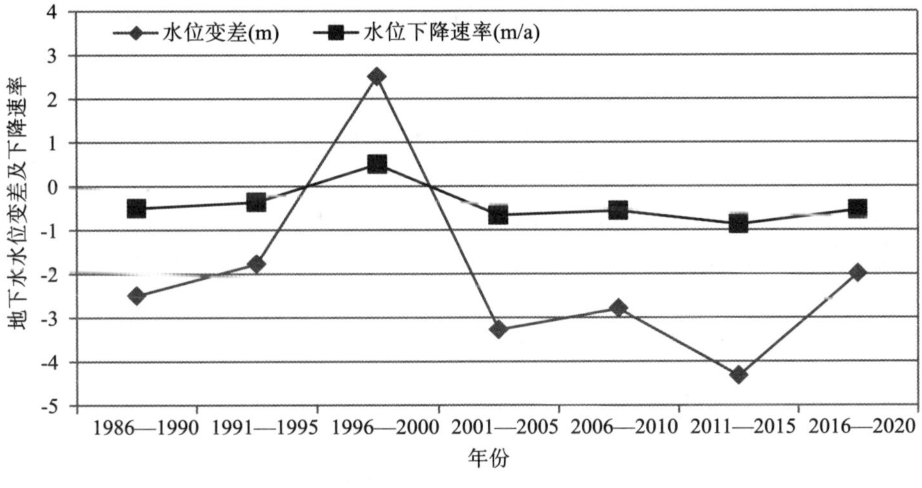

图 5－3－21　赵家梁洪积扇多年地下水水位变差及下降速率趋势

10. 口里东窑子洪积扇松散岩类孔隙水

20 世纪 80 年代初，口里东窑子洪积扇地下水水位埋深以 20～30m 为主。2022 年口里东窑子洪积扇地下水平均水位埋深大于 50m，扇根局部水位达到 109.7m，在扇缘靠近清水河冲洪积扇地带水位埋深小于 20m。通过天然状态年与 2022 年调查结果比较，该单元地下水水位总体呈波动上升趋势，平均水位上升幅度累计为 9.83m，平均上升速率为 0.20m/a。详见表 5－3－14、图 5－3－22。

表 5-3-14　口里东窑子洪积扇多年年末地下水平均水位变差及下降速率统计

类别	年份							
	1981—1985	1986—1990	1991—1995	1996—2000	2001—2005	2006—2010	2011—2015	2016—2020
水位变差/m	—	0.8	3.46	1.1	2.25	1.20	-1.26	2.28
上升速率/(m·a^{-1})	—	0.16	0.7	0.22	0.45	0.24	-0.26	0.58
水位埋深/m	20~30	20~30	30~60	20~40	30~60	0~10	30~60	>50

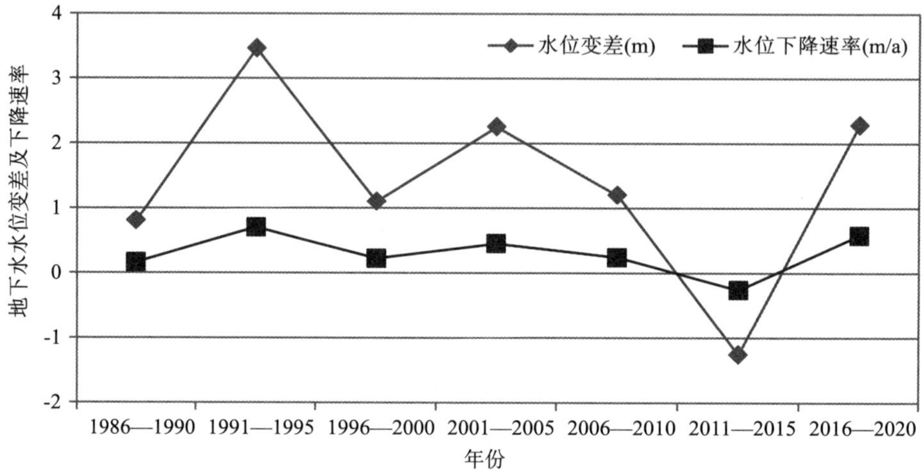

图 5-3-22　口里东窑子洪积扇多年地下水水位变差及下降速率趋势

11. 小辛庄洪积扇松散岩类孔隙水

20 世纪 80 年代初，小辛庄洪积扇地下水水位埋深以 20~30m 为主，局部地段水位埋深在 10~20m。2020 年小辛庄洪积扇地下水水位埋深大于 50m，最大深度达到 89.46m，在扇缘靠近清水河冲洪积扇地带水位埋深在 40~50m。通过天然状态年与 2020 年调查结果比较，该单元地下水水位总体呈下降趋势，平均水位下降幅度累计为 -7.09m，平均下降速率为 -0.157m/a，但是 2016—2019 年水位呈上升趋势，平均水位上升幅度累计为 2.3m，平均上升速率为 0.58m/a。详见表 5-3-15、图 5-3-23。

表 5-3-15　小辛庄洪积扇多年年末地下水平均水位变差及下降速率统计

类别	年份							
	1981—1985	1986—1990	1991—1995	1996—2000	2001—2005	2006—2010	2011—2015	2016—2020
水位变差/m	—	-0.85	1.69	-1.35	-0.78	-2.8	-5.35	2.35
下降速率/(m·a^{-1})	—	-0.17	0.34	-0.27	-0.16	-0.56	-1.07	0.65
水位埋深/m	10~30	30~50	20~60	40~60	20~60	5~15	30~60	>40

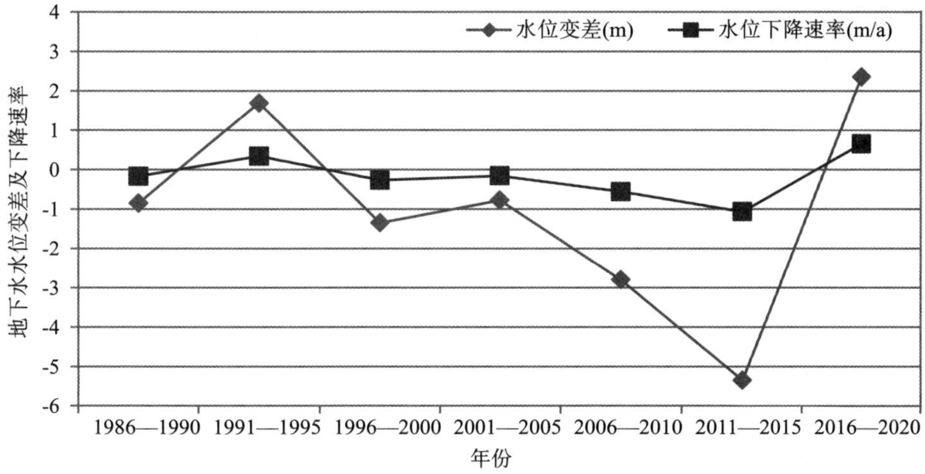

图 5－3－23　小辛庄洪积扇多年地下水水位变差及下降速率趋势

12. 洋河南洪积扇松散岩类孔隙水

20 世纪 80 年代初，洋河南洪积扇地下水水位埋深扇根以小于 10m 为主，扇中水位埋深在 10～20m，扇缘水位埋深在 10～30m。2020 年洋河南洪积扇扇根地下水水位埋深大于 50m，最大深度达到 137. 98m，在扇缘靠近清水河冲洪积扇地带水位埋深在 10～50m，最浅水位为 13. 41m。通过天然状态年与 2020 年调查结果比较，该单元地下水水位总体呈下降趋势，平均水位下降幅度累计为－8. 90m，平均下降速率为－0. 31m/a，导致第四系含水层厚度随之变小乃至含水层的疏干。详见表 5－3－16、图 5－3－24。

表 5－3－16　洋河南洪积扇多年年末地下水平均水位变差及下降速率统计

类别	年份							
	1981—1985	1986—1990	1991—1995	1996—2000	2001—2005	2006—2010	2011—2015	2016—2020
水位变差/m	—	－3. 10	0. 56	－1. 65	－0. 85	－0. 9	－1. 51	－1. 45
下降速率/($m \cdot a^{-1}$)	—	－0. 62	0. 12	－0. 33	－0. 17	－0. 18	－0. 31	－0. 45
水位埋深/m	0～30	20～30	5～80	20～40	5～80	5～15	5～80	大部分＞50，局部＜50

13. 榆林－小仓盖洪积扇松散岩类孔隙水

20 世纪 80 年代初，榆林－小仓盖洪积扇地下水水位埋深由扇根向扇缘逐渐变小，扇根以 20～30m 为主，个别地带水位埋深在 30～40m，扇缘水位埋深在 10～20m。2020 年榆林－小仓盖洪积扇扇根地下水水位埋深大于 50m，最大深度达到 81. 02m，扇缘水位埋深在 20～30m，最浅水位为 24. 41m。通过天然状态年与 2020 年调查结果比较，总体来看，该单元地下水水位总体呈下降趋势，平均水位下降幅度累计为－5. 87m，平均下降速率为－0. 19m/a，但是 2016—2019 年水位呈上升趋势，平均水位上升幅度累计为 1. 00m，平均上升速率为 0. 30m/a。详见表 5－3－17、图 5－3－25。

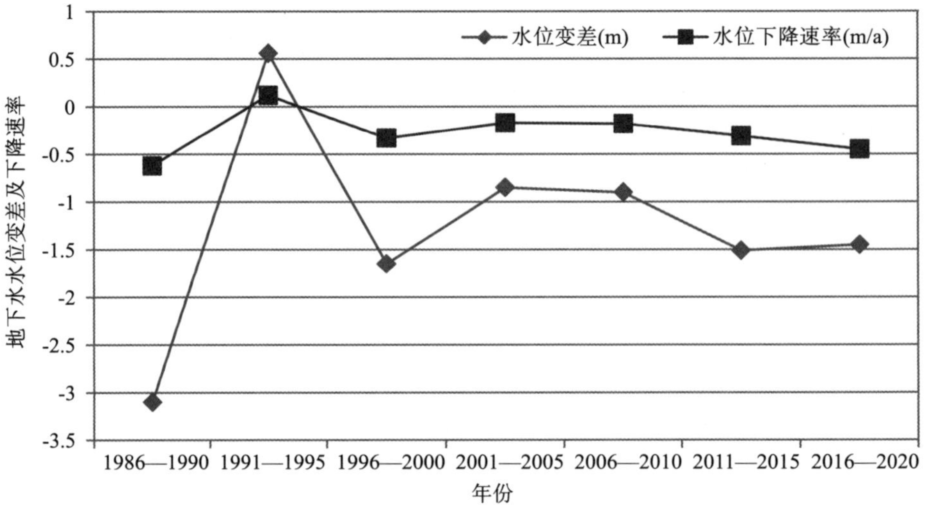

图 5-3-24 洋河南洪积扇多年地下水水位变差及下降速率趋势

表 5-3-17 榆林-小仓盖洪积扇多年年末地下水平均水位变差及下降速率统计

类别	年份							
	1981—1985	1986—1990	1991—1995	1996—2000	2001—2005	2006—2010	2011—2015	2016—2020
水位变差/m	—	-0.89	1.78	-1.15	-0.63	-0.85	-5.13	1.00
下降速率/($m \cdot a^{-1}$)	—	-0.18	0.34	-0.23	-0.13	-0.17	-1.03	0.30
水位埋深/m	10~40	30~50	10~60	20~60	10~60	10~20	10~70	大部分>50，扇缘 20~30

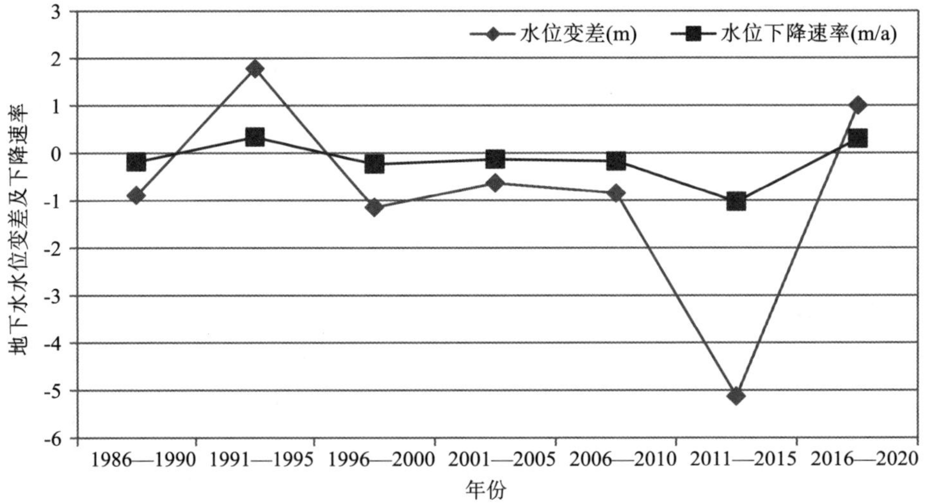

图 5-3-25 榆林-小仓盖洪积扇多年地下水水位变差及下降速率趋势

14. 西甘庄洪积扇松散岩类孔隙水

20 世纪 80 年代初，西甘庄洪积扇地下水水位埋深由扇根向扇缘逐渐变小，扇根以 20~30m 为主，扇缘靠近洋河河道带地带水位埋深略小于 10m。2020 年西甘庄洪积扇扇根地下水水位埋深以大于 50m 为主，最大深度达到 95.8m，扇缘水位埋深在 20~50m，最浅水位为

25.5m。通过天然状态年与2020年调查结果比较，该单元地下水水位总体呈下降趋势，平均水位下降幅度累计为 -12.41m，平均下降速率为 -0.36m/a，导致第四系含水层厚度随之变小乃至含水层的疏干。详见表5-3-18、图5-3-26。

表5-3-18　西甘庄洪积扇多年年末地下水平均水位变差及下降速率统计

类别	年份							
	1981—1985	1986—1990	1991—1995	1996—2000	2001—2005	2006—2010	2011—2015	2016—2020
水位变差/m	—	-0.70	1.58	-1.2	-2.25	-2.6	-5.66	-1.58
下降速率/(m·a^{-1})	—	-0.14	0.32	-0.24	-0.45	-0.52	-1.14	-0.42
水位埋深/m	10~30	20~30	10~40	20~40	10~40	6~10	10~50	大部分>50，扇缘20~50

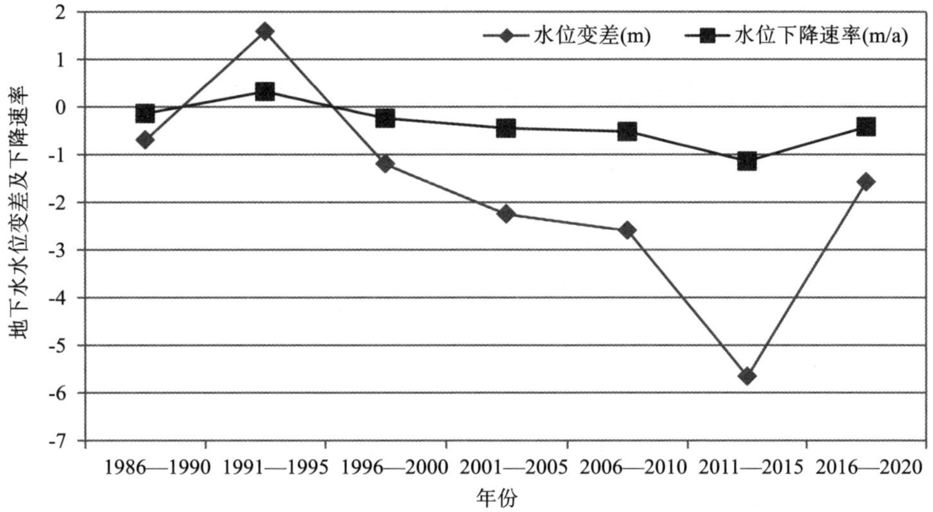

图5-3-26　西甘庄洪积扇多年地下水水位变差及下降速率趋势

15. 暖店湾洪积扇松散岩类孔隙水

20世纪80年代初，暖店湾洪积扇地下水水位埋深由扇根向扇缘逐渐变小，扇根以20~30m为主，扇缘靠近洋河河道带地带水位埋深略小于10m。2020年暖店湾洪积扇扇根地下水水位埋深以大于50m为主，最大深度达到121.3m，扇缘水位埋深在10~50m，最浅水位为11.64m。通过天然状态年与2020年调查结果比较，该单元地下水水位总体呈下降趋势，平均水位下降幅度累计为 -6.73m，平均下降速率为 -0.227m/a，导致第四系含水层厚度随之变小乃至含水层的疏干。详见表5-3-19、图5-3-27。

表5-3-19　暖店湾洪积扇多年年末地下水平均水位变差及下降速率统计

类别	年份							
	1981—1985	1986—1990	1991—1995	1996—2000	2001—2005	2006—2010	2011—2015	2016—2020
水位变差/m	—	-0.90	0.56	-1.05	-0.56	-1.2	-2.13	-1.45
下降速率/(m·a^{-1})	—	-0.18	0.13	-0.21	-0.12	-0.24	-0.43	-0.36
水位埋深/m	10~30	20~30	10~60	20~40	10~60	5~15	10~60	大部分>50，扇缘<50

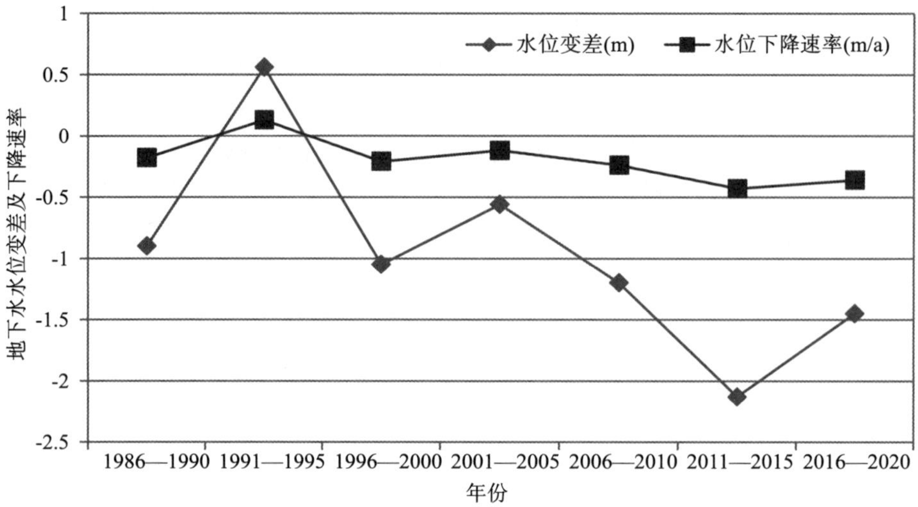

图 5-3-27 暖店湾洪积扇多年地下水水位变差及下降速率趋势

16. 柳川河河道带松散岩类孔隙水

20 世纪 80 年代初，柳川河河道带地下水水位埋深由上游至下游以 10~20m 为主，中下游水位埋深在 20~30m。2020 年柳川河河道带地下水水位呈波动变化，上游至中游水位埋深逐渐变浅，中游至中下游水位逐渐变深，中下游至下游水位逐渐变浅，上游水位在 40~50m，中游水位在 20~30m，中下游水位略大于 50m，下游水位在 20~30m。通过天然状态年与 2020 年调查结果比较，该单元地下水水位总体呈下降趋势，平均水位下降幅度累计为 -4.80m，平均下降速率为 -0.14m/a，但是 2016—2019 年水位呈上升趋势，平均水位上升幅度累计为 1.15m，平均上升速率为 0.29m/a。详见表 5-3-20、图 5-3-28。

表 5-3-20 柳川河河道带多年年末地下水平均水位变差及下降速率统计

类别	年份							
	1981—1985	1986—1990	1991—1995	1996—2000	2001—2005	2006—2010	2011—2015	2016—2020
水位变差/m	—	-0.77	1.55	0.55	-0.66	-1.10	-5.52	1.15
下降速率/($m \cdot a^{-1}$)	—	-0.15	0.31	0.11	-0.14	-0.22	-1.11	0.29
水位埋深/m	10~30	20~40	10~50	0~20	10~50	10~30	10~60	>20

综上，由于人类活动的影响，山前冲洪积平原区地下水水位基本呈现下降的趋势，局部有小幅回升。大部分下降区域内 1991—1995 年和 2014 年是 2 个转折点，特别是 2014 年后张家口进行的地下水压采，地下水水位变差以及下降速率明显减小。

（三）洋河冲洪积平原区

1. 河床、河漫滩松散岩类孔隙水

20 世纪 80 年代初，洋河河床、河漫滩地下水水位埋深小于 10m。2020 年河床、河漫滩地下水水位埋深大部分在 5~30m 之间，局部最浅处为 1.4m，最深处为 40.77m。通过天然状态年与 2020 年调查结果比较，该单元地下水水位总体呈下降趋势，平均水位下降

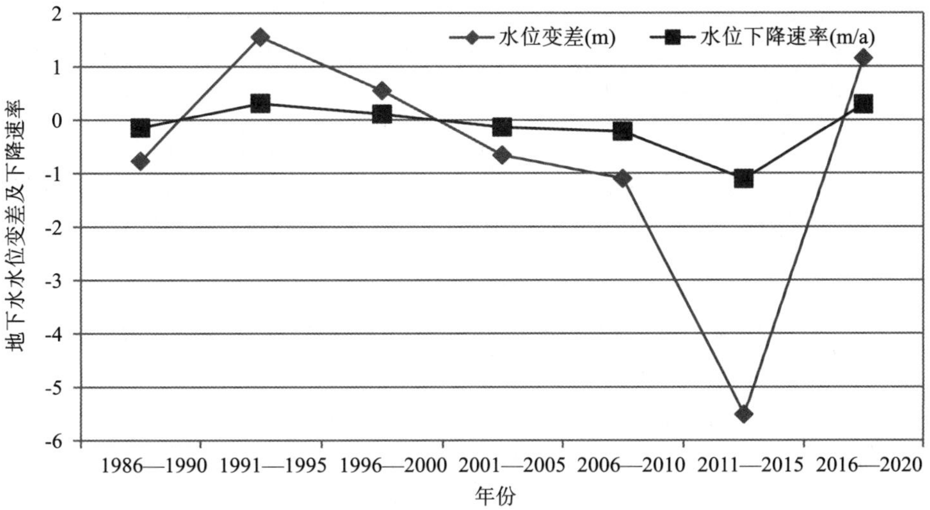

图 5-3-28　柳川河河道带多年地下水水位变差及下降速率趋势

幅度累计为-10.29m，平均下降速率为-0.30m/a。导致第四系含水层厚度随之变小乃至含水层的疏干，并在宣化集中供水水源地（样台水源地和河子西水源地）形成地下水水位降落漏斗。详见表5-3-21、图5-3-29。

表 5-3-21　洋河河床、河漫滩多年年末地下水平均水位变差及下降速率统计

类别	年份							
	1981—1985	1986—1990	1991—1995	1996—2000	2001—2005	2006—2010	2011—2015	2016—2020
水位变差/m	—	-2.6	0.84	-2.15	-0.53	-2.55	-1.35	-1.95
下降速率/($m \cdot a^{-1}$)	—	-0.52	0.17	-0.43	-0.11	-0.51	-0.27	-0.49
水位埋深/m	0~10	0~10	0~10	0~20	0~10	0~15	0~10	0~20

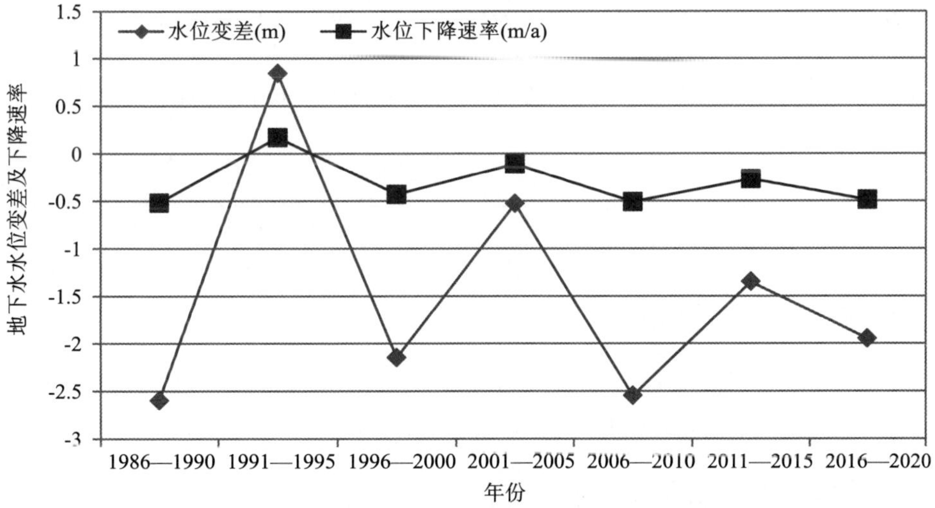

图 5-3-29　洋河河床、河漫滩多年地下水水位变差及下降速率趋势

2. 谷坡松散岩类孔隙水

谷坡松散岩类孔隙水和陈家庄洪积扇松散岩类孔隙水紧邻，由于陈家庄洪积扇松散岩类孔隙水分布面积极小，仅有1.1km^2，所以二者综合起来在此论述，不再单独论述。20世纪80年代初，洋河谷坡地下水水位埋深略小于10m。通过天然状态年与2020年调查结果比较，总体来看，该单元地下水水位总体呈下降趋势，平均水位下降幅度累计为－10.07m，平均下降速率为－0.30m/a，导致第四系含水层厚度随之变小乃至含水层的疏干。详见表5－3－22、图5－3－30。

表5－3－22 洋河谷坡多年年末地下水平均水位变差及下降速率统计

类别	年份							
	1981—1985	1986—1990	1991—1995	1996—2000	2001—2005	2006—2010	2011—2015	2016—2020
水位变差/m	—	－0.95	0.75	－2.25	－1.05	－2.45	－1.47	－2.65
下降速率/(m·a^{-1})	—	－0.19	0.15	－0.45	－0.21	－0.49	－0.3	－0.66
水位埋深/m	0～10	0～20	0～10	0～20	0～10	0～15	0～10	10～20

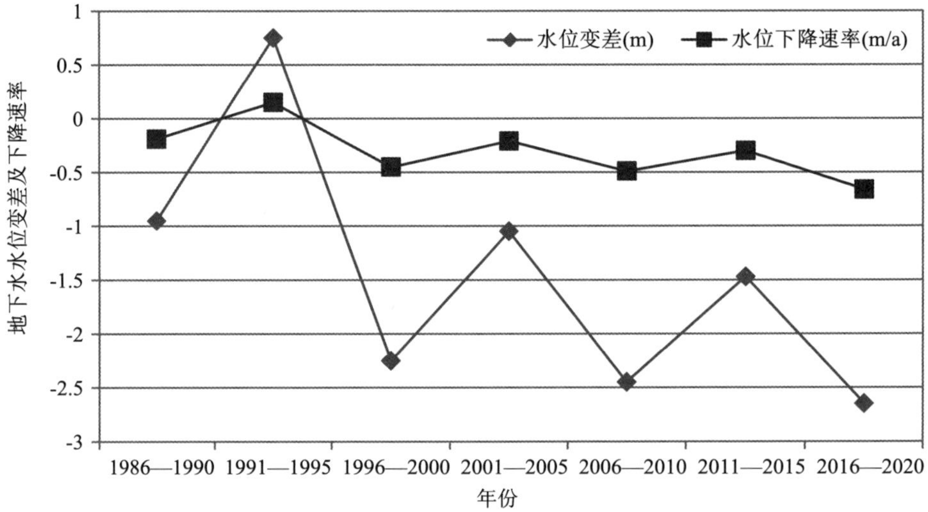

图5－3－30 洋河谷坡多年地下水水位变差及下降速率趋势

第四节　地下水补给、排泄条件变化

一、地下水补给条件变化

天然流场状态下研究区内地下水的补给方式主要为降水入渗补给、河道渗漏补给和山前侧向径流补给，后来在人为干预的影响下，增加了渠道渗漏补给和灌溉回归补给。

（一）降水入渗补给条件变化

降水入渗补给变化主要表现在降水总量和降水入渗条件的变化。

1. 降水量变化

根据1976—2020年长期降水资料，研究区年降水量没有呈现趋势性变化，只是丰枯交替更为频繁。研究区多年降水量总体持平，最大为690.20mm（1995年，万全），最小为148.10mm（1985年，宣化）。研究区多年平均降水量为378.60mm，总体略呈上升趋势，但是幅度都不大。50年来，研究区20世纪80年代平均降水量最小为315.23mm，从80年代开始，年代平均降水量又开始增加，在90年代达到389.12mm，2001—2020年间平均降水量为388.97mm，如图5-4-1所示。

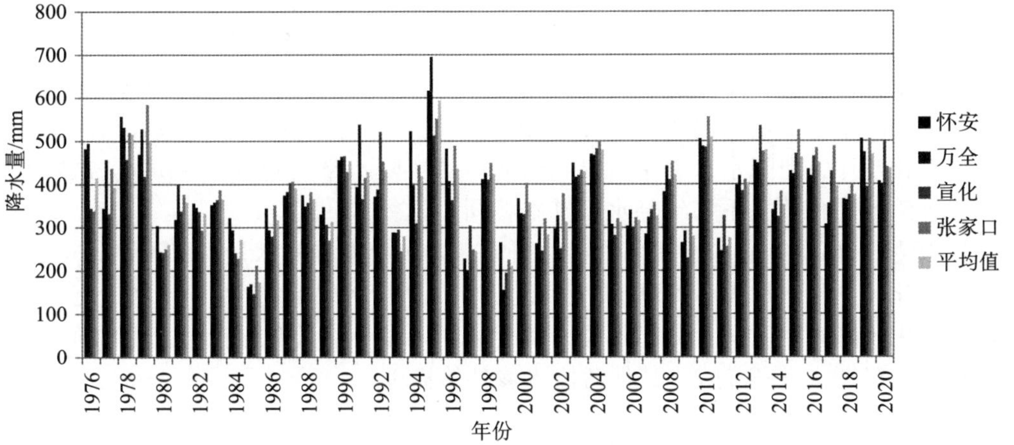

图5-4-1 1976—2020年研究区降水量变化情况

从年降水量距平百分率图（图5-4-2）可以看出，降水距平百分率为正值的年份呈增加趋势。其中，降水距平大于20%的年份有增加的趋势，在20世纪80年代前，降水距平在-30%左右的年份出现3次，其中1985年为历史极小值（-56.90%）；1999年再次出现-44.52%的小值；而21世纪后的20年内未出现小于-30%的年份，且降水距平百分率为正值的年份则呈现增加的趋势。1974—2004年，前30年中年降水距平大于20%的年份出现4次，后近20年出现5次。

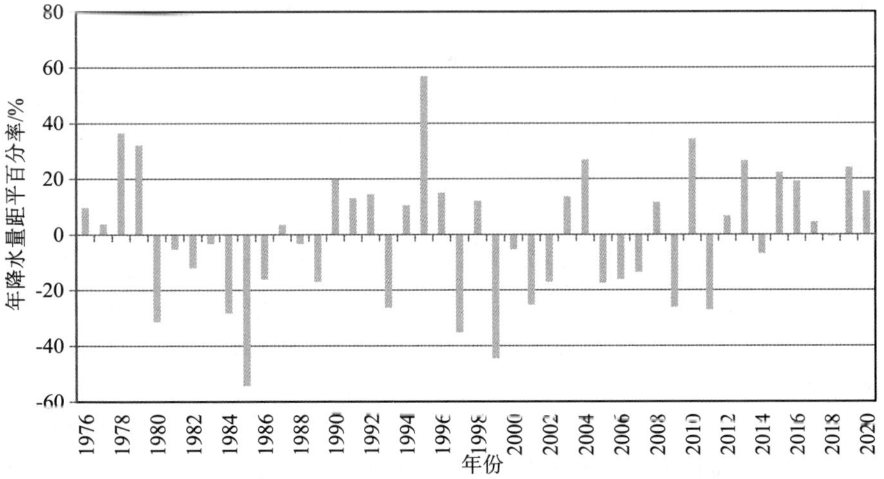

图5-4-2 1976—2020年研究区年降水量距平百分率变化情况

2. 降水入渗补给变化

降水入渗是地下水的主要补给源。降水入渗补给量的多少受降水特征、包气带岩性及厚度、雨前土壤含水量、地形地貌、植被和城市建设等多种因素影响，其中降水特征、包气带岩性和厚度是主要影响因素。

（1）降水特征影响

降水特征是一定时段内的降水总量、降水强度及降水历时等方面的特征，它对降水入渗补给量的影响较为复杂。降水入渗补给量一般随降水量的增加而增多，但二者不完全呈线性关系。据资料统计，降水入渗补给量与年降水量和次降水量之间存在着复杂的相关关系。在水位埋深2～3m时，年降水量小于560mm，降水入渗系数与降水量近似呈线性关系；年降水量在560～630mm时，降水入渗系数达到最大；年降水量大于630mm时，降水入渗系数随降水量的增大而减少。在水位埋深3～5m时，降水入渗系数与年降水量呈现相同的变化规律，但降水入渗系数最大值对应的年降水量为650～740mm。次降水量与降水入渗补给量的相关关系和年降水量基本相同。

根据1974—2020年降水长序列资料：研究区内多年平均降水量为378.60mm，降水特征无明显变化，年降水量小于560mm，因此研究区内降水入渗系数与降水量近似呈线性关系。但是由于降水在时间上分布不均，使年际间入渗补给量变化较大，年内降水入渗补给主要集中在汛期（6—9月），其他时段入渗补给极少。

（2）包气带特征影响

包气带厚度和岩性是影响降水入渗补给量的另一个重要因素。在降水特征和包气带岩性相同的条件下，随着包气带厚度的增加，入渗补给量相应增加，达到一定厚度时出现最大值，之后随着包气带厚度的增加，入渗补给量趋于稳定或略有减小。另外，包气带岩性的最佳水位埋深为3～4m，在最佳水位埋深处降水入渗补给量最大，小于或超过最佳水位埋深，降水入渗量减少。因此，研究区内地下水水位埋深小于4m的区域对降水入渗补给量的影响最大，反之影响较小或可忽略不计。

研究区内由于过量开采地下水造成地下水水位普遍下降，目前研究区内洋河冲洪积扇河漫滩部分地带和河流沟谷浅埋区地下水水位埋深小于4m，其他绝大部分地区均大于4m；且与天然流场状态下的地下水水位相比，地下水水位浅埋区（小于10m）分布面积明显减小，研究区内减幅为40%～60%；深埋区分布面积相应的增大，大于50m的分布区明显增大。因此，区内绝大部分地区包气带厚度都有不同程度的增大，包气带厚度的增大随之引起的就是包气带岩性组合的变化，从而导致降水入渗能力也发生明显变化，通过本次计算可知降水入渗补给能力有所减弱。

（3）城市地面硬化影响

随着城市化发展，城区及城镇内道路和建筑覆盖面积增大，公路及高速公路的建设，减少了降水入渗量。另外城区的建设仍在发展，在此范围内大气降水多由下水道排入市政管网，只有公共绿地、生产绿地、防护绿地、居住绿地及附属绿地等可接受大气降水入渗补给。因而，随着建筑覆盖面积的增大，其降水入渗量会有所减少。城市建筑覆盖面积对比见图5－4－3～图5－4－5。随着新农村建设的开展，各地将道路建设列为重点工程。2017年国家推出了“村村通，户户通”工程，并计划在年底实现全通硬化路的目标，由此也大大减少了降水入渗补给量。

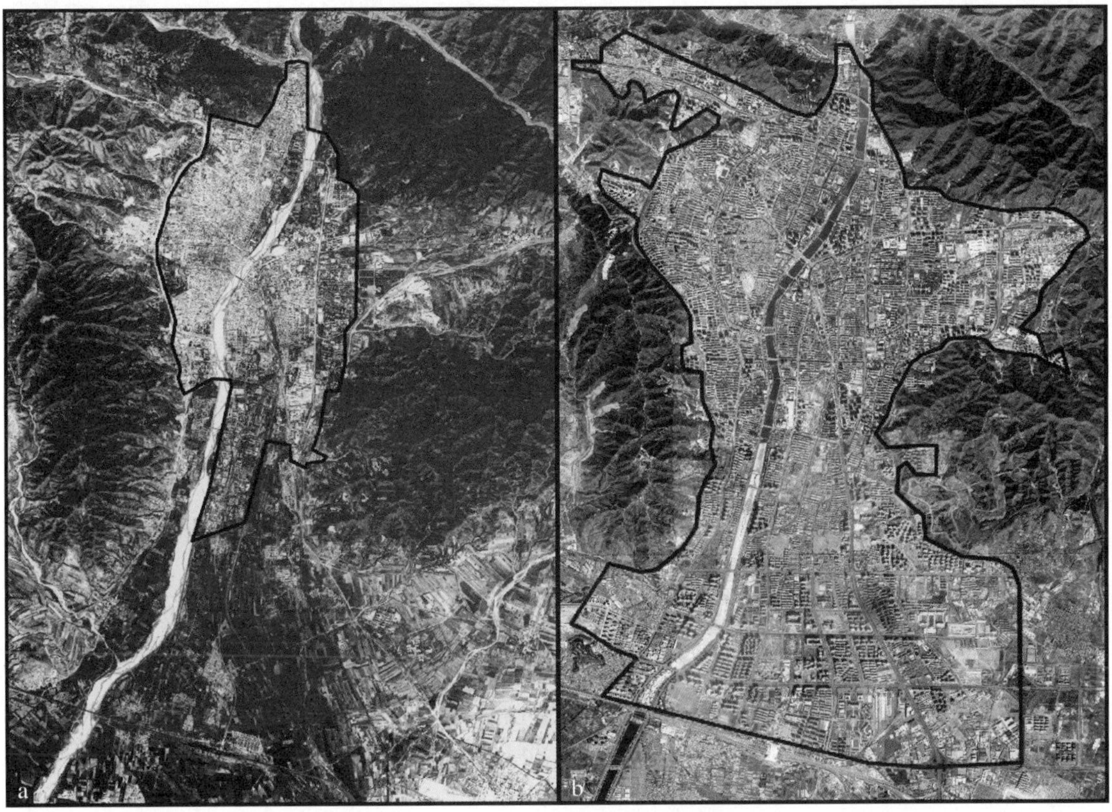

图 5 -4 -3　张家口主城区建筑覆盖面积

a—1967 年，13km^2；b—2020 年，48km^2

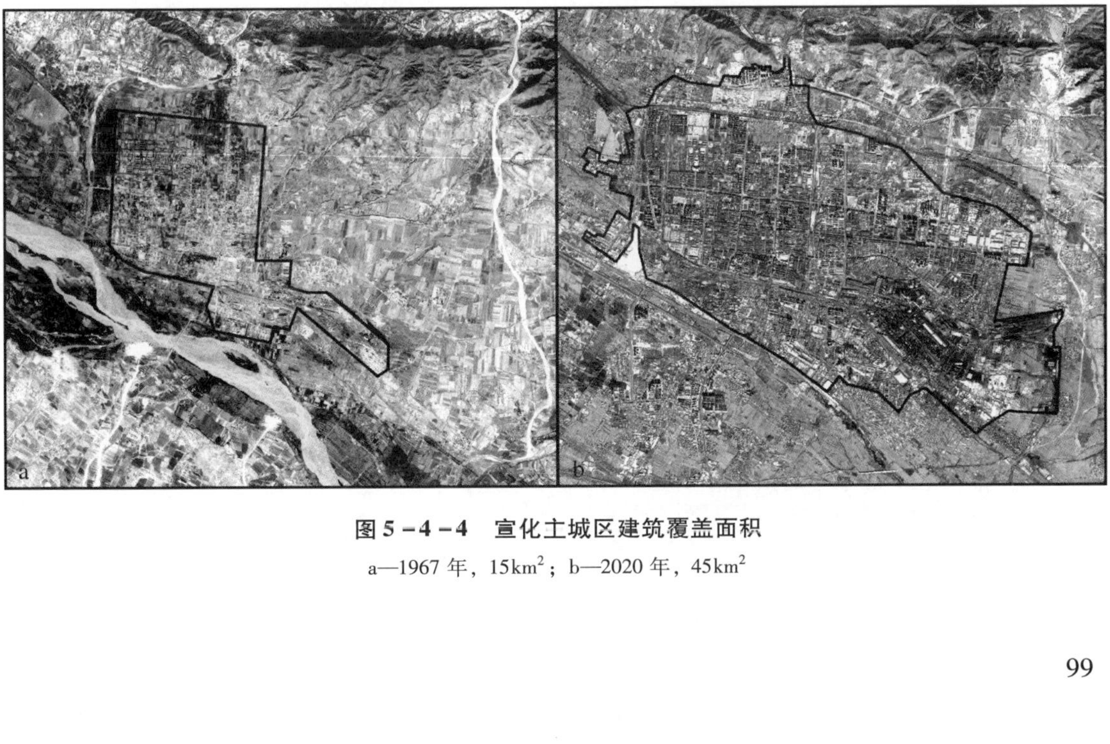

图 5 -4 -4　宣化土城区建筑覆盖面积

a—1967 年，15km^2；b—2020 年，45km^2

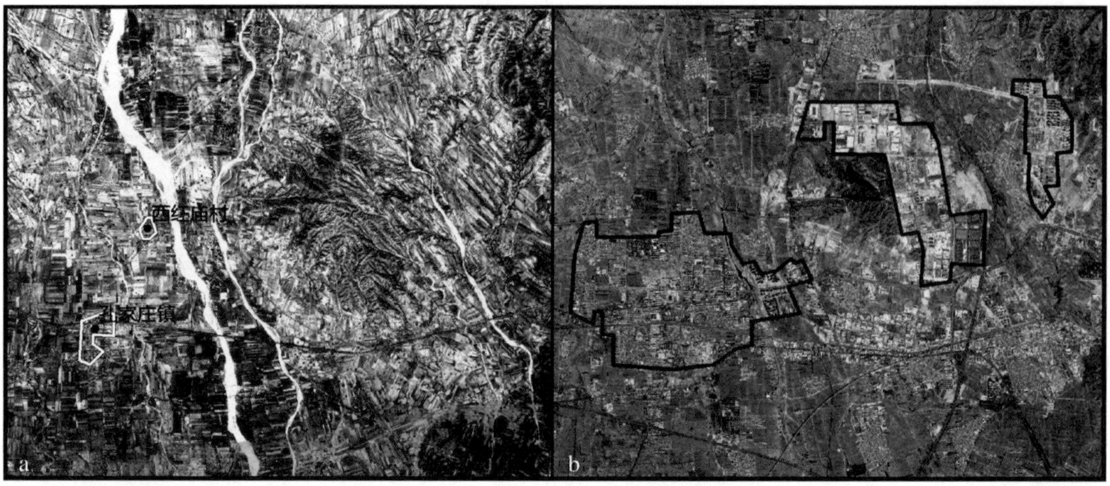

图 5－4－5　万全主城区建筑覆盖面积

a—1967 年，主城区为村镇；b—2020 年，主城区 11km^2，其中，工业园区 6km^2，住宅区 2km^2

（二）河道渗漏补给条件变化

随着水资源利用程度的提高，以及在各主要河流上游修建水库、河道淤积和硬化等，造成研究区范围区内河流径流量减少或断流、干涸，从而导致河道渗漏补给量减少。

研究区内主要河流洋河属于永定河水系，特点是：河道比降大，汛期洪水集中，水流湍急，其他季节径流小。由于年降水量的不同，其径流量相差较大。调查资料表明，河流上游建有不同规模的水库，水库的修建拦蓄了出山口地表径流，造成区内主要河流年径流量急剧减少，甚至断流、干涸。研究区内主要河流径流量变化见图 5－4－6。

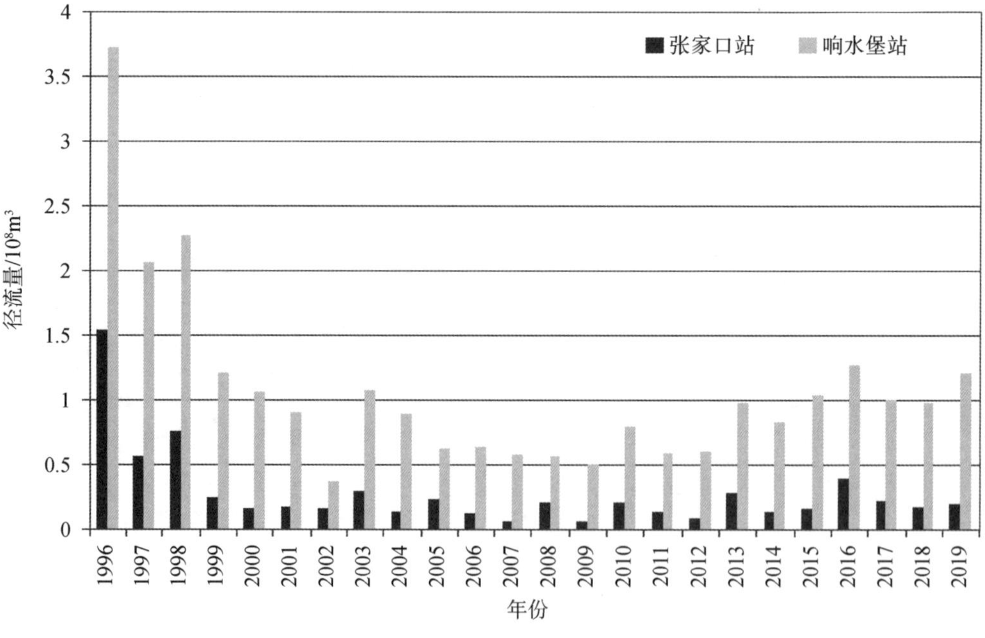

图 5－4－6　1996—2019 年水文站河流径流量变化情况

由图5－4－6可知，1996—1998年张家口水文站和响水铺水文站径流量较大，1999—2012年径流量逐渐减少，2013年至今径流量较1999—2012年呈波动型变化增大，最大值在1996年，径流量达到$5.26\times10^8m^3$，最小值在2009年，径流量为$0.56\times10^8m^3$，2019年径流量为$1.41\times10^8m^3$。与之对应的河道渗漏补给量随着径流量的增大而增多，反之减少。由于张家口区段的洋河、清水河的河道淤积严重，2008年开始对河道实施硬化或防渗膜防渗工程改造，研究区洋河防渗处理段（下营屯—宣化东）及清水河段在张家口均作防渗处理，长度分别约$27.59km^2$、$20.01km^2$，在$P=50\%$保证率的情况下，经初步估算，除去洋河和清水河洪峰流量，河道硬化后对地下水的入渗补给量大约损失$1200.67\times10^4m^3/a$。在研究区洋河边界—下营屯段、宣化东—响水铺段保留有原始河道，长度分别约$15.10km^2$、$25.79km^2$。从多年河流径流量变化可知，由于河道硬化或防渗工程改造的实施，河道的渗漏补给量减少使得径流量变大，2009年之后，洋河径流量开始不同频率的增加。

（三）灌溉回归补给条件变化

灌溉回渗补给包括地表水灌溉回渗补给和地下水灌溉回渗补给，主要发生在农灌季节，视大气降水总量及强度不同，每年3～5次，每次5～15天不等。灌溉回归补给主要受灌溉方式、灌水量、包气带岩性和地下水水位埋深影响，灌水量越大、包气带岩性颗粒越粗，灌溉入渗补给量越大。丰水年因农业用水量减少，井灌回归、渠灌入渗补给量相应减少；反之较多。不同的灌溉方式也使得灌溉回归量不尽相同，研究区农业灌溉多采用大水漫灌方式，水分入渗深度较深，除被作物根系吸收和部分以蒸发形式排泄外，绝大部分以入渗形式补给，故灌溉回归量较大。

研究区内多年灌溉模式上并未有太大的改变，但是种植结构发生了较大的变化；另外，研究区地下水水位多年来呈下降趋势，灌溉水入渗路径变长，在相同灌溉方式和灌水量条件下，灌溉回归量有所减小，但变化幅度不大。

（四）侧向径流补给条件变化

区内地下水侧向径流补给量主要受区外河流径流和基岩山区及引泉的影响。由于用水量的逐渐增加导致地下水水位下降，研究区范围内出露的泉眼逐渐消失，因此研究区内地下水的侧向补给量减少。

二、地下水排泄条件变化

随着地下水水位的下降，潜水蒸发能力越来越弱，地下水消耗由潜水蒸发排泄转变为以人工开采地下水为主的排泄方式。

（一）潜水蒸发

研究区水面蒸发量总体呈减少趋势，多年平均蒸发量为1778.8mm，其中年均蒸发量最大值为2088.6mm（2001年），最小值为1353.7mm（2017年）（图5－4－7）。由于地下水的过量开采，出现区域性地下水水位下降，潜水位埋深小于4m的范围在逐渐减小，对比20世纪80年代众多湖淖干涸，地下水水位急剧下降，从而造成蒸发排泄量减少。据

2019 年 6 月地下水水位埋深分布情况，研究区内地下水埋深小于 4m 的面积为 29.02km^2，主要分布在洋河冲洪积扇两侧的河漫滩。

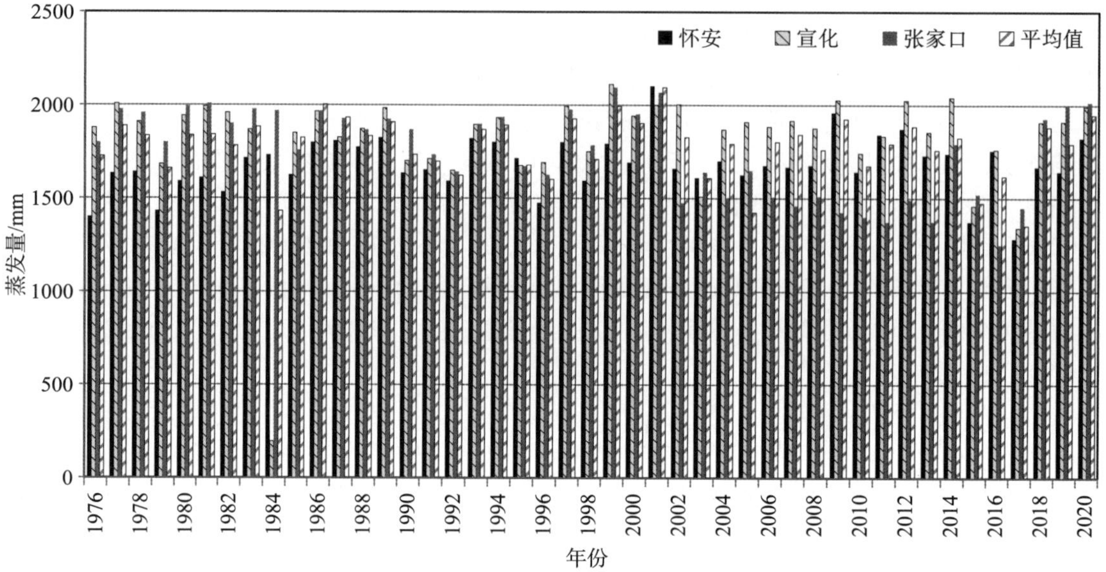

图 5-4-7　1976—2020 年研究区各区县蒸发量变化情况

（二）地下水溢出

20 世纪 50—60 年代研究区内洋河两岸均有泉水向河流排泄现象，现由于地下水水位的下降基本上已全部消失。

1. 泉流量变化

通过对比本次调查结果和《冀西北地区 1∶20 万区域水文地质普查报告》中部分泉流量的调查情况，研究区内已基本无出露泉。

2. 泉流量变化原因分析

研究区内泉流量干涸的原因有以下两点：一是地下水开采量的不断增加，造成地下水水位的下降，从而影响泉流量减小或干涸；二是受泉附近及周边矿区排水的影响，夺取了泉水的补给量，从而造成泉流量减小或干涸。

第五节　地下水水化学演变特征

天然情况下，柴宣盆地内地下水水化学类型较为简单，水化学类型及其分带规律与地下水补给、径流、排泄条件和地形地貌及含水层岩性有着密切的关系。

一、洋河冲积带平原

该平原区为地下水径流排泄区。地下水水位埋深浅，水力坡度小，径流路径较长，蒸发作用强烈。含水介质多为大孔隙的砂或砂砾石，补给、径流、排泄条件较好。地下水处于较为积极的交替状态，有较多的机会进行离子交换和溶滤部分易溶盐类。水化学类型为

$HCO_3-Ca\cdot Mg$ 型，为低矿化度的淡水，水质较好。但受人类活动和局部火山岩地层的影响，局部地段地下水中含 Cl^-、SO_4^{2-}、Na^+，使地下水呈现 $HCO_3-Ca\cdot Na$ 型或 $HCO_3-Ca\cdot Mg\cdot Na$ 型。如怀安 4 号点和怀安 30 号点因人为污染，导致矿化度增高、水质变差。宣 9 点（宣钢综合厂）水化学类型就由 1994 年的 $HCO_3\cdot Cl-Na\cdot Ca$ 型水变成了 $Cl\cdot HCO_3-Na\cdot Ca$ 型。怀安 14 点（头百户）和宣 23 点（姚家营）1994 年其水化学类型均为 $HCO_3-Ca\cdot Mg$ 型，而到了 1999 年，其水化学类型的阳离子中出现了 Na^+，分别变为了 $HCO_3-Na\cdot Mg$ 型及 $HCO_3-Na\cdot Ca\cdot Mg$ 型。

二、冲洪积扇

冲洪积扇为地下水补给、径流区。在沿扇轴的一定范围内，含水层颗粒粗大、结构单一，是地下水的主流带。地下水径流通畅，水力坡度较大，属地下水积极交替带。溶滤作用强烈，多数易溶盐被水流带走，水中只留下少量难溶盐类。地下水中各离子含量较低。由扇中部向前缘和两翼过渡，水力坡度变缓，含水层由单一结构变为多元结构，颗粒由粗变细，地下水径流局部受阻具承压性。地下水在含水层中有较多的时间进行溶解，使水中各离子含量有所增加。与洋河冲积平原合为一片，共同构成规模可观的 $HCO_3-Na\cdot Mg$ 型低矿化度水。由于人类活动的影响，水质变差，张家口城区 2014 年有 4 处出现 $HCO_3\cdot Cl-Ca\cdot Mg\cdot Na$ 型水，东风药厂水化学类型为 $HCO_3\cdot Cl-Ca\cdot Mg\cdot Na$ 型，燕北机械厂水化学类型为 HCO_3-Ca 型，冷冻厂和第一医院则为 $HCO_3\cdot Cl-Ca\cdot Na$ 型水。

三、洪积锥

本地段地下水水力坡度大，沉积物分选性差，含较多细颗粒物。地下水径流多呈三流状，有较多时间进行溶解和离子交换，使水中各种离子较冲洪积扇区有所增加，形成了 $HCO_3-Ca\cdot Na$ 型和 HCO_3-Na 型水。另外，有些特殊地段氟含量较高。

第六节　地下水系统演化的影响因素和控制机制

影响区域地下水动力条件演变的主要驱动因子是补给量和地下水开采量。根据研究区水资源开发利用历史变化情况分析，40 年来地下水开采量先增加至 2010 年左右达到顶峰。在 2011 年以后，由于国家实施节水政策，农灌方式采用了高效节水灌溉方式，并在地下水超采区禁止新建开采井，全市地下水开采量逐渐呈现下降的状态。

地下水水位动态受多种因素的控制，如地形、地貌、气象、水文、含水层厚度、岩性、新构造运动、地下水水位埋深及补径排条件等，但主要的控制因素是大气降水量和人工开采量。据有关气象资料，研究区内多年（1982—2019 年）年均降水量为 387.31mm，从历时曲线上看呈递减趋势。另外，近年来在上游地带修建水库、灌渠、拦洪、截潜工程，致使研究区内地下水来源大量减少，以及人工开采量的增加，从而导致了地下水水位的下降，见图 5－6－1。

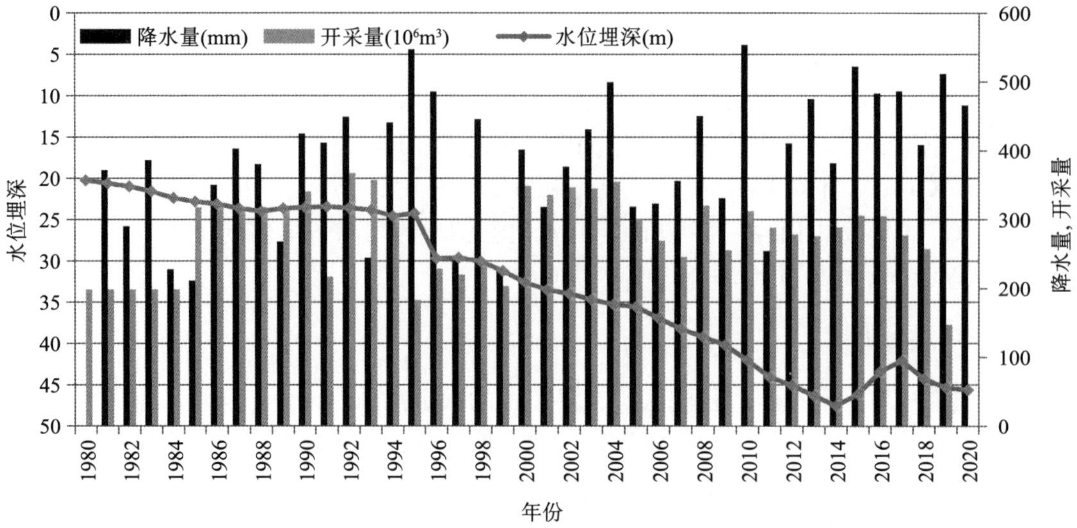

图 5-6-1　1981—2020 年柴宣盆地年均水位埋深与降水量、开采量关系曲线

第六章　地下水资源量演变特征

第一节　地下水资源评价原则与计算方法

一、地下水资源评价原则

在综合分析研究以往资料和本次工作成果的基础上，开展水资源评价工作，为研究区科学管理和利用地下水资源提供依据。地下水资源量评价采用均衡法计算。按水文地质单元分区，合理选取计算方法和水文地质参数，以行政分区汇总地下水资源量及开采量，开展地下水资源量与地下水可开采量的计算和评价。地下水资源评价原则：

1）以地下水水文地质条件为单元，充分考虑地下水与地表水之间的相互转换关系，对研究区地下水资源量进行评价。

2）运用系统理论和系统方法指导地下水资源量计算与评价，按水文地质单元分区反映地下水资源的形成和时空分布特征。

3）以1∶5万比例尺区域水文地质调查资料为基础，并充分收集利用前人勘查成果、参数实测资料及地下水资源评价成果。

4）根据研究区地形地貌，地下水补给、径流和排泄条件，地下水水文地质单元分区等特征以及本区的研究程度，采用均衡法对研究区地下水资源量进行计算。

5）各类参数的选择，采用本次调查及前人勘查试验的实测值，对缺乏实测参数地段，以类比法确定或采用经验值。由于地下水资源是动态资源，应计算多年平均值表征地下水资源。为此要求水文气象资料尽量选用长系列的多年平均值；在缺乏长系列资料地段，选择近几年平均值；无实测资料地段直接利用前人计算成果。

二、地下水资源量计算方法

地下水资源量采用均衡法计算，利用均衡区内储存变化量进行验证。计算公式如下：

$$Q_{补} - Q_{排} = \pm \Delta Q_{储} \qquad (6-1-1)$$

$$Q_{储} = H \cdot \mu \cdot \Delta h \qquad (6-1-2)$$

式中：$Q_{补}$—规定时段内均衡区各种补给量的总和（m^3）；$Q_{排}$—规定时段内均衡区各种排泄量的总和（m^3）；$\Delta Q_{储}$—规定时段内均衡区内储存量的变化量（m^3）；Δh—地下水水位变幅（m）；μ—含水层给水度（量纲为1），根据含水层岩性不同综合取值；H—含水层厚度（m），采用平均含水层厚度。

第二节　地下水资源量计算

一、地下水水文地质条件概念模型

西部补给边界（A－A′）：为洋河流入研究区入口，属于侧向流入边界，该断面位于万全安家堡附近，接受研究区外地下水的侧向径流补给。东部排泄边界（B－B′）：为洋河流出柴宣盆地出口，属于侧向流出边界。南、北补给边界（A－B′、A′－B）：按基岩分水岭划分，接受周边基岩山区地下水的侧向补给，均为侧向流入边界。

研究区还接受大气降水、河道渗漏、渠道渗漏、渠灌田间入渗、井灌回归的垂向补给；同时，尚有人工开采和潜水蒸发排泄。研究区内地下水类型为松散岩类孔隙水，主要有浅层含水层和深层含水层。两个含水层之间在不同季节存在相互越流，但越流量不大，在计算中忽略不计；本次计算以浅层第四系松散岩类孔隙水为主，控制底界埋深120m。

二、计算时段的确定

1. 资源计算时段的确定方法

本次共收集了研究区4个气象站1976—2019年共44年的年降水量数据，按水文地质单元划分，万全冲洪积扇1个、张家口冲洪积扇1个、柳川河冲洪积扇1个、洪塘河1个。根据4个长系列控制站数据分析降水频率与降水趋势，结合收集的其他资料的代表时段，确定资源量计算时段并分析其代表性。

2. 降水频率与降水趋势分析

利用上述收集的年降水量数据，进行各站的降水频率分析。经验频率采用数学期望公式计算：

$$P = \frac{m}{n+1} \times 100\% \tag{6-2-1}$$

式中：P—年频率；m—降水量从大至小排列的年序列；n—降水量的记录年数。

研究区各区县降水量曲线见图6－2－1、降水量频率分析见表6－2－1，研究区降水量频率分析成果汇总见表6－2－2。

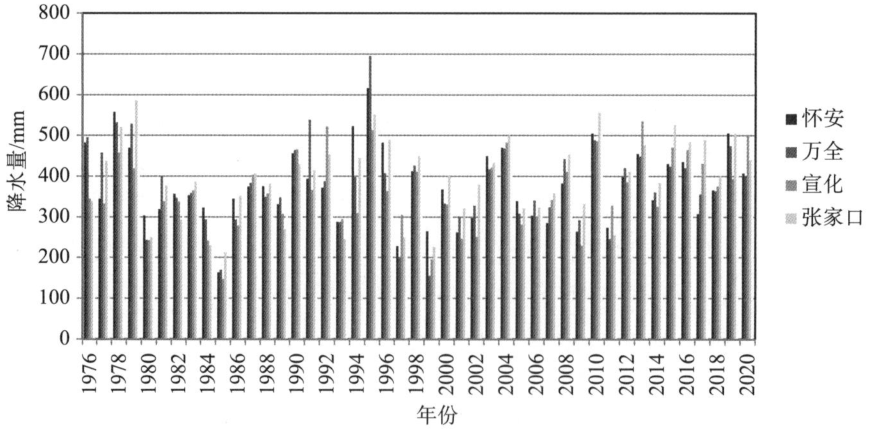

图6－2－1　研究区各区县年降水量变化图

表6-2-1 研究区各县区年降水量频率分析

频率/%	怀安		万全		宣化		张家口	
	年份	降水量/mm	年份	降水量/mm	年份	降水量/mm	年份	降水量/mm
2.22	1995	610.6	1995	690.2	2013	532.9	1979	579.8
4.44	1978	553.6	1991	533.9	1992	518.3	2010	553.7
6.67	1994	519.7	1978	525.8	1995	511.5	1995	547.2
8.89	2010	502.8	1979	524.1	2010	485.8	2015	522.2
11.11	2019	502.1	1976	491	2004	480.1	1978	516.8
13.33	1976	481.6	2010	487.2	1978	469.3	2019	503.9
15.56	1996	480	2019	472.4	2015	468.1	2004	499.7
17.78	2004	467.3	2004	465.5	2016	462.7	2017	486.5
20.00	1979	466	1990	459.4	1990	461.8	1996	486
22.22	2013	452.3	1977	451.4	2017	428.7	2016	483.3
24.44	1990	452.1	2013	447.3	2003	418.6	2013	475.3
26.67	2003	446.7	2008	441	1979	416	2008	450.7
28.89	2016	433.8	1998	425	2008	409.2	1992	449.4
31.11	2015	428.1	2015	422.5	1998	409	1998	446
33.33	1998	410	2016	419	1987	400.1	1994	441.3
35.56	2012	397.4	2012	418.3	2019	392	1977	432.8
37.78	1991	391.6	2003	413.9	2012	383.1	2003	431.4
40.00	2008	381.5	1996	406	2018	374.7	1990	425.1
42.22	1987	372.8	1981	397.4	1983	364.3	1991	411.3
44.44	1988	372.4	1994	396.1	1991	363.9	2012	410.9
46.67	1992	369.8	1992	385.1	1996	360	1987	402.9
48.89	2000	366.2	1987	380.9	1988	355.4	2000	401.4
51.11	2018	364.8	2018	362.1	1976	341.2	2018	398.7
53.33	1982	351.7	2014	358.2	2007	339.9	1983	386
55.56	1983	350.9	1983	355.5	1981	337	2014	381.9
57.78	1977	343.5	2017	355.2	1982	335.2	1988	380.3
60.00	1986	342.3	1988	346.8	2000	331.4	2002	376.8
62.22	2014	340.2	1982	345.5	1977	327.9	1981	371.8
64.44	2005	336.1	1989	345.1	2011	326.7	2007	356.1
66.67	1989	328.9	2006	338.4	2014	324.2	1986	350.1
68.89	1984	321.9	2002	326	1994	307.8	1976	336.3
71.11	1981	316.1	2007	323.6	1989	305.2	2009	331.1
73.33	2017	306.6	2005	306	1997	303	2006	323.2
75.56	2006	302.1	2001	300.5	2006	298.3	2005	318.7
77.78	1980	301.7	1986	292.7	1993	293.2	2001	318.2

续表

频率/%	怀安		万全		宣化		张家口	
	年份	降水量/mm	年份	降水量/mm	年份	降水量/mm	年份	降水量/mm
80.00	2002	297.1	2009	290.9	1986	278.7	1982	290.4
82.22	1993	286.4	1984	290.4	2005	278.1	1989	268.2
84.44	2007	284	1993	285.1	2002	249.6	2011	254.5
86.67	2011	272.8	2000	284	2001	245.3	1980	248.9
88.89	2009	262.5	2011	244	1980	240.9	1997	247
91.11	1999	262.4	1980	242	1984	240	1993	244.6
93.33	2001	260.4	1997	199	2009	227.8	1984	228.1
95.56	1997	226	1985	168.3	1999	194.1	1999	224.8
97.78	1985	162.6	1999	154.8	1985	148.1	1985	210.9

表 6-2-2 研究区年降水量频率分析

频率/%	序号	年份	平均降水量/mm	频率/%	序号	年份	平均降水量/mm
2.22	1	1995	553.6	51.11	23	1988	384.6
4.44	2	1979	503.5	53.33	24	2018	375.08
6.67	3	2010	495.1	55.56	25	2014	369.7
8.89	4	2013	489.5	57.78	26	1977	368.8
11.11	5	2019	467.6	60.00	27	2000	366.2
13.33	6	2004	464.6	62.22	28	1982	358.7
15.56	7	2015	462.3	64.44	29	2007	354.2
17.78	8	1978	459	66.67	30	1986	339.5
20.00	9	2016	449.7	68.89	31	1981	329.4
22.22	10	1990	438	71.11	32	2006	324.9
24.44	11	2003	428	73.33	33	1989	324.8
26.67	12	1992	423.5	75.56	34	2011	318.1
28.89	13	1987	422.4	77.78	35	2009	305.3
31.11	14	1998	418.3	80.00	36	2002	300.2
33.33	15	1991	411.5	82.22	37	2005	294.9
35.56	16	1994	407	84.44	38	1980	285.9
37.78	17	1996	406.6	86.67	39	1997	278.5
40.00	18	1976	405.5	88.89	40	1984	272.7
42.22	19	2008	403.6	91.11	41	2001	271.4
44.44	20	2017	394.25	93.33	42	1993	269.9
46.67	21	1983	389.2	95.56	43	1999	217.1
48.89	22	2012	387.6	97.78	44	1985	188.2

降水趋势分析：从表6－2－1和表6－2－2可知，经过各年代降水量频率变化分析，1976—2019年研究区多年平均降水量为376.78mm，其中1976—1985年平均降水量为356.09mm，处于枯水期；1986—1995年平均降水量为397.48mm，接近平水期；1996—2005年平均降水量为344.58mm，处于枯水期；2006—2014年平均降水量为383.11mm，处于平水期；2015—2019年平均降水量为429.78mm，处于丰水期（表6－2－3）。

表6－2－3　研究区年降水量频率分析成果

频率/%	怀安		万全		宣化		张家口		研究区	
	年份	降水量/mm	年份	降水量/mm	年份	降水量/mm	年份	降水量/mm	年份	平均降水量/mm
2	1995	610.6	1995	690.2	2013	532.9	1979	579.8	1995	553.6
5	1978	553.6	1991	533.9	1992	518.3	2010	553.7	1979	503.5
10	2019	502.1	1976	491	2004	480.1	1978	516.8	2019	467.6
25	1990	452.1	2013	447.3	2003	418.6	2013	475.3	2003	428
50	2018	364.8	2018	362.1	1976	341.2	2018	398.7	2017	394.25
75	2006	302.1	2001	300.5	2006	298.3	2005	318.7	2011	318.1
90	2009	262.5	2011	244	1980	240.9	1997	247	2001	271.4
95	1997	226	1985	168.3	1999	194.1	1999	224.8	1999	217.1
98	1985	162.6	1999	154.8	1985	148.1	1985	210.9	1985	188.2

三、资源量计算方法与计算时段的确定

研究区44年来降水量没有发生较明显的趋势性变化，20世纪90年代至21世纪，降水量总体接近多年平均值。经过对研究区多年平均降水量频率的分析可知，2015年降水量为462.3mm（$P=15.56\%$），2016年降水量为4479.7mm（$P=20\%$），2017年降水量为394.25mm（$P=44.44\%$），2018年降水量为375.08mm（$P=53.33\%$），2019年降水量为467.6mm（$P=11.11\%$），2015年、2016年、2019年为丰水年，2017年、2018年为平水年，最近10年仅在2011年为枯水年，考虑到2011—2014年地下水长期监测点较少，无法控制本次地下水资源量均衡计算的精度，在原有监测点的基础上，2015年之后张家口监测点密度增加，控制精度尚可作为本次资源量计算的数据来源。综合考虑降水量因素、时间因素和数据因素，故选择2015—2019年为本次计算的均衡期。由于本次工作计算时段偏丰水期，所求资源量偏大。

四、研究区地下水资源均衡计算

均衡方程与均衡期：

$$\sum Q_{补} - \sum Q_{排} = \Delta Q \tag{6-2-2}$$

其中：

$$\Delta Q = 100\Delta h \cdot \mu \cdot F \tag{6-2-3}$$

$$\sum Q_{补} = Q_{降} + Q_{渠} + Q_{渠灌} + Q_{井灌} + Q_{侧入} + Q_{河渗} + Q_{基岩} + Q_{沟口} \tag{6-2-4}$$

$$\sum Q_{排} = Q_{蒸发} + Q_{侧出} + Q_{河排} + Q_{开采} \tag{6-2-5}$$

式中：$\sum Q_{补}$—浅层地下水补给量（10^4m^3）；$\sum Q_{排}$—浅层地下水排泄量（10^4m^3）；ΔQ—地下水蓄变量（10^4m^3）；$Q_{降}$—大气降水入渗补给量（10^4m^3）；$Q_{渠}$—渠道渗漏补给量（10^4m^3）；$Q_{渠灌}$—渠灌田间入渗补给量（10^4m^3）；$Q_{井灌}$—地下水井灌回归量（10^4m^3）；$Q_{侧入}$—地下水侧向径流流入量（10^4m^3）；$Q_{河渗}$—河道渗漏补给量（10^4m^3）；$Q_{基岩}$—周边基岩裂隙水侧向径流流入量（10^4m^3）；$Q_{沟口}$—河流沟口地下水侧向径流流入量（10^4m^3）；$Q_{蒸发}$—潜水蒸发量（10^4m^3）；$Q_{侧出}$—地下水侧向径流流出量（10^4m^3）；$Q_{河排}$—河道排泄量（10^4m^3）；$Q_{开采}$—地下水开采量（10^4m^3）；Δh—地下水水位变幅（m）；μ—地下水变幅带给水度；F—均衡区面积（km^2）。

第三节　水文地质参数的确定

一、基于抽水试验的渗透系数

本次资源量计算水文地质参数的确定主要依据抽水试验及《张家口盆地地下水详查》报告，并参考了《河北地下水》给定的经验参数。渗透系数计算公式如下：

1）潜水完整井稳定流单孔抽水试验计算公式：

$$K = 0.732\frac{Q}{(2H-h)\cdot h}\lg\frac{R}{r} \tag{6-3-1}$$

$$R = 2S\sqrt{HK} \tag{6-3-2}$$

式中：K—含水层渗透系数（m/d）；Q—涌水量（m^3/d）；R—影响半径（m）；r—井口半径（m）；H—含水层厚度（m）；S—水位降深值（m）；h—含水层抽水时厚度（m）。

2）潜水完整井稳定流孔组抽水试验计算公式：

$$K = 0.732\frac{Q}{(2H-h)\cdot h}\lg\frac{r_1}{r} \tag{6-3-3}$$

$$R = 2S\sqrt{HK} \tag{6-3-4}$$

式中：K—含水层渗透系数（m/d）；Q—涌水量（m^3/d）；r_1—观测孔至主孔距离（m）；r—井口半径（m）；H—含水层厚度（m）；h—含水层抽水时厚度（m）；R—影响半径（m）；S—水位降深值（m）。

3）潜水非完整井稳定流抽水试验计算公式：

$$K = \frac{0.16Q\left[\ln\frac{R}{r}\right]+0.5\delta_0}{m\cdot S} \tag{6-3-5}$$

$$m\cdot S = \frac{1}{2}S(2H-S) \tag{6-3-6}$$

式中：K—渗透系数（m/d）；Q—涌水量（m^3/d）；H—含水层自然时厚度（m）；S—降深（m）；r—抽水孔半径（m）；R—影响半径（m）；δ_0—经验参数；m—抽水井横截面积。

在抽水井壁，稳定非完整井补充水流阻力。

4）承压完整井稳定流抽水试验计算公式：

$$K = \frac{Q}{2\pi \cdot S \cdot M}\ln\frac{R}{r} \quad (6-3-7)$$

$$R = 10S\sqrt{K} \quad (6-3-8)$$

式中：K—渗透系数（m/d）；Q—涌水量（m^3/d）；S—降深（m）；M—含水层自然时厚度（m）；R—影响半径（m）；r—抽水孔半径（m）。

5）潜水完整井稳定流抽水试验水位恢复法（两点法）计算公式：

$$K = \frac{2.3Q}{2\pi(h_2^2 - h_1^2)}\lg\frac{t_2}{t_1} \quad (6-3-9)$$

式中：K—含水层渗透系数（m/d）；Q—涌水量（m^3/d）；h_1—恢复时 t_1 时刻的井内水柱高度（m）；h_2—恢复时 t_2 时刻的井内水柱高度；t_1—累计观测时间（min）；t_2—累计观测时间（min）。

研究区抽水试验计算结果见表 6－3－1。

表 6－3－1　研究区抽水试验数据

序号	编号		井深/m	含水层厚度/m	含水层岩性	涌水量（$m^3 \cdot h^{-1}$）	降深/m	抽水孔半径/m	渗透系数（$m \cdot d^{-1}$）	影响半径/m
1	ZK3	第一落程	290	74.55	砂砾石	9.5	2.80	0.14	1.05	49
		第二落程				16.5	6.12	0.14	0.96	103
		第三落程				21.5	9.21	0.14	0.9	151
		水位恢复					9.21	0.14	0.95	
2	zk5	第一落程	165	29.66	粉砂	23.9	9.95	0.14	2.7	181
		第二落程				34	18.53	0.14	2.29	312
		第三落程				38.1	25.14	0.14	2.33	426
		水位恢复					25.14	0.14	2.46	
3	zk7	第一落程	192	61.39	砂砾石	42	0.99	0.14	15.8	62
		第二落程				75	1.98	0.14	16.28	123
		第三落程				110	3	0.14	16.44	193
		水位恢复					3	0.14	18.94	
4	zk14	第一落程	105	57.78	砂砾石	60.5	1.21	0.14	33.49	106.45
		第二落程				73.42	1.52	0.14	31.21	129.10
		第三落程				96.02	2.10	0.14	30.88	177.42
		水位恢复					2.10	0.14	29.8	
5	L07S016005		95	13.61	砂砾石	75.64	8.75	0.14	27.58	339.05
6	L30S016002		85	47.83	砂砾石	86.6	1.75	0.14	27.07	125.94
7	L45S016007		100	42.41	砂砾石	127.27	1.45	0.17	54.93	139.97
8	L67S016009		90	61.2	砂砾石	152	2.28	0.17	30.4	196.69
9	L35S016004		140	56	卵石	82.4	0.86	0.17	41.54	82.96
10	L66S016014		80	37.65	砾石、粉砂	114.6	2.43	0.17	34.9	176.17
11	L29S016002		110	93.94	砂砾石	124.8	3.26	0.17	11.4	213.37

续表

序号	编号	井深/m	含水层厚度/m	含水层岩性	涌水量 ($m^3 \cdot h^{-1}$)	降深/m	抽水孔半径/m	渗透系数 ($m \cdot d^{-1}$)	影响半径/m
12	L91S016007	100	64.16	砂卵石	96	1.47	0.17	26.28	120.72
13	L58S016001	150	72.53	砂卵石	70	3.57	0.17	7.41	165.53
14	L71S016006	70	40.3	砂卵石	74.5	1.24	0.17	37.33	96.19
15	L71S016009	70	43.51	砂砾石	100	0.75	0.17	74.84	85.60
16	L20S016004	110	29.76	砂砾石	83.45	15.28	0.17	7.56	458.39
17	L49S016005	140	75.15	砂砾石	115	2.43	0.17	17.24	174.93
18	L46S016009	100	23.76	卵石	70	1.02	0.14	71.25	83.94
19	L08S016006	140	12.51	漂砾	70	2.01	0.14	77.69	125.32
20	L06S016002	150	69.24	砂砾石	75	16.6	0.14	2.24	413.47
21	L01S016002	170	61.8	砂砾石	4	3.77	0.2	0.37	36.06
22	L60S016002	80	34.9	砂砾石	45	18.56	0.14	2.82	368.25
23	L57S016003	60	39.96	砂砾石	45	17.86	0.14	2.4	349.81
24	L46S016009	75	31.59	砂砾石	75	4.59	0.14	15.33	202.02
25	L44S016006	120	48.1	卵石、细砂	163	0.53	0.17	93.93	71.25
26	L48S016001	200	90.36	卵石	68	5.55	0.14	2.52	167.50
27	L18S016004	95	38.71	砂砾石	71	12.6	0.14	5.15	355.81
28	L01S016017	80	10	片麻岩	76	2.71	0.14	86.22	159.15
29	L20S016005	130	72.91	砂岩	77	0.65	0.14	38.67	69.03
30	L54S016003	80	58.98	砂砾石	91	1.34	0.14	29.57	111.92
31	L88S016005	230	121.5	砂砾石	60	18.81	0.14	0.85	382.31
32	L77S016001	300	234.9	砂砾石	105.37	15.04	0.17	0.94	446.98
33	L82S016001	150	78.63	砂砾石	91.73	1.15	0.17	25.546	103.08
34	L90S016004	125	95.49	砂砾石	80.53	2.05	0.17	10.75	131.36
35	L90S016010	230	73.82	砂砾石	50	20.07	0.15	1.16	371.44
36	L62S016002	120	39.68	砂砾石	75	2.25	0.15	20.81	129.31
37	L89S016013	105	70.55	砂砾石	70	4.22	0.15	6.56	181.57
38	L72S016002	90	67.97	砂砾石、砂岩	115.4	2.3	0.18	20.15	170.24
39	L74S016005	100	89.8	砂砾石	183.7	1.22	0.18	44.68	154.56
40	L84S016002	80	41.73	砂砾石、卵石	74.5	1.8	0.18	25.79	118.10
41	L22S016006	160	27.41	砂砾石	93.1	1.82	0.18	50.09	134.87
42	L87S016007	140	46.25	砂砾石	65.44	10.04	0.14	4.57	291.93
43	L71S016009	130	31.73	砂砾石	35	9.77	0.14	3.47	205.03
44	L72S016008	240	220.08	砂砾石	72.52	8.17	0.14	1.17	262.20

二、降水入渗系数

根据钻孔资料对包气带岩性结构对降水入渗系数（α）进行分析取值。包气带不同岩

性的 α 值参考以往研究成果及经验值，见表 6 –3 –2。由于研究区内水位埋深一般大于 10m，仅洋河河漫滩地带水位埋深在 0 ~10m，根据有关研究成果，α 值在埋深较小时，随深度的增加而增大，4 ~5m 时 α 值达到最大，之后随深度的增加而减小，其减小的幅度逐渐变小，α 值在埋深大于 6m 之后，逐渐趋于常值。此后 α 值受降水的影响要大于埋深的影响，随降水的增多而增大，所以只考虑地下水水位埋深大于 6m 时，α 值随降水量及含水层岩性的变化情况。依据研究区地下水水位埋深分区情况，对所收集的研究区钻孔资料进行分析，水位埋深大于 6m 的深度统一从地表取到浅层水位 30m 处，小于 6m 的深度根据实际包气带厚度来计算，首先对包气带垂向的不同岩性及厚度进行分层，采用加权平均法计算出每一口井的 α 值，利用 ArcGIS 软件，采用最优插值法，依据已确定的单个钻孔 α 值绘制 α 值等值线图，然后与地貌单元分区再次进行加权平均，对于无钻孔控制区域采用类比法进行赋值确定 α 值。最终绘制出研究区内各地貌单元的 α 值分区图。地貌单元 α 值详见表 6 –3 –3，基岩山区参考以往本区研究成果确定 α 值（表 6 –3 –4）。

表 6 –3 –2　研究区包气带不同岩性降水入渗系数

资料来源	粉质黏土	粉土	黄土状土	中砂	粗砂	砂砾
《冀西北地区 1:20 万区域水文地质普查报告》	0.07	0.12	0.13	0.2		0.25
《河北地下水》	0.08 ~0.14	0.18 ~0.25			0.16 ~0.30	
《张家口市宣化区供水水文地质勘察报告》						0.21
《河北省张家口市水资源评价报告》	0.06 ~0.11	0.08 ~0.15		0.12 ~0.24		
《河北水资源报告》（河北省水利厅）	0.12 ~0.14	0.14 ~0.18		0.19 ~0.21		
《张家口幅 1:20 万区域水文地质普查报告》	0.1	0.15		0.24		0.3
《张家口地区后备地下水水源地勘查》	0.07	0.12	0.11	0.2		0.24
本次工作选用值	0.07	0.12	0.13	0.2		0.24

表 6 –3 –3　研究区降水入渗系数取值

地貌单元分区	降水入渗系数	地貌单元分区	降水入渗系数
山间沟谷	0.190	柳川河河道带	0.171
风积台地	0.128	龙洋河河道带	0.173
坡洪积台地	0.115	城东河、城西河冲洪积扇	0.153
坡积台地	0.118	清水河冲洪积扇	0.164
残留洪积扇	0.124	柳川河冲洪积扇	0.149
小辛庄洪积扇	0.133	侯家庙冲洪积扇	0.145
榆林小苍盖洪积扇	0.137	洪塘河冲洪积扇	0.153
陈家庄洪积扇	0.142	石里河冲洪积扇	0.139
西甘庄洪积扇	0.136	赵家梁洪积扇	0.139
暖店湾洪积扇	0.137	河床	0.230
洋河南洪积扇	0.135	河漫滩	0.184
洪塘河河谷	0.172	谷坡	0.171

表 6-3-4　基岩区降水入渗系数取值

资料来源	变质岩	岩浆岩	火山岩	碳酸盐岩	碎屑岩
《冀西北地区 1:20 万区域水文地质普查报告》	0. 087	0. 104	0. 111	0. 161 ~0. 21	0. 06
《河北地下水》	0. 038			0. 21	
《张家口地区后备地下水水源地勘查》	0. 087	0. 104	0. 111	0. 185	0. 06
本次工作选用值	0. 087	0. 104	0. 111	0. 161	0. 06

三、给水度

根据以往研究成果确定地下水位变幅带岩性的给水度（μ）（表 6-3-5）。

表 6-3-5　变幅带给水度取值

资料来源	粉质黏土	粉土	粉细砂	中砂	粗砂	砂砾
《水文地质手册(第二版)》	0. 03	0. 05	0. 10 ~0. 20	0. 2 ~0. 25	0. 25 ~0. 35	
《河北地下水》	0. 03 ~0. 05	0. 04 ~0. 07	0. 07 ~0. 09	0. 1 ~0. 14	0. 12 ~0. 17	
《张家口市宣化区供水水文地质勘察报告》	0. 06		0. 14	0. 15		0. 17
《河北省张家口市水资源评价报告》	0. 02 ~0. 05	0. 03 ~0. 07	0. 12	0. 15	0. 12 ~0. 16	0. 14 ~0. 23
《张家口地区后备地下水水源地勘查报告》	0. 04	0. 05	0. 11	0. 15		0. 20
本次工作选用值	0. 04	0. 05	0. 11	0. 15		0. 20

四、渠系有效利用系数（n）、渠道渗漏量中补给地下水的比重（γ）、渠灌田间入渗补给系数（β）

n、γ、β 值的确定主要参考前人成果（表 6-3-6）。

表 6-3-6　n、γ、β 选用值

资料来源	n	γ	β
《冀西北地区 1:20 万区域水文地质普查报告》	0. 65	0. 6	0. 25
《张家口洋河盆地区域地下水资源评价报告》		0. 9	0. 25
《张家口市宣化区供水水文地质勘察报告》	0. 50 ~0. 65	0. 40 ~0. 60	0. 20 ~0. 30
《河北省地下水资源评价报告》	0. 50 ~0. 76	0. 32 ~0. 35	
《河北省张家口市水资源评价报告》			0. 10 ~0. 18
《河北地下水》			0. 11 ~0. 28
《张家口地区后备地下水水源地勘查报告》	0. 65	0. 6	0. 25
本次工作选用值	0. 65	0. 6	0. 25

第四节　地下水分区补给量计算公式

一、大气降水入渗补给量（$Q_{降}$）

大气降水入渗补给量主要受降水、地表岩性等地质条件，以及城区地面建筑和地面硬化的影响，采用式（6－4－1）计算：

$$Q_{降} = 10^{-1} P \cdot \alpha \cdot F \tag{6－4－1}$$

式中：$Q_{降}$—大气降水入渗补给量（$10^4 m^3/a$）；P—多年平均降水量（mm），选用研究区内4个气象站2015—2019年降水量（表6－4－1）；α—降水入渗系数，α的选取见表6－4－2；F—补给区面积（km^2），根据地貌分区图量取。

表6－4－1　研究区各区县2015—2019年平均降水量　　单位：mm

年份	怀安	万全	宣化	张家口	平均值
2015	428.1	422.5	468.1	522.2	462.3
2016	433.8	419	462.7	483.3	449.7
2017	306.6	355.2	428.7	486.5	394.25
2018	364.8	362.1	374.7	398.7	375.08
2019	502.1	472.4	392	503.9	467.6

表6－4－2　研究区2015—2019年大气降水入渗补给量计算表

地貌单元		2015年	2016年	2017年	2018年	2019年	合计
山间沟谷	降水入渗系数	0.19	0.19	0.19	0.19	0.19	
	面积/km^2	10.42	10.42	10.42	10.42	10.42	
	降水量/mm	462.3	449.7	394.25	375.08	467.6	
	$Q_{降}$/（$10^4 m^3 \cdot a^{-1}$）	91.53	89.03	78.05	74.26	92.58	425.45
风积台地	降水入渗系数	0.128	0.128	0.128	0.128	0.128	
	面积/km^2	70	70	70	70	70	
	降水量/mm	462.3	449.7	394.25	375.08	467.6	
	$Q_{降}$/（$10^4 m^3 \cdot a^{-1}$）	414.22	402.93	353.25	336.07	418.97	1925.44
坡洪积台地	降雨入渗系数	0.115	0.115	0.115	0.115	0.115	
	面积/km^2	235.92	235.92	235.92	235.92	235.92	
	降水量/mm	462.3	449.7	394.25	375.08	467.6	
	$Q_{降}$/（$10^4 m^3 \cdot a^{-1}$）	1254.26	1220.07	1069.63	1017.62	1268.64	5830.22
坡积台地	降水入渗系数	0.118	0.118	0.118	0.118	0.118	
	面积/km^2	4.25	4.25	4.25	4.25	4.25	
	降水量/mm	462.3	449.7	394.25	375.08	467.6	
	$Q_{降}$/（$10^4 m^3 \cdot a^{-1}$）	23.18	22.55	19.77	18.81	23.45	107.77

续表

地貌单元		2015 年	2016 年	2017 年	2018 年	2019 年	合计
残留洪积扇	降水入渗系数	0. 124	0. 124	0. 124	0. 124	0. 124	
	面积/km^2	210. 91	210. 91	210. 91	210. 91	210. 91	
	降水量/mm	462. 3	449. 7	394. 25	375. 08	467. 6	
	$Q_{降}$/（$10^4m^3 \cdot a^{-1}$）	1209. 05	1176. 09	1031. 08	980. 94	1222. 91	5620. 06
小辛庄洪积扇	降水入渗系数	0. 133	0. 133	0. 133	0. 133	0. 133	
	面积/km^2	7. 79	7. 79	7. 79	7. 79	7. 79	
	降水量/mm	522. 2	483. 3	486. 5	398. 7	503. 9	
	$Q_{降}$/（$10^4m^3 \cdot a^{-1}$）	54. 10	50. 07	50. 40	41. 31	52. 21	248. 10
榆林小苍盖洪积扇	降水入渗系数	0. 137	0. 137	0. 137	0. 137	0. 137	
	面积/km^2	43. 08	43. 08	43. 08	43. 08	43. 08	
	降水量/mm	468. 1	462. 7	428. 7	374. 7	392	
	$Q_{降}$/（$10^4m^3 \cdot a^{-1}$）	276. 27	273. 08	253. 02	221. 15	231. 36	1254. 87
陈家庄洪积扇	降水入渗系数	0. 142	0. 142	0. 142	0. 142	0. 142	
	面积/km^2	1. 09	1. 09	1. 09	1. 09	1. 09	
	降水量/mm	468. 1	462. 7	428. 7	374. 7	392	
	$Q_{降}$/（$10^4m^3 \cdot a^{-1}$）	7. 25	7. 16	6. 64	5. 80	6. 07	32. 91
西甘庄洪积扇	降水入渗系数	0. 136	0. 136	0. 136	0. 136	0. 136	
	面积/km^2	33. 06	33. 06	33. 06	33. 06	33. 06	
	降水量/mm	468. 1	462. 7	428. 7	374. 7	392	
	$Q_{降}$/（$10^4m^3 \cdot a^{-1}$）	210. 47	208. 04	192. 75	168. 47	176. 25	955. 97
暖店湾洪积扇	降水入渗系数	0. 137	0. 137	0. 137	0. 137	0. 137	
	面积/km^2	16. 93	16. 93	16. 93	16. 93	16. 93	
	降水量/mm	468. 1	462. 7	428. 7	374. 7	392	
	$Q_{降}$/（$10^4m^3 \cdot a^{-1}$）	108. 57	107. 32	99. 43	86. 91	90. 92	493. 15
洋河南洪积扇	降水入渗系数	0. 135	0. 135	0. 135	0. 135	0. 135	
	面积/km^2	70. 13	70. 13	70. 13	70. 13	70. 13	
	降水量/mm	468. 1	462. 7	428. 7	374. 7	392	
	$Q_{降}$/（$10^4m^3 \cdot a^{-1}$）	443. 18	438. 06	405. 87	354. 75	371. 13	2012. 99
洪塘河河谷	降水入渗系数	0. 172	0. 172	0. 172	0. 172	0. 172	
	面积/km^2	2. 99	2. 99	2. 99	2. 99	2. 99	
	降水量/mm	428. 1	433. 8	306. 6	364. 8	502. 1	
	$Q_{降}$/（$10^4m^3 \cdot a^{-1}$）	22. 02	22. 31	15. 77	18. 76	25. 82	104. 68
柳川河河道带	降水入渗系数	0. 171	0. 171	0. 171	0. 171	0. 171	
	面积/km^2	29. 78	29. 78	29. 78	29. 78	29. 78	
	降水量/mm	468. 1	462. 7	428. 7	374. 7	392	
	$Q_{降}$/（$10^4m^3 \cdot a^{-1}$）	238. 37	235. 62	218. 31	190. 81	199. 62	1082. 74

续表

地貌单元		2015 年	2016 年	2017 年	2018 年	2019 年	合计
龙洋河河道带	降水入渗系数	0. 173	0. 173	0. 173	0. 173	0. 173	
	面积/km^2	11. 92	11. 92	11. 92	11. 92	11. 92	
	降水量/mm	468. 1	462. 7	428. 7	374. 7	392	
	$Q_{降}$/（$10^4 m^3 \cdot a^{-1}$）	96. 53	95. 42	88. 40	77. 27	80. 84	438. 46
姚家营洪积扇	降水入渗系数	0. 139	0. 139	0. 139	0. 139	0. 139	
	面积/km^2	17. 84	17. 84	17. 84	17. 84	17. 84	
	降水量/mm	468. 1	462. 7	428. 7	374. 7	392	
	$Q_{降}$/（$10^4 m^3 \cdot a^{-1}$）	116. 08	114. 74	106. 31	92. 92	97. 21	527. 25
城东河、城西河冲洪积扇	降水入渗系数	0. 153	0. 153	0. 153	0. 153	0. 153	
	面积/km^2	67. 23	67. 23	67. 23	67. 23	67. 23	
	降水量/mm	422. 5	419	355. 2	362. 1	472. 4	
	$Q_{降}$/（$10^4 m^3 \cdot a^{-1}$）	434. 59	430. 99	365. 37	372. 46	485. 92	2089. 33
清水河冲洪积扇	降水入渗系数	0. 164	0. 164	0. 164	0. 164	0. 164	
	面积/km^2	80. 64	80. 64	80. 64	80. 64	80. 64	
	降水量/mm	522. 2	483. 3	486. 5	398. 7	503. 9	
	$Q_{降}$/（$10^4 m^3 \cdot a^{-1}$）	690. 61	639. 16	643. 39	527. 28	666. 41	3166. 85
柳川河冲洪积扇	降水入渗系数	0. 149	0. 149	0. 149	0. 149	0. 149	
	面积/km^2	0. 068	0. 068	0. 068	0. 068	0. 068	
	降水量/mm	468. 1	462. 7	428. 7	374. 7	392	
	$Q_{降}$/（$10^4 m^3 \cdot a^{-1}$）	0. 47	0. 47	0. 43	0. 38	0. 40	2. 15
侯家庙冲洪积扇	降水入渗系数	0. 145	0. 145	0. 145	0. 145	0. 145	
	面积/km^2	10. 58	10. 58	10. 58	10. 58	10. 58	
	降水量/mm	468. 1	462. 7	428. 7	374. 7	392	
	$Q_{降}$/（$10^4 m^3 \cdot a^{-1}$）	71. 81	70. 98	65. 77	57. 48	60. 14	326. 18
洪塘河冲洪积扇	降水入渗系数	0. 153	0. 153	0. 153	0. 153	0. 153	
	面积/km^2	19. 95	19. 95	19. 95	19. 95	19. 95	
	降水量/mm	428. 1	433. 8	306. 6	364. 8	502. 1	
	$Q_{降}$/（$10^4 m^3 \cdot a^{-1}$）	130. 67	132. 41	93. 59	111. 35	153. 26	621. 28
十里河冲洪积扇	降水入渗系数	0. 139	0. 139	0. 139	0. 139	0. 139	
	面积/km^2	20. 65	20. 65	20. 65	20. 65	20. 65	
	降水量/mm	428. 1	433. 8	306. 6	364. 8	502. 1	
	$Q_{降}$/（$10^4 m^3 \cdot a^{-1}$）	122. 88	124. 52	88. 00	104. 71	144. 12	584. 23
赵家梁洪积扇	降水入渗系数	0. 139	0. 139	0. 139	0. 139	0. 139	
	面积/km^2	19. 8	19. 8	19. 8	19. 8	19. 8	
	降水量/mm	422. 5	419	355. 2	362. 1	472. 4	
	$Q_{降}$/（$10^4 m^3 \cdot a^{-1}$）	116. 28	115. 32	97. 76	99. 66	130. 01	559. 03

续表

地貌单元		2015 年	2016 年	2017 年	2018 年	2019 年	合计
河床	降水入渗系数	0.23	0.23	0.23	0.23	0.23	
	面积/km^2	91.96	91.96	91.96	91.96	91.96	
	降水量/mm	462.3	449.7	394.25	375.08	467.6	
	$Q_{降}$/（$10^4m^3 \cdot a^{-1}$）	977.80	951.15	833.87	793.32	989.01	4545.16
河漫滩	降水入渗系数	0.18	0.18	0.18	0.18	0.18	
	面积/km^2	75.76	75.76	75.76	75.76	75.76	
	降水量/mm	462.3	449.7	394.25	375.08	467.6	
	$Q_{降}$/（$10^4m^3 \cdot a^{-1}$）	630.43	613.25	537.63	511.49	637.66	2930.45
谷坡	降水入渗系数	0.171	0.171	0.171	0.171	0.171	
	面积/km^2	24.02	24.02	24.02	24.02	24.02	
	降水量/mm	468.1	462.7	428.7	374.7	392	
	$Q_{降}$/（$10^4m^3 \cdot a^{-1}$）	192.27	190.05	176.09	153.91	161.01	873.32
总计	$Q_{降}$/（$10^4m^3 \cdot a^{-1}$）						36758.04
平均	$Q_{降}$/（$10^4m^3 \cdot a^{-1}$）						7351.61

二、渠道渗漏补给量（$Q_{渠}$）

渠道渗漏补给量采用式（6－4－2）计算：

$$Q_{渠} = Q_{首}(1 - n) \cdot \gamma \qquad (6-4-2)$$

式中：$Q_{渠}$—渠道渗漏补给量（$10^4m^3/a$）；$Q_{首}$—渠首引水量（$10^4m^3/a$）；n—渠道有效利用系数；γ—渠道渗漏量中补给地下水的比例。

n、γ 值的确定，主要参考前人的成果（表 6－3－6）。经计算，研究区 2015—2019 年渠道渗漏补给量为 $3692.42 \times 10^4m^3$，见表 6－4－3。

表 6－4－3　研究区 2015—2019 年渠道渗漏补给量

年份	$Q_{首}/10^4m^3$	n	γ	$Q_{渠}/10^4m^3$
2015	1725.36	0.65	0.6	362.33
2016	2267.45	0.65	0.6	884.31
2017	2096.68	0.65	0.6	817.71
2018	2239.97	0.65	0.6	873.59
2019	1934.61	0.65	0.6	754.50
合计	10264.07			3692.42
平均	2052.81			738.48

三、渠灌田间入渗补给量（$Q_{渠灌}$）

渠灌田间入渗补给量采用式（6－4－3）计算：

$$Q_{渠灌} = Q_{首} \cdot n \cdot \beta \qquad (6-4-3)$$

式中：$Q_{渠灌}$—渠道渗漏补给量（$10^4m^3/a$）；$Q_{首}$—渠首引水量（$10^4m^3/a$）；n—渠道有效利用系数；β—渠灌田间入渗补给系数。

n、β 值的确定，主要参考前人的成果（表6－3－4）。经计算，研究区2015—2019年渠道渗漏补给量为$1667.91\times10^4m^3$，见表6－4－4。

表6－4－4 研究区2015—2019年渠灌田间入渗补给量

年份	$Q_{首}/10^4m^3$	n	β	$Q_{渠}/10^4m^3$
2015	1725.36	0.65	0.25	280.37
2016	2267.45	0.65	0.25	368.46
2017	2096.68	0.65	0.25	340.71
2018	2239.97	0.65	0.25	364.00
2019	1934.61	0.65	0.25	314.37
合计	10264.07			1667.91
平均	2052.81			333.58

四、井灌回归补给量（$Q_{回归}$）

井灌回归补给量为地下水开采后的重复利用量，以农业开采量的统计数据为依据进行计算，农业开采量采用2015—2019年的地下水井灌溉量。计算公式为：

$$Q_{回归}=Q_{井灌}\cdot\beta \qquad (6-4-4)$$

式中：$Q_{回归}$—井灌回归补给量（10^4m^3）；$Q_{井灌}$—区内灌溉用水量（10^4m^3）；β—灌溉回归系数。

经过野外调查和统计，结合历年水资源公报，确定研究区各区县农业井灌量。经计算，研究区2015—2019年井灌回归补给量为$11459.68\times10^4m^3$，见表6－4－5。

表6－4－5 研究区2015—2019年井灌回归补给量计算结果 单位：10^4m^3

计算量	2015年	2016年	2017年	2018年	2019年	合计	平均
$Q_{井灌}$	10289.19	9194.30	9299.16	8973.29	8082.76	45838.70	9167.74
$Q_{回归}$	2572.30	2298.58	2324.79	2243.32	2020.69	11459.68	2291.94

五、区外地下水侧向径流流入量（$Q_{侧入}$）

地下水侧向流入量依式（6－4－5）计算：

$$Q_{侧入}=K\cdot I\cdot B\cdot H\cdot t\cdot10^{-4} \qquad (6-4-5)$$

式中：$Q_{侧入}$—边界侧向流入量（10^4m^3）；K—渗透系数（m/d），渗透系数取值$K=40.66$m/d；I—水力坡度，在1∶5万比例尺浅层地下水水位标高等值线及埋深分区图上量取；H—断面含水层厚度（m）；B—断面宽度（m），按沟谷宽度计算；t—计算均衡期为2015—2019年，$t=1825$d，计算结果如表6－4－6所示。

表 6-4-6　研究区外地下水侧向径流流入量

计算项	时间/d	渗透系数/（$m \cdot d^{-1}$）	含水层厚度/m	水力坡度	断面宽度/m	侧向流入量/$10^4 m^3$
每年	365	40.66	69.32	0.0081	3650	3041.56
均衡期	1825	40.66	69.32	0.0081	3650	15207.8

六、河道渗漏补给量（$Q_{河渗}$）

洋河及洋河各支流流入研究区内通过河道渗漏补给地下水。根据本次调查，洋河防渗处理段为张家口明湖公园以东—宣化东，清水河段在张家口均做防渗处理。因此，河道渗漏段主要位于张家口市以西万全区内以及宣化东—响水铺段。

$$Q_{河渗} = Q_{河} \times \beta_{河} \times L \qquad (6-4-6)$$

式中：$Q_{河渗}$—河道渗漏补给量（$10^4 m^3$）；$Q_{河}$—河流径流量（$10^4 m^3$）；$\beta_{河}$—河流单位长度渗漏系数（量纲为 1），取经验值 $\beta_{河} = 0.0125$；L—计算河段长度（km），渗漏河段长 $L = 40.89$km。

河流总径流量包含渠首引水量，故河流径流量为总径流量减去渠首引水量。经计算，研究区 2015—2019 年河道渗漏补给量为 $10719.24 \times 10^4 m^3$，计算结果见表 6-4-7。

表 6-4-7　研究区 2015—2019 年河道渗漏补给量　　单位：$10^4 m^3$

项目	年份	渗漏段		小计
		万全区	宣化东—响水铺	
河流径流量	2015	3583.11	4150.80	7733.91
	2016	4190.46	6972.51	11162.97
	2017	2297.80	3658.09	5955.88
	2018	2793.41	3641.15	6434.57
	2019	4062.27	4917.52	8979.80
渗漏段长度		15.10	25.79	
河道渗漏量	2015	676.31	1338.11	2014.42
	2016	790.95	2247.76	3038.71
	2017	433.71	1179.28	1612.99
	2018	527.26	1173.82	1701.08
	2019	766.75	1585.29	2352.04
	合计	3194.98	7524.26	10719.24
	年均	639.00	1504.85	2143.85

七、周边基岩裂隙水侧向径流流入量（$Q_{基岩}$）

研究区周边基岩以非碳酸盐岩为主，地下水分水岭与地表水分水岭一致，故以研究区周边与距盆缘最近的山区地表水分水岭之间环状范围内的基岩大气降水入渗补给量作为基岩裂隙水的侧向径流流入量。基岩裂隙水侧向径流流入量采用大气降水入渗补给量公式计算。研究区 2015—2019 年周边基岩裂水侧向径流流入量为 $18321.73 \times 10^4 m^3$，详见表 6-4-8。

表 6－4－8　研究区基岩裂隙水侧向径流流入量

年份	环状面积/km^2	平均降水入渗系数	降水量/mm	基岩侧向径流流入量/10^4m^3
2015	812	0. 105	462. 3	3941. 57
2016			449. 7	3834. 14
2017			394. 25	3361. 38
2018			375. 08	3197. 89
2019			467. 6	3986. 76
合计				18321. 73
平均				3664. 35

八、河流沟口地下水侧向径流流入量（$Q_{沟口}$）

河流沟口地下水侧向径流流入量采用断面法（图 6－4－1），利用达西公式（6－4－7）计算：

$$Q_{沟口} = K \cdot I \cdot B \cdot H \cdot t \cdot 10^{-4} \tag{6-4-7}$$

式中：$Q_{沟口}$—边界侧向流入量（10^4m^3）；K—渗透系数（m/d），采用本次调查断面附近的抽水试验数据求取；I—水力坡度，在 1∶5 万比例尺浅层地下水水位标高等值线及埋深分区图上量取，无等水位线处采用附近钻孔、机井实测水位资料或地形坡度确定；H—断面含水层厚度（m），根据调查及实测物探电测深成果确定；B—断面宽度（m），按沟谷宽度计算；t—计算均衡期为 5 年，t＝1825d。

经计算，研究区 2015—2019 年河流沟口地下水侧向径流流入量为 3020. 29 ×10^4m^3（表 6－4－9）。

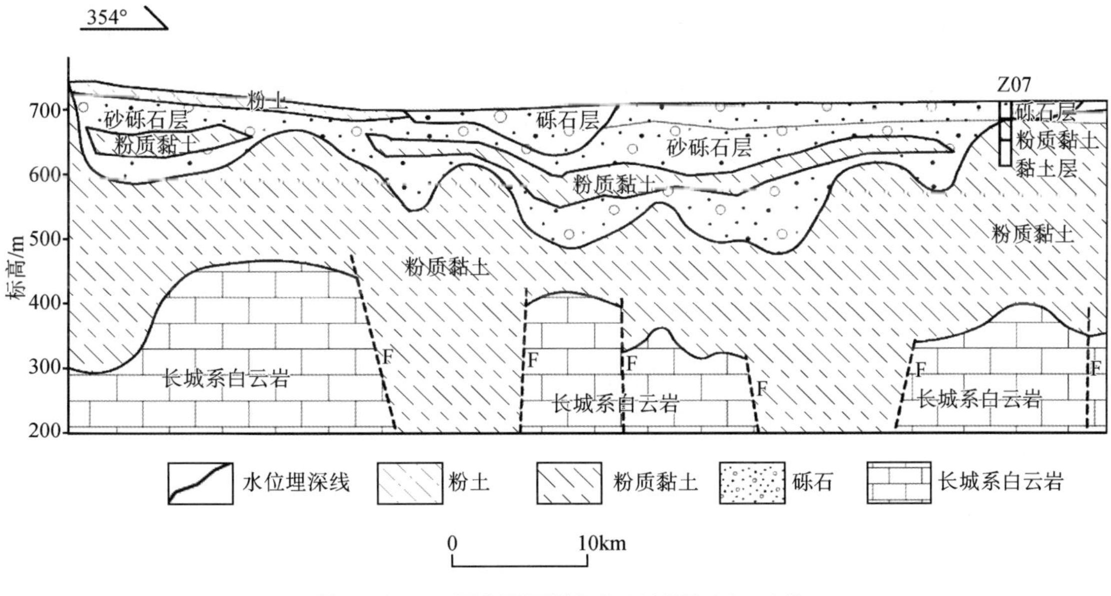

图 6－4－1　研究区西洋河入口剖面（A－A′）

表 6-4-9　研究区 2015—2019 年河流沟口地下水侧向径流流入量

断面编号	断面位置	时间/d	渗透系数/($m \cdot d^{-1}$)	水力坡度	断面宽度/m	含水层厚度/m	侧向流入量/$10^4 m^3$
1-1′	城东河西沟口	1825	33.36	0.0476	25	14.36	104.04
2-2′	城东河东沟口		33.36	0.0519	30	14.27	135.27
3-3′	清水河沟口		145.23	0.0392	25	65.48	1700.80
4-4′	西洋河沟口		36.34	0.0606	10	14.2	57.07
5-5′	龙洋河沟口		41.83	0.0541	25	28.32	292.40
6-6′	水泉河沟口		70.92	0.0426	30	20.01	330.99
7-7′	塔儿村沙河沟口		83.73	0.0426	20	16.43	213.91
8-8′	洪塘河沟口		40.61	0.0364	30	22.96	185.82
合计							3020.29
平均							604.06

第五节　地下水排泄量计算

一、地下水蒸发量（$Q_蒸$）

地下水蒸发量采用式（6-5-1）、式（6-5-2）计算：

$$Q_{蒸} = 10^2 \varepsilon \cdot \omega \qquad (6-5-1)$$

$$\varepsilon = \varepsilon_0 \left(1 - \frac{\Delta h}{H_0}\right)^n \qquad (6-5-2)$$

式中：$Q_蒸$—潜水蒸发量（$10^4 m^3$）；ω—蒸发区面积（km^2），在 1∶5 万水位埋深及水位标高等值线图上量取研究区埋深小于 4m 的区域面积为 29.02km^2；ε—蒸发强度（m/a）；ε_0—当地水面蒸发强度（m/a），选用 2015—2019 年研究区内站点平均值（表 6-5-1）；Δh—计算小区内潜水平均埋深（m），根据枯水期统测地下水水位计算，计算结果为 2.91m；H_0—蒸发临界深度，取 4m；n—衰减系数取 2.50。

经计算，研究区 2015—2019 年潜水蒸发量为 1999.48×$10^4 m^3$，见表 6-5-2。

表 6-5-1　研究区 2015—2019 年水面蒸发强度　　单位：m/a

年份	2015	2016	2017	2018	2019
张家口	1.495	1.486	1.492	1.396	1.465
万全	2.215	2.195	2.125	2.854	2.052
宣化	1.954	1.926	1.942	1.864	1.886
怀安	1.802	1.795	1.754	1.825	1.865
ε	1.867	1.851	1.828	1.985	1.817

表 6－5－2　研究区 2015—2019 年水面蒸发量

年份	$\varepsilon/(\mathrm{m}\cdot \mathrm{a}^{-1})$	$\varepsilon_0/(\mathrm{m}\cdot \mathrm{a}^{-1})$	Δh/m	ω/km^2	H_0/m	$Q_{蒸}/10^4\mathrm{m}^3$		
						$Q_{蒸}/10^4\mathrm{m}^3$	合计	年均
2015	0. 138	1. 867	2. 91	29. 02	4	400. 48	1999. 48	399. 90
2016	0. 136	1. 851				394. 672		
2017	0. 135	1. 828				391. 77		
2018	0. 146	1. 985				423. 692		
2019	0. 134	1. 817				388. 868		

二、地下水侧向径流流出量（$Q_{侧出}$）

该流出量为洋河流出区外地下水潜流流出量，断面 B－B′位于宣化响水铺，由于第四纪沉积受底部基岩隆起影响，沉积厚度小（图 6－5－1）。采用式（6－5－3）计算：

$$Q_{侧出} = K \cdot I \cdot B \cdot H \cdot t \cdot 10^{-4} \qquad (6-5-3)$$

式中：$Q_{侧出}$—地下水侧向径流流出量（$10^4\mathrm{m}^3$）；K—渗透系数（m/d），根据张家口后备地下水水源地勘查报告中宣 C31 号钻孔抽水资料求取，取值 $K=28.22$m/d；I—水力坡度，按河道自然坡度取值；H—断面含水层厚度（m），在剖面图上量取；B—断面宽度（m），按沟谷宽度计算；t—计算均衡期为 2015—2019 年，$t=1825$d。

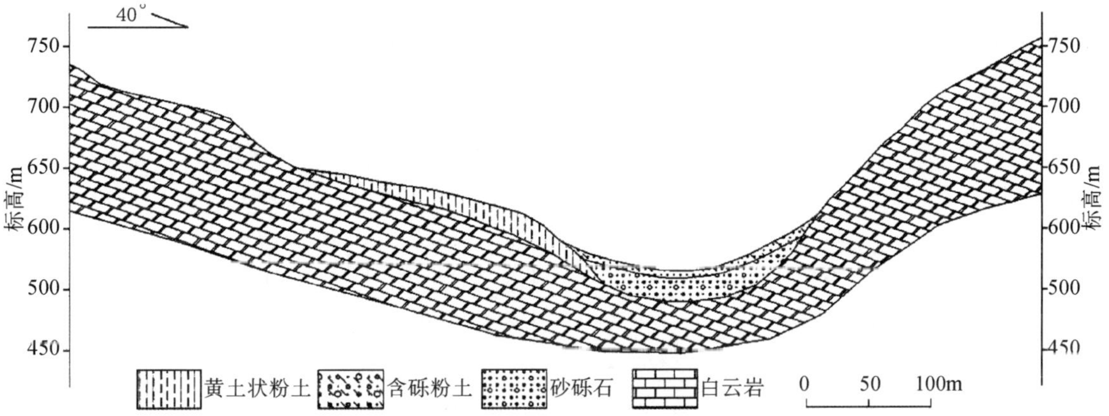

图 6－5－1　洋河流出剖面图

计算结果如表 6－5－3 所示。

表 6－5－3　地下水侧向径流流出量计算结果

时期	t/d	$K/(\mathrm{m}\cdot \mathrm{d}^{-1})$	H/m	I/m	B/m	$Q_{侧出}/10^4\mathrm{m}^3$
2019 年	365	28. 22	10. 87	0. 171	120	229. 78
均衡期（2015—2019 年）	1825					1148. 9

三、河道排泄量（$Q_{河排}$）

研究区河道排泄量为响水铺水文站扣除上游水库出库流量，小于响水堡水文站径流量，即响水堡处河道排泄地下水。河道排泄量为响水堡径流量减去上游水库出库地表水流量。见表6－5－4。

表6－5－4　2015—2019年河道排泄量计算结果　　单位：10^4m^3

排泄量	2015年	2016年	2017年	2018年	2019年	合计	平均
水库排出量	8989.77	11262.13	8640.73	8534.79	10692	48119.42	
响水堡径流量	10310	12630	9951	9797	12080	54768	
河道排泄量	1320.23	1367.87	1310.27	1262.21	1388	6648.58	1329.72

四、人工开采量（$Q_{开采}$）

在此处仅计算研究区内人工开采量，应当把在研究区以外北水源地开采量除去，具体详述见第六章第一节。根据本次调查成果和收集到的2019年水利统计资料以及历年水资源公报，研究区人工开采地下水主要用水途径为：农业灌溉、牲畜用水、工业用水、农村生活用水、城镇用水（包括居民生活用水量、城镇公共用水量）、生态与环境补水量，分别计算如下：

1. 农业灌溉开采量计算

农业灌溉开采量采用研究区内各县（区）国民经济统计年鉴中农作物及林果播种面积，及野外实际调查计算。经计算，研究区2015—2019年农业地下水开采量为45838.70×10^4m^3（表6－5－5）。

表6－5－5　研究区2015—2019年农业用水地下水开采量计算结果　　单位：10^4m^3

作物	2015年	2016年	2017年	2018年	2019年
稻谷	56.35	77.14	73.75	68.81	47.68
谷子	623.10	649.54	684.80	424.77	325.80
玉米	7042.46	6083.81	6459.31	6714.80	6079.85
高粱	7.29	8.76	3.40	9.68	20.99
薯类	463.04	486.22	524.81	310.62	221.89
豆类	538.16	175.64	234.97	107.12	148.96
油料	77.57	43.23	44.83	67.14	68.86
药材	0.00	0.00	0.00	0.00	6.40
蔬菜	1419.90	1575.46	1215.20	1179.33	1065.93
瓜类	1.22	1.96	6.25	9.59	15.21
干鲜果园	60.11	92.56	51.85	81.43	81.19
小计	10289.19	9194.30	9299.16	8973.29	8082.76
合计	45838.70				

2. 牲畜用水量

牲畜用水量采用研究区内各县（区）国民经济统计年鉴，经计算2015—2019年研究区畜牧用水量为2508.47×10^4m^3（表6－5－6）。

表 6-5-6　研究区 2015—2019 年牲畜用水量　　单位：$10^4 m^3$

地区	2015 年	2016 年	2017 年	2018 年	2019 年	合计
张家口市区	117.6	121.75	285.28	147.02	100.66	772.31
万全	90.66	93.23	84.88	71.98	102.15	442.9
怀安	85.08	85.71	84.62	83.93	36.48	375.82
宣化	210.29	211.01	230.14	133	133	917.44
合计	503.63	511.7	684.92	435.93	372.29	2508.47

3. 工业用水量

工业用水量直接采用研究区内各县（区）水资源公报数据，2015～2019 年总计 $26583.88 \times 10^4 m^3$（表 6-5-7）。

表 6-5-7　研究区 2015—2019 年工业用水量　　单位：$10^4 m^3$

地区	2015 年	2016 年	2017 年	2018 年	2019 年	合计
张家口市区	774.26	619.10	1330.57	756.08	500.75	3980.76
万全	51.80	128.70	168.02	163.59	68.40	580.51
怀安	0.00	0.00	0.00	0.00	0.00	0.00
宣化	4953.10	4890.61	4420.00	3855.70	3903.20	22022.61
合计	5779.16	5638.41	5918.59	4775.37	4472.35	26583.88

4. 生活用水量

生活用水量分为居民生活用水量（包含城镇居民生活用水、城镇公共用水量、农村居民生活用水）、生态与环境补水量，采用实际生活用水开采量调查以及各县（区）水资源公报数据。见表 6-5-8～表 6-5-11。

表 6-5-8　研究区 2015—2019 年城镇居民生活用水量　　单位：$10^4 m^3$

地区	2015 年	2016 年	2017 年	2018 年	2019 年	合计
张家口市区	1394.3	1672.1	2075.09	1475.04	1265.04	7881.57
宣化	1470	1521	1531	1166	1096	6784
万全	333.17	343.28	352.64	356.99	369.53	1755.617
怀安	0	0	0	0	0	0
总计	5212.47	5552.38	5975.73	5016.03	4749.57	16421.19

表 6-5-9　研究区 2015—2019 年城镇公共用水量　　单位：$10^4 m^3$

地区	2015 年	2016 年	2017 年	2018 年	2019 年	小计
张家口市区	710.7	534.9	693.91	1338.96	1482.96	4761.43
万全	4.8	5	5.5	6.5	5.5	27.3
怀安	0	0	0	0	0	0
宣化	323	370	370	328	438	1829
总计	1038.5	909.9	1069.41	1673.46	1926.46	6617.73

表 6-5-10　研究区 2015—2019 年农村居民生活用水量　单位：$10^4 m^3$

地区	2015 年	2016 年	2017 年	2018 年	2019 年	小计
张家口市区	746.28	463.77	553.76	634.59	504.30	2902.70
万全	312.44	337.26	368.50	380.48	319.70	1718.38
怀安	157.30	199.65	199.10	194.78	92.41	843.24
宣化	758.18	759.20	759.20	531.44	655.76	3463.78
总计	1974.20	1759.88	1880.57	1741.28	1572.17	8928.1

表 6-5-11　研究区 2015—2019 年生态与环境补水量　单位：$10^4 m^3$

地区	2015 年	2016 年	2017 年	2018 年	2019 年	合计
张家口市区	180.6	58	81.95	50.77	29.6	400.92
万全	34.50	36.50	35	36	3.5	145.50
怀安	0	0	0	0	0	0
宣化	290	300	280	240	60	1170
合计	505.10	394.50	396.95	326.77	93.1	1716.42

五、地下水蓄变量计算（ΔQ）

依据 2015 年初至 2019 年末完整水文年研究区浅层地下水水位变差图，确定地下水位水位变幅带给水度值，分区计算地下水储存变化量（蓄变量）：

$$\Delta Q = 100\Delta h \cdot \mu \cdot F \tag{6-5-4}$$

式中：ΔQ－地下水蓄变量（m）；Δh－地下水水位变幅（m），根据地下水水位动态观测资料，绘制水位变幅图求取；μ—水位变幅带给水度，根据以往研究成果及区域经验值确定（表 6-5-12）；F—均衡区面积（km^2）。

表 6-5-12　研究区 2015—2019 年地下水蓄变量计算结果

项目	2015 年	2016 年	2017 年	2018 年	2019 年	合计
水位变差/m	-10.75	-7.43	-5.11	-3.04	-0.86	
变幅面积/km^2	4.79	35.65	74.02	61.51	795.73	
给水度	0.175	0.133	0.128	0.128	0.11	
蓄变量/$10^4 m^3$	-901.12	-3522.90	-4841.50	-2393.48	-7527.61	-19186.60
水位变差/m	0.74	3.06	4	6.96	10.46	
变幅面积/km^2	217.57	49.43	16.4	15.22	12.68	
给水度	0.125	0.097	0.088	0.08	0.067	
蓄变量/$10^4 m^3$	2012.52	1467.18	577.28	847.45	888.64	5793.07

六、地下水均衡

研究区 2015—2019 年地下水补给总量为 $100847.11 \times 10^4 m^3$，地下水排泄总量为

$118411.45\times10^4m^3$，补排差为 $-17564.34\times10^4m^3$，地下水蓄变量为 $-13393.5\times10^4m^3$，二者相对误差为4.14%，小于5%，能够满足地下水资源计算精度的要求，均衡计算成果可作为地下水资源评价的依据。地下水均衡计算结果详见表6-5-13。

表6-5-13 研究区2015—2019年地下水均衡计算结果 单位：10^4m^3

均衡项		均衡量
补给量	大气降水入渗补给量 $Q_{降}$	36758.04
	渠道渗透补给量 $Q_{渠}$	3692.42
	渠灌田间入渗补给量 $Q_{渠田}$	1667.91
	井灌回归补给量 $Q_{井灌}$	11459.68
	区外地下水侧向径流流入量 $Q_{侧入}$	15207.8
	河道渗漏补给量 $Q_{河渗}$	10719.24
	周边基岩裂隙水侧向径流流入量 $Q_{基岩}$	18321.73
	河流沟口地下水侧向径流流入量 $Q_{沟口}$	3020.29
	合计	100847.11
均衡项		均衡量
排泄量	地下水蒸发量 $Q_{蒸}$	1999.48
	地下水侧向径流流出量 $Q_{侧出}$	1148.9
	河道排泄量 $Q_{河排}$	6648.58
	人工开采量 $Q_{开采}$	108614.49
	合计	118411.45
补排差		-17564.34
蓄变量		-13393.5
均衡差		-4170.84
误差		-4.14%

七、地下水储水量

研究区孔隙水含水层颗粒粗、厚度大，是地下水资源最丰富的地区，查明其地下水储存量和多年调节能力，对合理开发利用地下水资源有着重要意义。依据现状开采深度，本次研究区浅层孔隙水的储存量计算深度至120m。根据含水层的成因类型及分布规律，本次计算洋河冲洪积平原和各冲洪积扇及冲积扇的储存量。在研究区周边坡洪积物分布区，多堆积黄土状土夹砂碎石，为强透水弱含水层，由于地下水水位逐年下降，局部地段含水层已被疏干，地下水储存量甚小；湖积物分布区、扇间洼地等地段含水层很薄，储存量小。故上述地段浅层地下水储存量忽略不计。

$$Q_{储}=10^{-2}F\cdot\mu\cdot H \qquad (6-5-5)$$

式中：$Q_{储}$—地下水储存量（10^8m^3）；F—计算区面积（km^2），在1∶5万地质地貌图上量取；μ—含水层给水度（量纲为1），根据含水层岩性不同综合取值；H—含水层厚度（m），采用平均含水层厚度。

经计算，研究区地下水储存量为 $31.98\times10^8m^3$（表6－5－14）。

表6－5－14　研究区地下水储存量计算结果

计算区	面积/km^2	含水层厚度/m	给水度	地下水储存量/10^8m^3
洋河冲洪积平原	133.22	16～90	0.145	10.62
清水河冲洪积扇	100.04	42～80	0.145	7.25
城东河冲洪积扇	76.43	3～76	0.145	3.88
柳川河冲洪积扇	47.97	32～86	0.145	4.17
侯家庙冲洪积扇	28.4	27～32	0.145	0.56
洪塘河冲洪积扇	19.95	16～50	0.08	0.65
十里河冲洪积扇	23.28	5～50	0.08	1.19
龙洋河河道带	17.63	26～50	0.08	0.56
残留洪积扇	205.31	3～40	0.06	3.08
总计				31.98

第六节　地下水天然补给量及地下水可开采资源量评价

一、地下水天然补给量

地下水天然补给量是指天然条件下地下水在循环交替过程中可以得到恢复的那部分水量，即多年平均补给量。补给量包括大气降水入渗补给量、渠道渗漏补给量、渠灌田间入渗补给量、区外地下水侧向径流流入量、河道渗漏补给量。周边基岩裂隙水侧向径流流入量和河流沟口地下水侧向径流流入量为山区地下水天然补给量，不重复计算。

1. 研究区内平原区地下水天然补给量

经计算，研究区内平原区地下水天然补给量为 $13609.08\times10^4m^3/a$，见表6－6－1。

表6－6－1　研究区内平原区地下水天然补给量　　单位：$10^4m^3/a$

$Q_{降}$	$Q_{渠}$	$Q_{渠田}$	$Q_{侧入}$	$Q_{河渗}$	天然补给量
7351.61	738.48	333.58	3041.56	2143.85	13609.08

2. 研究区内山区地下水天然补给量

经计算，研究区内山区地下水大气降水渗入补给量为 $4268.4\times10^4m^3/a$，见表6－6－2。

表6－6－2　山区大气降水入渗补给量计算结果　　单位：$10^4m^3/a$

$Q_{基岩}$	$Q_{沟口}$	天然补给量
3664.35	604.06	4268.4

3. 研究区地下水天然资源补给量

综上，研究区地下水天然补给量为 $17877.48\times10^4m^3/a$，见表6－6－3。

表 6-6-3　研究区地下水天然资源补给量　单位：$10^4 m^3/a$

平原区地下水天然补给量	山区地下水天然补给量	合计
13609.08	4268.4	17877.48

二、地下水可开采资源量

研究区地下水开采资源量为地下水补给总量减去不可夺取的潜水蒸发量和侧向径流流出量以及河道排出量。地下水补给量包括：大气降水入渗补给量、渠道渗漏补给量、渠灌田间入渗补给量、井灌回归补给量、区外地下水侧向径流流入量、河道渗漏补给量、周边基岩裂隙水侧向径流流入量、河流沟口地下水侧向径流流入量。

$$Q_{可开} = Q_{降} + Q_{渠} + Q_{渠灌} + Q_{井灌} + Q_{侧入} + Q_{河渗} + Q_{基岩} + Q_{沟口} - Q_{蒸发} - Q_{侧出} - Q_{河排} \quad (6-6-1)$$

1. 综合补给量计算

1）大气降水入渗补给量。选用研究区多年（1976—2019 年）平均降水量，见表 6-6-4。经计算，研究区多年大气降水入渗补给量为 $6377.28 \times 10^4 m^3/a$（表 6-6-5）。

表 6-6-4　研究区（1976—2019 年）平均降水量统计　单位：mm

年份	怀安	万全	宣化	张家口	平均值
1976	481.6	491	341.2	336.3	405.5
1977	343.5	451.4	327.9	432.8	368.8
1978	553.6	525.8	469.3	516.8	459
1979	466	524.1	416	579.8	503.5
1980	301.7	242	240.9	248.9	285.9
1981	316.1	397.4	337	371.8	329.4
1982	351.7	345.5	335.2	290.4	358.7
1983	350.9	355.5	364.3	386	389.2
1984	321.9	290.4	240	228.1	272.7
1985	162.6	168.3	148.1	210.9	188.2
1986	342.3	292.7	278.7	350.1	339.5
1987	372.8	380.9	400.1	402.9	422.4
1988	372.4	346.8	355.4	380.3	384.6
1989	328.9	345.1	305.2	268.2	324.8
1990	452.1	459.4	461.8	425.1	438
1991	391.6	533.9	363.9	411.3	411.5
1992	369.8	385.1	518.3	449.4	423.5
1993	286.4	285.1	293.2	244.6	269.9
1994	519.7	396.1	307.8	441.3	407
1995	610.6	690.2	511.5	547.2	553.6
1996	480	406	360	486	406.6

续表

年份	怀安	万全	宣化	张家口	平均值
1997	226	199	303	247	278.5
1998	410	425	409	446	418.3
1999	262.4	154.8	194.1	224.8	217.1
2000	366.2	284	331.4	401.4	366.2
2001	260.4	300.5	245.3	318.2	271.4
2002	297.1	326	249.6	376.8	300.2
2003	446.7	413.9	418.6	431.4	428
2004	467.3	465.5	480.1	499.7	464.6
2005	336.1	306	278.1	318.7	294.9
2006	302.1	338.4	298.3	323.2	324.9
2007	284	323.6	339.9	356.1	354.2
2008	381.5	441	409.2	450.7	403.6
2009	262.5	290.9	227.8	331.1	305.3
2010	502.8	487.2	485.8	553.7	495.1
2011	272.8	244	326.7	254.5	318.1
2012	397.4	418.3	383.1	410.9	387.6
2013	452.3	447.3	532.9	475.3	489.5
2014	340.2	358.2	324.2	381.9	369.7
2015	428.1	422.5	468.1	522.2	462.3
2016	433.8	419	462.7	483.3	449.7
2017	306.6	355.2	428.7	486.5	394.25
2018	364.8	362.1	374.7	398.7	375.08
2019	502.1	472.4	392	503.9	467.6
多年平均	374.53	376.53	357.71	391.00	376.78

表6-6-5 研究区多年平均大气降水补给量统计

地貌单元	降水入渗系数	面积/km^2	降水量/mm	$Q_{降}/10^4 m^3$
山间沟谷	0.19	10.42	391	77.41
风积台地	0.128	70	366.12	328.04
坡洪积台地	0.115	235.92	376.78	1022.23
坡积台地	0.118	4.25	357.71	17.94
残留洪积扇	0.124	210.91	376.78	985.39
小辛庄洪积扇	0.133	7.79	391	40.51
榆林小苍盖洪积扇	0.137	43.08	357.71	211.12
陈家庄洪积扇	0.142	1.09	357.71	5.54
西甘庄洪积扇	0.136	33.06	357.71	160.83

续表

地貌单元	降水入渗系数	面积/km^2	降水量/mm	$Q_{降}/10^4m^3$
暖店湾洪积扇	0.137	16.93	357.71	82.97
洋河南洪积扇	0.135	70.13	357.71	338.66
洪塘河河谷	0.172	2.99	374.53	19.26
柳川河河道带	0.171	29.78	357.71	182.16
龙洋河河道带	0.173	11.92	357.71	73.77
姚家营洪积扇	0.139	17.84	357.71	88.70
城东河、城西河冲洪积扇	0.153	67.23	376.53	387.31
清水河冲洪积扇	0.164	80.64	391	517.10
柳川河冲洪积扇	0.149	0.068	357.71	0.36
侯家庙冲洪积扇	0.145	10.58	357.71	54.88
洪塘河冲洪积扇	0.153	19.95	374.53	114.32
十里河冲洪积扇	0.139	20.65	374.53	107.50
赵家梁洪积扇	0.139	19.8	376.53	103.63
河床	0.23	91.96	376.78	796.92
河漫滩	0.18	75.76	376.78	513.81
谷坡	0.171	24.02	357.71	146.93
总计				6377.28

2）渠道渗漏补给量、渠灌田间入渗补给量、井灌回归补给量、区外地下水侧向径流流入量、河道渗漏补给量、周边基岩裂隙水侧向径流流入量、河流沟口地下水侧向径流流入量见表6-6-6。综上，研究区综合补给量为19195.09×$10^4m^3/a$。

表6-6-6　地下水可开采资源量　　单位：$10^4m^3/a$

补给量	大气降水入渗补给量 $Q_{降}$	6377.28
	渠道渗透补给量 $Q_{渠}$	738.48
	渠灌田间入渗补给量 $Q_{渠田}$	333.58
	井灌回归补给量 $Q_{井灌}$	2291.94
	区外地下水侧向径流流入量 $Q_{侧入}$	3041.56
	河道渗漏补给量 $Q_{河渗}$	2143.85
	周边基岩裂隙水侧向径流流入量 $Q_{基岩}$	3664.35
	河流沟口地下水侧向径流流入量 $Q_{沟口}$	604.06
	合计	19195.09
排泄量	地下水蒸发量 $Q_{蒸}$	399.90
	地下水侧向径流流出量 $Q_{侧出}$	229.78
	河道排泄量 $Q_{河排}$	1329.72
	合计	1959.39
地下水开采资源 $Q_{可开}$		17235.70

2. 综合排泄量计算

潜水蒸发量、地下水侧向径流出流量、河道排出量见表6－6－6。研究区综合排泄量为1959.39 $\times 10^4 m^3/a$。

3. 研究区地下水资源可开采资源量计算

综上，研究区地下水可开采资源量为17235.70 $\times 10^4 m^3/a$（见表6－6－6）。

三、研究区地下水开采潜力分析

在研究区地下水资源评价的基础上，对地下水开采潜力和开采程度进行评价。

地下水开采潜力和开采程度计算公式如下：

$$Q_{潜} = Q_{开资} - Q_{已采} \tag{6-6-2}$$

$$P = Q_{已采} / Q_{开资} \tag{6-6-3}$$

式中：$Q_{潜}$—区域内的地下水开采潜力（$10^4 m^3/a$）；$Q_{已采}$—区域内已经开采的开采净消耗量（$10^4 m^3/a$）；$Q_{开资}$—区域内地下水可开采资源量（$10^4 m^3/a$）；P—区域内地下水开采程度。

根据 P 值大小划分开采潜力区，划分标准如表6－6－7所示。

表6－6－7　开采潜力评价标准

$P \leqslant 0.4$	开采程度低	$0.7 \leqslant P \leqslant 1.0$	开采程度高
$0.4 \leqslant P \leqslant 0.7$	开采程度中等	$1.0 \leqslant P \leqslant 1.3$	超采
$P > 1.3$	严重超采		

如表6－6－8所示，研究区地下水可开采资源量为17235.7 $\times 10^4 m^3/a$，现状条件下，实际开采量已达到21722.9 $\times 10^4 m^3/a$。开采潜力为－4487.2 $\times 10^4 m^3/a$，已经属于超采状态，目前，亟须对地下水进行保护，压缩开采量。

表6－6－8　研究区内开采潜力和开采程度

地下水可开采资源量 $10^4 m^3 \cdot a^{-1}$	地下水开采净消耗量 $10^4 m^3 \cdot a^{-1}$	地下水开采潜力 $10^4 m^3 \cdot a^{-1}$	地下水开采程度 P
17235.7	21722.9	－4487.2	1.26

第七章　开采条件下地下水系统响应的数值模拟

第一节　水文地质概念模型

模拟计算区域与研究范围一致，西起怀安西洋河水库，东至宣化河南坊村，南、北各达到山区与平原的衔接处，包括了柴宣盆地的整个平原区域，总面积约 $1553km^2$（图 7-1-1）。

一、含水层概化

模拟计算的含水层是第四系上更新统、全新统洋河冲积层及洋河各支流冲洪积层含水层组。沉积物以砂层、砂砾石层、砂卵石层为主，间夹透镜体状不连续的黏性土层。含水层组上部无连续的隔水层覆盖，地下水属潜水类型，饱水层厚度一般在 40~80m。

含水层组的底板为中更新统含砾黏土层，间夹透镜体状薄砂层。靠近山区的一些局部地段含水层组直接覆盖在基岩上。含砾黏土层和基岩透水性很弱，构成含水层组的区域隔水底板。

含水层组中的黏性土夹层的层数、厚度和分布极不稳定，只有局部隔水作用，不能构成大面积的区域性隔水层。从区域上看，含水层组中各单层的砂层或砂砾层之间有较强的水力联系（图 7-1-1，图 7-1-2）。因此，计算时将含水层组概化为单层结构的无压含水层。

随着沉积岩相的变化，含水层在平面分布上具有很强的非均质性。河流主流线沉积带导水性强，河间沉积地带导水性弱。沉积物具有各向异性，但不十分明显。因此，计算时忽略各向异性及铅直渗流分量的影响，将含水层概化为非均质各向同性平面二维渗流含水层。对于含水层的非均质性，数值计算是将渗流区域划分为参数值不同的均质小区来处理。

二、边界条件概化

盆地周边的各主要山口是洋河各支流由山区进入盆地的入口，也是山区沟谷冲洪积层地下水向盆地补给的主要通道，计算时将其概化为进水口（个别为出水口）二类边界。边界流量由达西断面法计算给出，经模型调试后确认。

盆地周边基岩与第四系接触带，有基岩裂隙水或风化裂隙水向盆地第四系沉积物补给。计算时概化为二类边界，其边界流量采用山前第四系的水文地质资料用达西断面法分段估算给出，经模型调试后确认，并近似认为流量不随时间而变。

三、对洋河的概化处理

洋河与地下水有密切的水力联系，是盆地地下水的排泄基准。当含水层地下水水位高于洋河水位时，地下水向洋河排泄；当洋河水位高于含水层地下水水位时，洋河水渗漏补给地下水。洋河与地下水交换水量的大小在一定范围内取决于二者之间的水位差。洋河流经于洋河冲积层之上，并未切穿含水层。从计算角度考虑，洋河是“非完整河”，必须考虑河床的附加渗透阻力损失问题。因此，计算时洋河按“非完整河”处理。洋河与地下水的关系近似用式（7－1－1）和式（7－1－2）描述：

$$E_c = \begin{cases} U & (U < E_{max} \text{ 时}) \\ E_{max} & (U \geqslant E_{max} \text{ 时}) \end{cases} \quad (7-1-1)$$

$$E_c = K_z(H_c - H)/L_c = (H_c - H)/R_c \quad (7-1-2)$$

式中：E_c—单位河床面积河水与地下水的交换水量（m/d），即水量交换强度；E_{max}—河床最大极限渗漏补给强度（m/d）；K_z—河床垂向渗透系数（m/d）；L_c—平均渗透路径长度（m），取饱水层厚度一半的平均值；R_c—垂向水量交换系数。

综上，经过对水文地质条件概化处理，将地下水模型概化为由非均质各向同性具有二类边界的潜水孔隙含水层二维地下水渗流模型。

第二节　地下水流数值模拟模型

根据以上概化的水文地质模型，可相应写出地下水流的数学模型，建立相应的数值模型。

一、数学模型

地下水流数学模型可按照前面的水文地质条件概化，写出非均质各向同性潜水二维非稳定流的数学模型。

$$\begin{cases} \dfrac{\partial}{\partial x}\left[K(H-z)\dfrac{\partial H}{\partial x}\right] + \dfrac{\partial}{\partial y}\left[K(H-z)\dfrac{\partial H}{\partial y}\right] + v + \varepsilon E(x,y) + W_i \\ \quad + \sum\limits_{j=1}^{m} Q_{ij}\delta(x-x_j, y-y_j) = \mu\dfrac{\partial H}{\partial t} & (x,y \in \Omega, t > 0) \\ H(x,y,0) = H_0(x,y) & (x,y \in \Omega, t = 0) \\ K(H-z)\dfrac{\partial H}{\partial n}\bigg|_{\Gamma_2} = q_i(x,y,t) & (x,y \in \Gamma_2, t > 0) \end{cases}$$

式中：H—含水层水头（m）；K—含水层水平渗透系数（m/d）；μ—潜水含水层的给水度；z—含水层底板标高（m）；v—地表水与地下水的水量交换强度（m/d）；ε—降水和渠系灌溉入渗强度（m/d）；E（x，y）—在降水入渗区，其值为1，非降水入渗区，其值为0；W_i—含水层其他源汇项（m^3/d）；Q_{ij}—生产井抽水量（m^3/d）；Γ_2—二类边界；Ω—渗流计算区域；q_i—含水层边界单宽流量（m^3/d）。

二、数值模型

为了求解地下水运动数学模型，本次数值模型的建立及求解采用目前在我国使用比较广泛的加拿大 Waterloo 水文地质公司开发研制的 Visual MODFOLW 4.1 地下水流及污染物运移模拟专业软件。

本次渗流区域的剖分是按照 Visual MODFOLW 4.1 地下水流及污染物运移模拟专业软件常用的矩形网格对渗流区进行离散。根据模拟区的水文地质条件，剖分结果见图 7－2－1、图 7－2－2，网格间距为 250m，共剖分 24851 个有效单元格。

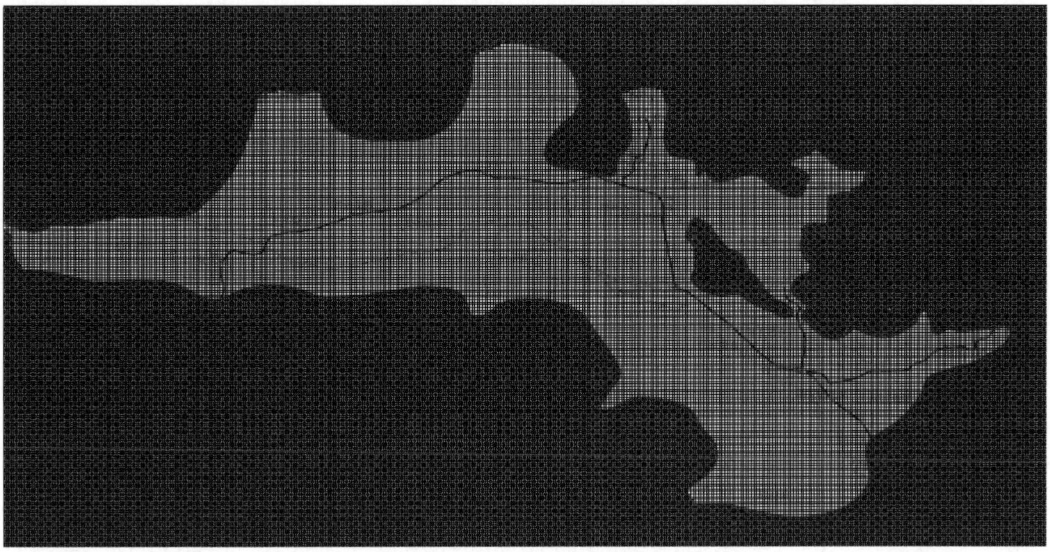

图 7－2－1　研究区剖分图

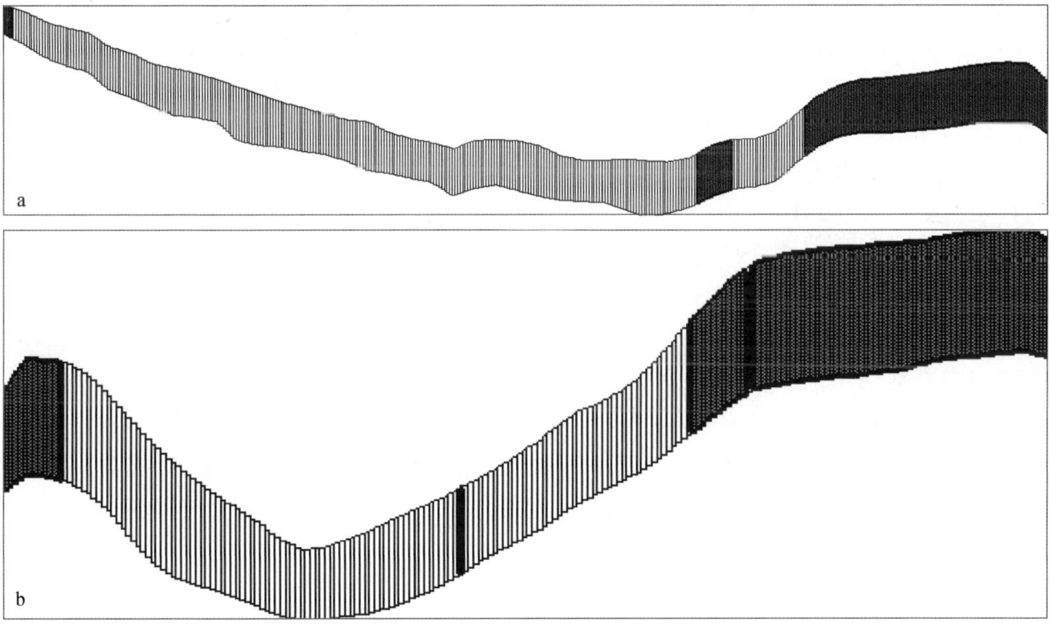

图 7－2－2　研究区数值模拟垂向剖面图

a—模拟纵向剖分图；b—模拟横向剖分图

第三节　模型的识别与验证

一、数值模型的调试和识别

模型识别就是对数学模型、边界条件、垂向补给、排泄强度的分配、水文地质参数等内容的识别。模型的识别是利用2011年6月—2020年12月的地下水动态资料及流场来进行调试识别的，共分为66个应力期时段，每个时段为一个月。

各种数据初值的确定如下。

1. 初始流场

根据2011年6月统测的地下水水位资料，绘制地下水流场图，作为模型识别的初始流场(图7-3-1)。

2. 垂向补给强度

1）降雨入渗补给量。降水入渗补给量的大小主要取决于降水量的大小、包气带的岩性和厚度、地形地貌条件及现状地下水水位埋深等，参考《冀西北地区1:20万区域水文地质普查报告》《张家口幅1:20万区域水文地质普查报告》《河北省张家口市水资源评价报告》等报告中的降水入渗系数值（表7-3-1）及柴宣盆地第四纪地貌图，初步给出了降水入渗系数分区及降水入渗系数值，计算降水入渗补给强度，作为模型初值，经模拟识别确定。有效降水量的舍取原则，考虑到本区地下水水位埋深较大，降水量小时对地下水补给作用不大，认为月降水量大于15mm，才对地下水的补给有效，小于15mm的剔出。模型识别期有效降水量选取见表7-3-2。

2）渠道渗漏补给量（$Q_{渠}$）。依据《河北省张家口市地质环境监测报告（2011—2015年）、(2016—2020年)》中的渠道渗漏补给量及渠道长度计算得出初步的渠道渗漏补给强度，作为初值输入模型，经模拟识别确定。

3）渠灌田间入渗补给量（$Q_{渠灌}$）。依据《河北省张家口市地质环境监测报告(2011—2015年)、(2016—2020年)》中的渠灌田间入渗补给量及灌溉面积，其灌溉回归系数参考前人报告，取0.25。依据农业灌溉按不同时段换成面状补给强度，作为初值输入模型，经模拟识别确定。

4）井灌回归补给量（$Q_{井灌}$）。研究区井灌回归水入渗补给地下水主要为地下水灌溉，其灌溉回归系数参考前人报告，取0.25。依据农业实际开采量按不同时段换算成面状补给强度，作为初值输入模型，经模拟识别确定。

5）河道渗漏补给量（$Q_{河渗}$）。依据《河北省张家口市地质环境监测报告（2011—2015年)、(2016—2020年)》中的河道渗漏补给量，按照不同时段换成线状补给强度，作为初值输入模型，经模拟识别确定。

3. 垂向排泄强度

1）地下水开采量。模拟区内地下水开采有集中开采和农业灌溉面状开采。集中开采主要为模拟区各区县供水水源地、工业用水及农村生活用水等，其开采量按实际调查的逐月开采量加在城区和水源地对应的网格节点的相应层位上。各区县农业灌溉因开采井的密度和单井抽水量不同，将农业开采按面状开采强度进行分区概化，分别给出各区县开采强

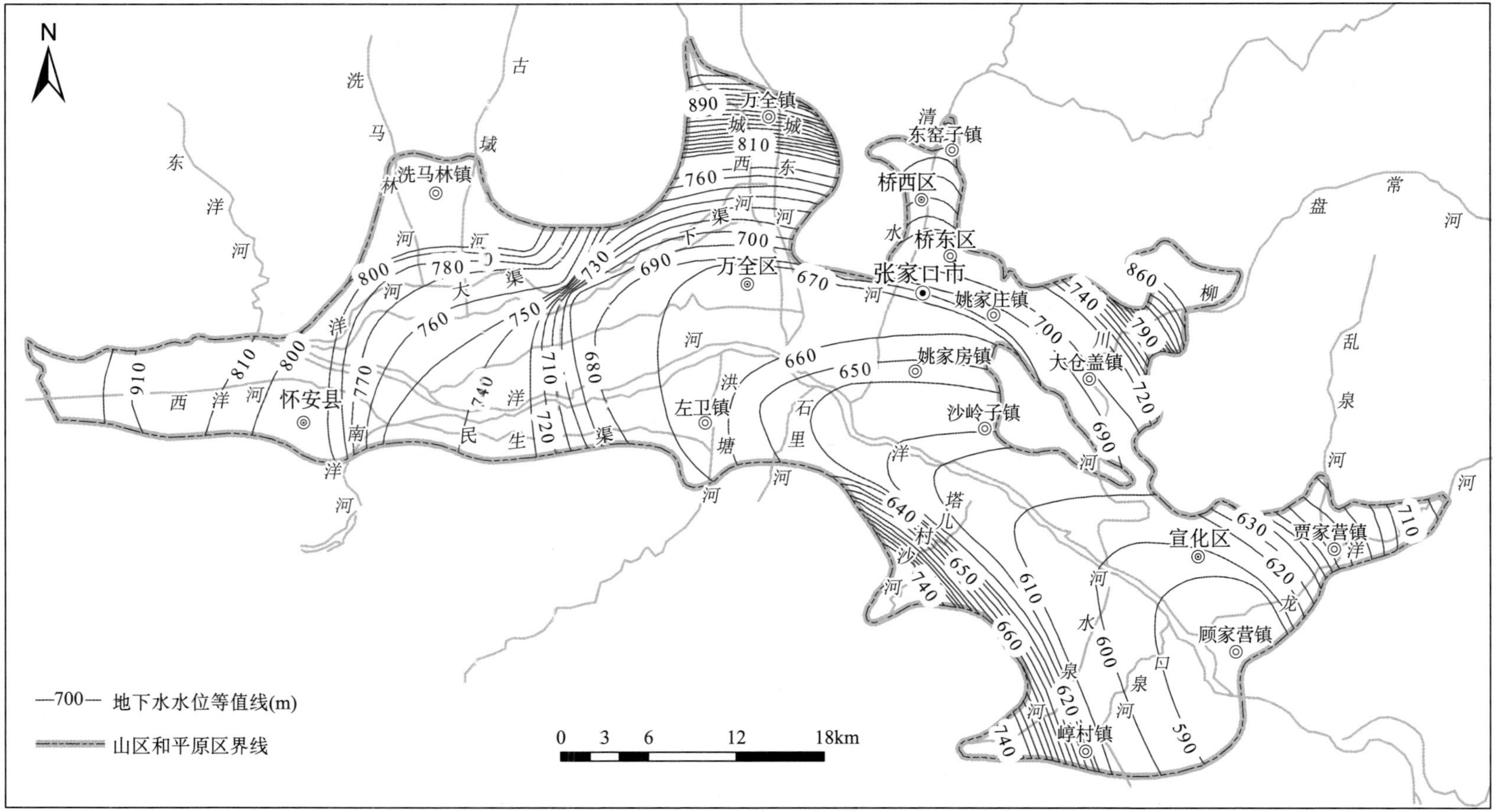

图7-3-1 研究区2011年6月地下水等水位线图

表7-3-1　工作区包气带岩性引用降水入渗系数

资料来源	粉质黏土	粉土	黄土状土	中砂	粗砂	砂砾
《冀西北地区1:20万区域水文地质普查报告》	0.07	0.12	0.13	0.2		0.25
《河北地下水》	0.08~0.14	0.18~0.25			0.16~0.30	
《张家口市宣化区供水水文地质勘察报告》						0.21
《河北省张家口市水资源评价报告》	0.06~0.11	0.08~0.15		0.12~0.24		
《河北水资源报告》	0.12~0.14	0.14~0.18		0.19~0.21		
《张家口幅1:20万区域水文地质普查报告》	0.1	0.15		0.24		0.3
《张家口地区后备地下水水源地勘查》	0.07	0.12	0.11	0.2		0.24

表7-3-2　各县区2011—2020年有效降水量选取表　　单位：mm

地区	年份	月份												合计
		1	2	3	4	5	6	7	8	9	10	11	12	
张家口市区	2011	0	0	0	0	33	48	79.2	25.2	22.6	15.5	0	0	223.5
	2012	0	0	0	0	48	45.2	121.9	33.2	82.1	33.8	27.8	0	392
	2013	0	0	16.3	0	0	130.3	154.6	91.2	47.9	16.4	0	0	456.7
	2014	0	0	0	0	45.4	89.9	58.6	69.1	76.5	23	0	0	362.5
	2015	0	0	0	18.7	32.1	44.5	132.7	85.2	126.5	0	60.8	0	500.5
	2016	0	0	0	24.1	48.9	111.8	136.6	45.1	30.9	73.1	0	0	470.5
	2017	0	0	0	0	45.4	80.3	88.2	92.7	103.3	56.2	0	0	466.1
	2018	0	0	0	25.8	34.8	28.8	186.8	42.7	52	36.1	0	0	407
	2019	0	0	0	48.8	60.7	70.7	97	91.4	82.4	20.5	19.6	0	491.1
	2020	0	0	0	0	41	38.6	131.4	131.4	38.3	15.4	24.5	0	420.6
怀安	2011	0	0	0	0	25.6	90.5	38.9	49.8	0	22.6	0	0	227.4
	2012	0	0	0	0	52.9	61.9	122	31.3	70.4	22.8	20.9	0	382.2
	2013	0	0	0	0	0	131.8	202.9	44.8	34.3	0	0	0	413.8
	2014	0	0	0	17.3	60.4	59.9	59.9	69.2	53	16.2	0	0	335.9
	2015	0	0	0	18.8	22.6	56.3	94.1	41.9	96.3	0	74.8	0	404.8
	2016	0	0	0	15.9	48.6	82.2	144.2	33.5	38.9	55.1	0	0	418.4
	2017	0	0	0	0	26.8	35.5	61.1	68.4	54.9	43.9	0	0	290.6
	2018	0	0	0	27.8	38	0	160	59.8	36.6	27.3	0	0	349.5
	2019	0	0	0	47	34.3	124.3	94.9	90.5	72.7	0	0	0	463.7
	2020	0	0	0	0	37.1	34.4	136.5	95.2	51.6	0	21.1	0	375.9

续表

地区	年份	月份												合计
		1	2	3	4	5	6	7	8	9	10	11	12	
万全	2011	0	0	0	0	26.5	53.4	56.1	34	22.3	18.1	0	0	210.4
	2012	0	0	0	0	52.7	33.4	146.9	40.9	72.8	32.7	23.9	0	403.3
	2013	0	0	0	0	0	119.4	151.1	95.3	40.5	0	0	0	406.3
	2014	0	0	0	0	38.1	72.1	65	69.4	74.1	17.4	0	0	336.1
	2015	0	0	0	17.5	21.6	46.5	109.8	50.7	99.8	0	56.6	0	402.5
	2016	0	0	0	27	37.8	71.6	124.9	53.3	28.3	60.9	0	0	403.8
	2017	0	0	0	0	32.7	33.1	85.3	71.1	69.9	44.9	0	0	337
	2018	0	0	0	23	27.8	30.3	155.8	49.9	49.5	23.7	0	0	360
	2019	0	0	0	50.7	43.1	79.8	75.4	109.1	67.2	15.6	19	0	459.9
	2020	0	0	0	0	26.9	45.1	141.3	107.7	27.5	0	24.3	0	372.8
宣化	2011	0	0	0	15.8	28	119.1	78	37.1	20.6	0	0	0	298.6
	2012	0	0	0	19.2	21.4	63.1	95.1	56.8	64.1	27.3	29.5	0	376.5
	2013	0	0	0	0	0	135.7	190.6	111.8	50.5	18.2	0	0	506.8
	2014	0	0	0	0	33.5	58.5	39.6	78.3	79.7	16.6	0	0	306.2
	2015	0	0	0	0	22.9	57.7	107.8	53.1	136.6	20.2	54.1	0	452.4
	2016	0	0	0	0	34.2	106.4	120.7	43	72.1	61.5	0	0	437.9
	2017	0	0	0	0	42.8	69	68.9	92.1	79.3	59.6	0	0	411.7
	2018	0	0	0	26.3	35.4	31.6	176.9	46.4	36.3	17.7	0	0	370.6
	2019	0	0	0	56.6	33.2	56	76.5	79.7	57	0	15.2	0	374.2
	2020	0	0	0	0	30.4	80.9	121.9	166.1	33.7	15.4	27.8	0	476.2

度，加在模型对应的剖分网格单元的相应层位上。

2）蒸发量。由于地下水水位埋深在一些地区比较浅，特别是雨季以后，当地下水埋深小于4m时（本次模拟将潜水蒸发最大深度设定为4m）将考虑潜水的蒸发。潜水蒸发强度按照柯夫达－阿维里杨诺夫公式（7－3－1）计算：

$$q_e = E_e \left(1 - \frac{H_a - H}{S_{max}}\right)^m \qquad (7-3-1)$$

式中：q_e—潜水蒸发强度；E_e—水面蒸发强度，按当地气象资料乘以0.6（蒸发器皿的换算系数）；H_a—地面标高；S_{max}—最大蒸发深度（按4m计算）；m—指数（一般取1～3）。

蒸发量按照蒸发强度输入到模型中，经模拟识别确定。

3）河道排泄量。依据《河北省张家口市地质环境监测报告（2011—2015年）、（2016—2020年）》中的河道排泄地下水量，按照不同时段换成线状补给强度，作为初值输入模型，经模拟识别确定。

4. 边界条件的处理

边界流入和流出的侧向量是随着地下水水位的变化而变化，按照地下水流场特征，将流量边界划分成不同过水断面，依据各断面的含水层厚度、渗透系数以及从地下水流场求得的地下水水力坡度，利用达西定律求各断面的流入或流出流量，给出边界初值，加载到模型中，待模拟识别时再作调整。

周边基岩裂隙水侧向径流量：研究区周边基岩以非碳酸盐岩为主，地下分水岭与地表分水岭一致，故以研究区周边与距盆缘最近的山区地表分水岭之间的环状面积范围内的基岩大气降水入渗补给量作为基岩裂隙水的侧向径流流入量。模型中按实际年大气降水入渗补给量的逐月加在边界对应的网格节点的相应层位上，待模拟识别时再作调整。

5. 水文地质参数初值的确定

本次水文地质参数的确定主要依据抽水试验成果（见表6－3－1）以及《张家口盆地地下水详查》，并参考了《河北地下水》给定的经验参数，经综合分析研究初步给出各分区的渗透系数初值，待模拟时再进行调试确定。根据以往研究成果确定变幅带岩性的给水度初值（表7－3－3），待模拟时再进行调试确定。

表7－3－3　变幅带给水度取值

资料来源	粉质黏土	粉土	粉细砂	中砂	粗砂	砂砾
《水文地质手册(第二版)》	0.03	0.05	0.10～0.20	0.2～0.25	0.25～0.35	
《河北地下水》	0.03～0.05	0.04～0.07	0.07～0.09	0.1～0.14	0.12～0.17	
《张家口市宣化区供水水文地质勘察报告》	0.06		0.14	0.15		0.17
《河北省张家口市水资源评价报告》	0.02～0.05	0.03～0.07	0.12	0.15	0.12～0.16	0.14～0.23
《张家口地区后备地下水水源地勘查报告》	0.04	0.05	0.11	0.15		0.20
本次工作选用值	0.04	0.05	0.11	0.15		0.20

二、模型的调试与识别验证

这次模型识别我们选择了24个有代表性的动态长期观测孔（图7－3－2）的实测（$H-t$）地下水水位动态曲线进行拟合；以2016年6月及2020年12月实测流场（图7－3－3，图7－3－4）与计算流场进行平面流场识别。

有了前面的初值，模型就可以进行反演计算了。若各种计算初值给的合理，计算的（$H-t$）曲线应与实测的（$H-t$）曲线基本拟合，否则要反复调整水文地质参数、垂向补排强度等进行试算，一直到曲线拟合程度满足要求，经反复调试，各长观孔动态曲线及地下水流场拟合较好。2016年6月地下水流场拟合图详见图7－3－5，2020年5月地下水流场拟合图详见图7－3－6，从地下水流场拟合图可以看出，浅层、深层地下水流场拟合较好，且地下水流场形态十分相似。

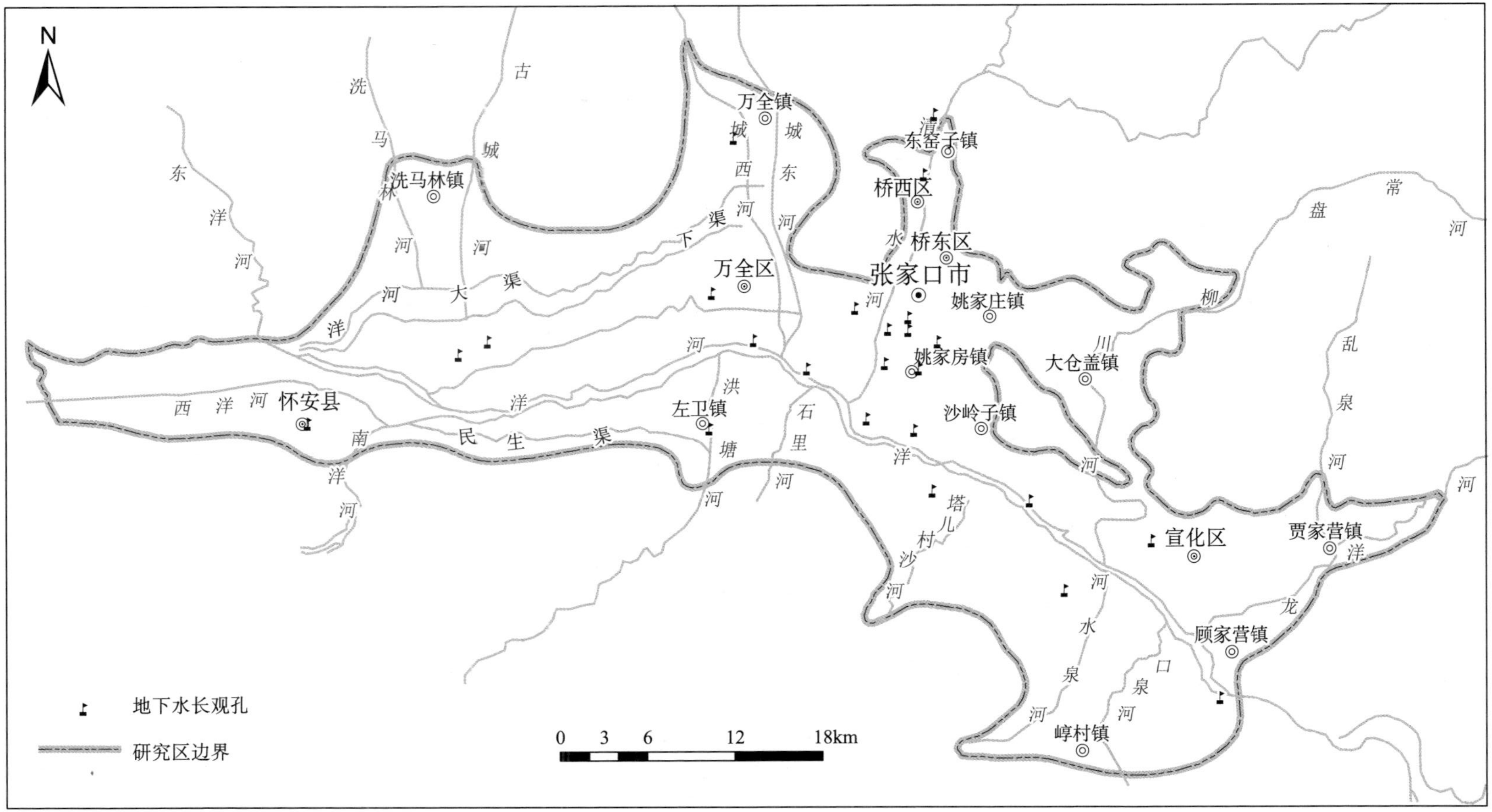

图7－3－2 模型拟合的地下水长期观测孔分布图

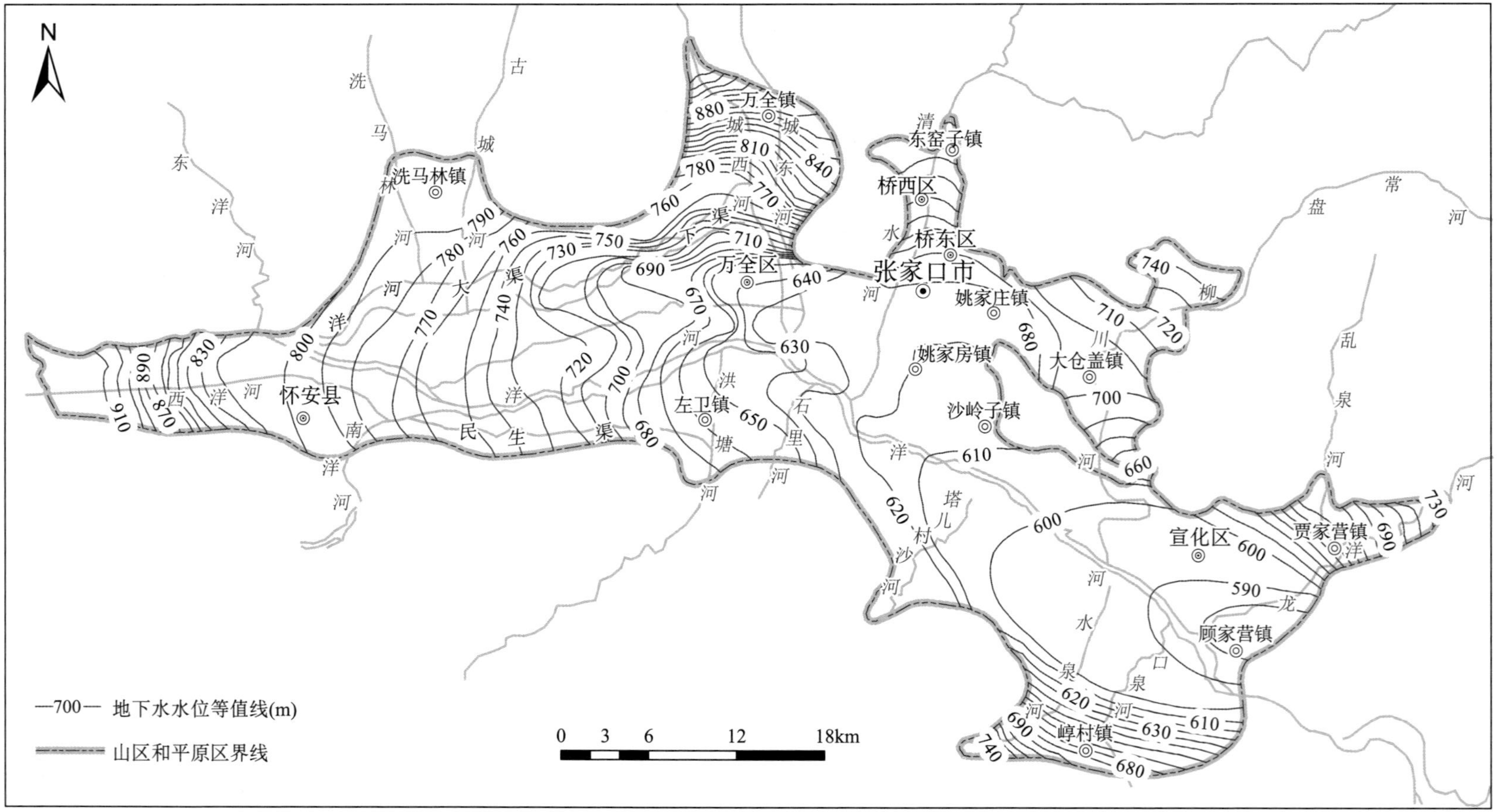

图 7-3-3 研究区 2016 年 6 月地下水等水位线图

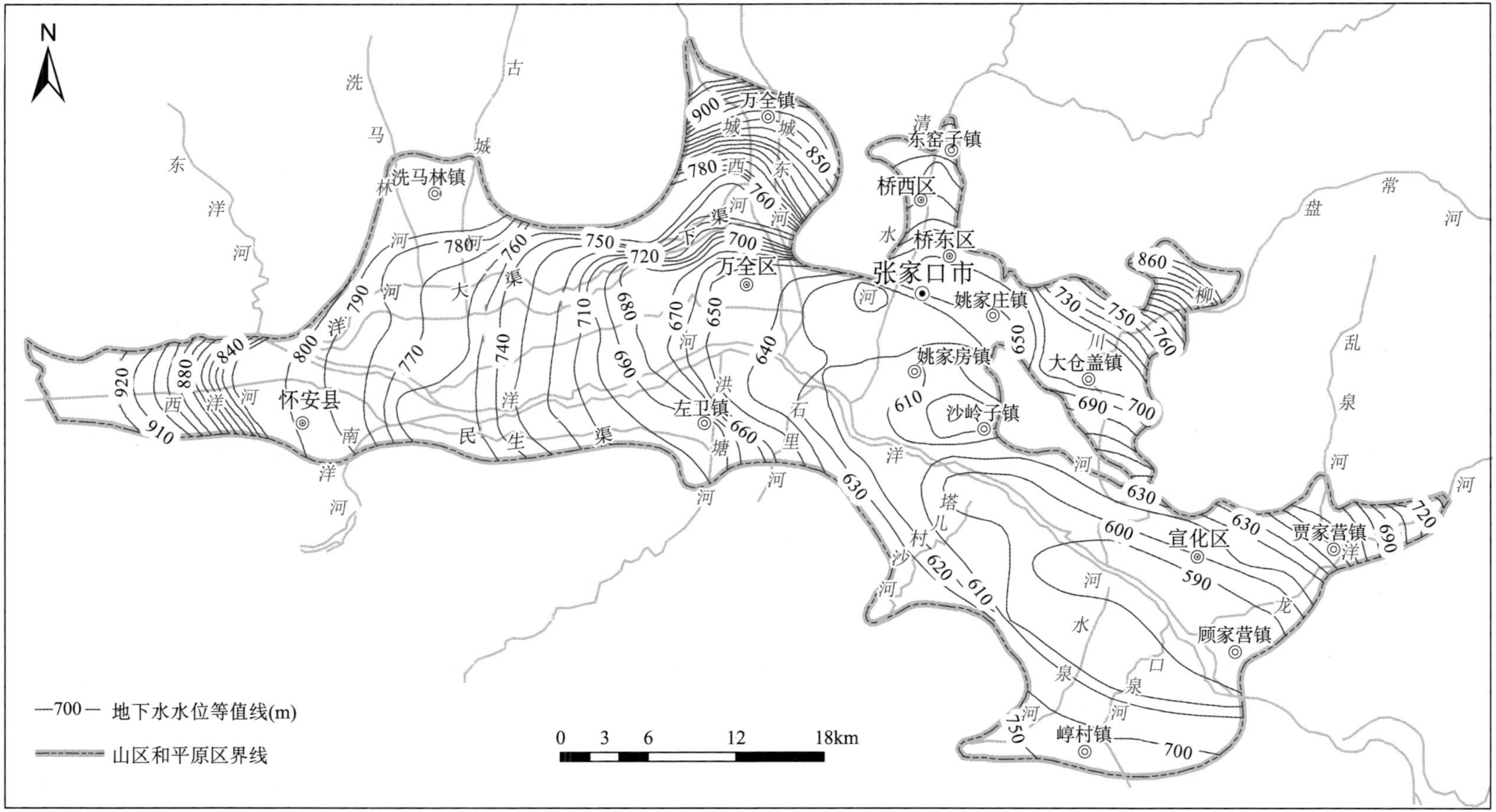

图 7-3-4 研究区 2020 年 12 月地下水等水位线图

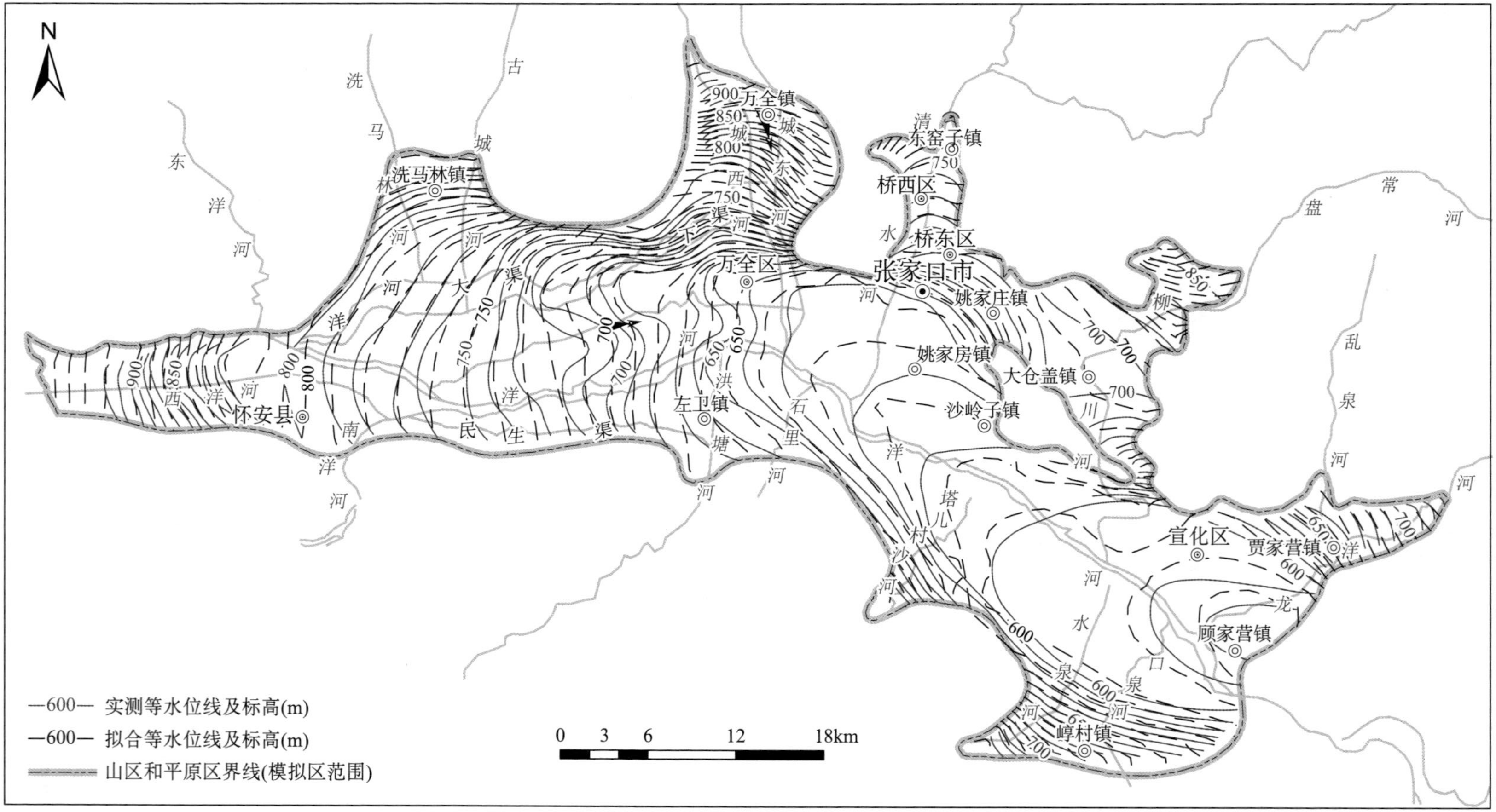

图 7-3-5　2016 年 6 月地下水流场拟合图

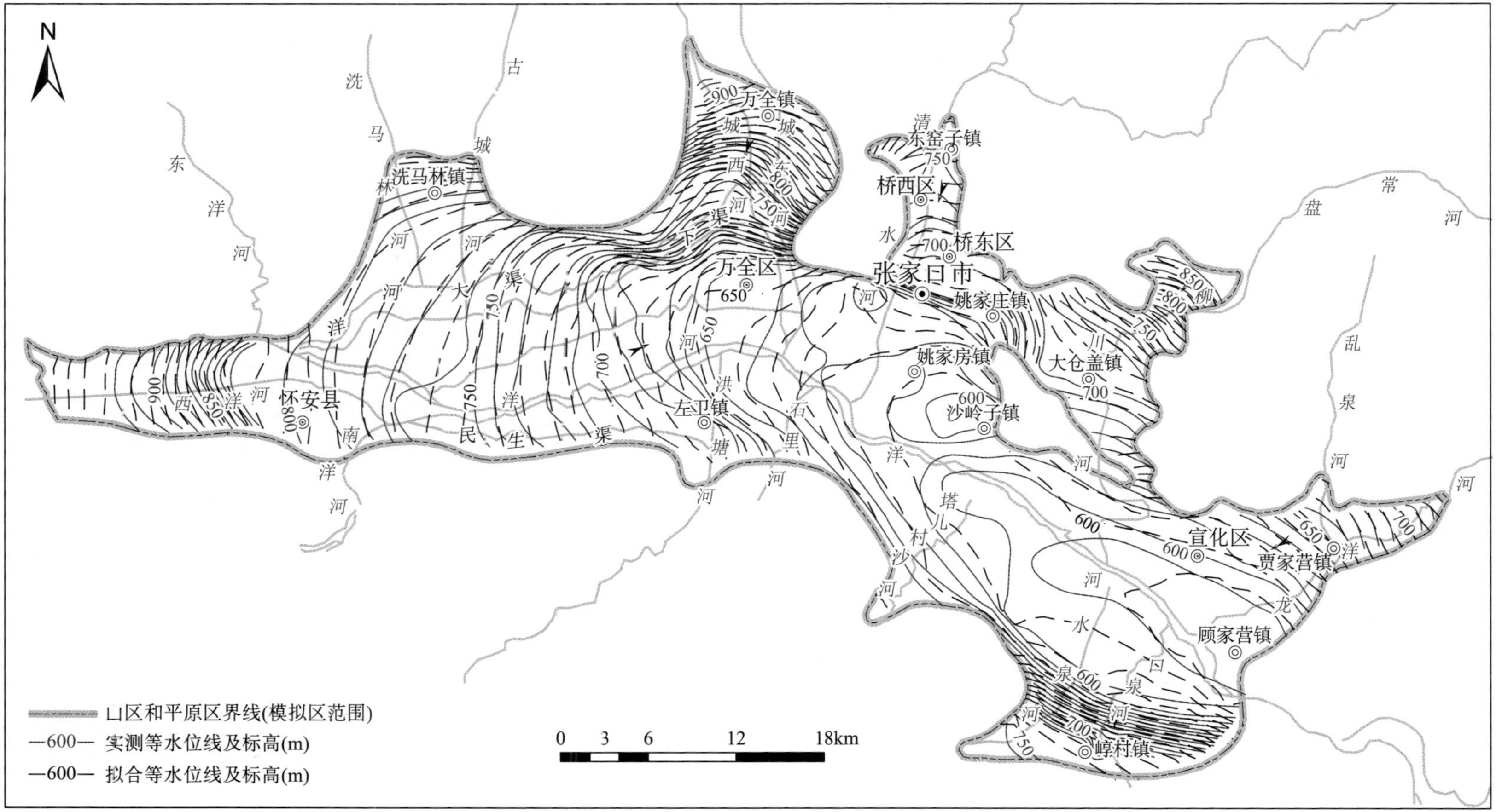

图 7-3-6 2020 年 12 月地下水流场拟合图

地下水动态曲线拟合详见图7－3－7。从图7－3－7可以看出，各长观孔地下水水位动态拟合结果较好，绝大多数点位水位差控制在3m以内，拟合标准均方根为18.9%；部分孔因处于漏斗区，地下水水位变动大，拟合精度相对差一些，但水位变化趋势与实测值基本一致。整体上来说模型对各监测孔地下水水位的计算结果与实测地下水水位拟合很好。表明地下水数学模型能够比较真实地刻画模拟区的水文地质条件及地下水循环规律。

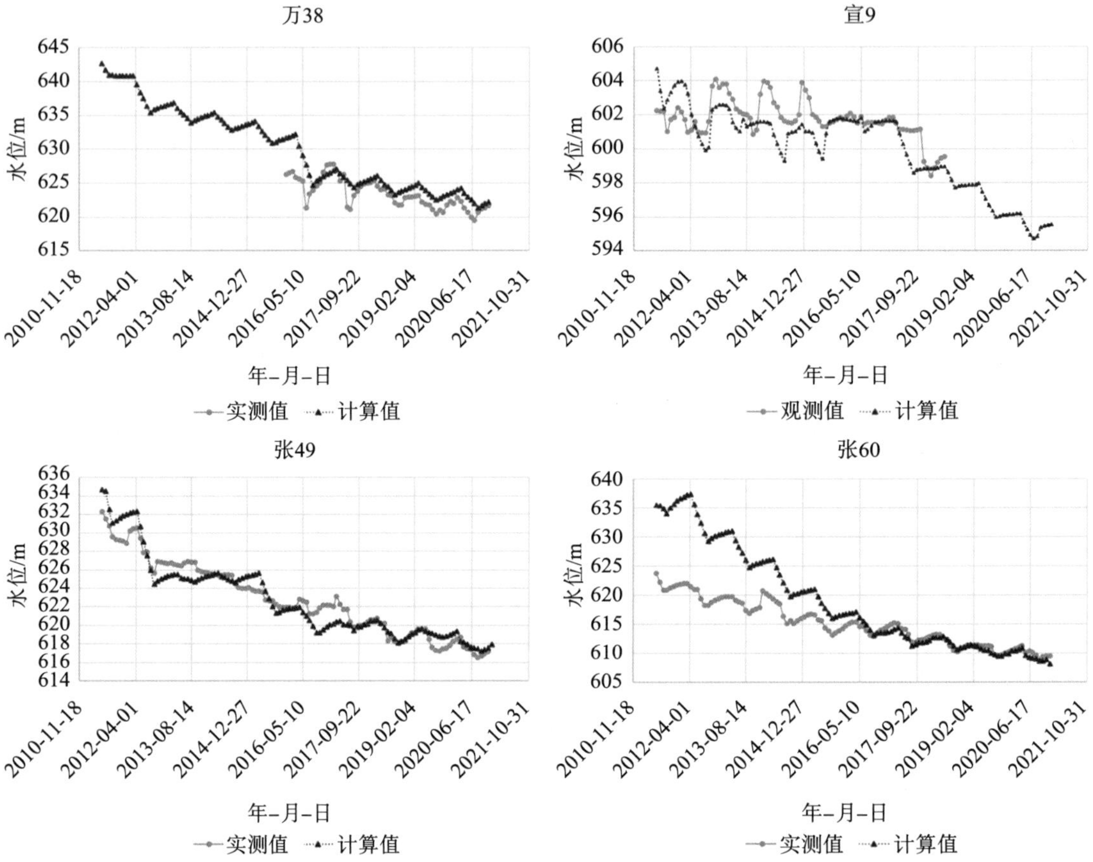

图7－3－7　研究区地下水动态拟合曲线

三、模型识别结果及评价

从上面的模型识别、验证及误差分析可以看出模拟区水文地质条件的概化是合理的，数学模型是正确的，水文地质参数、垂向补（排）强度及边界的侧向径流量等，通过调整认为是比较符合实际的，模型识别后的降水入渗系数分区及入渗系数见图7－3－8和表7－3－4，水文地质参数分区及参数见表7－3－5和图7－3－9。地下水均衡量（2011年6月—2020年12月）见表7－3－6。

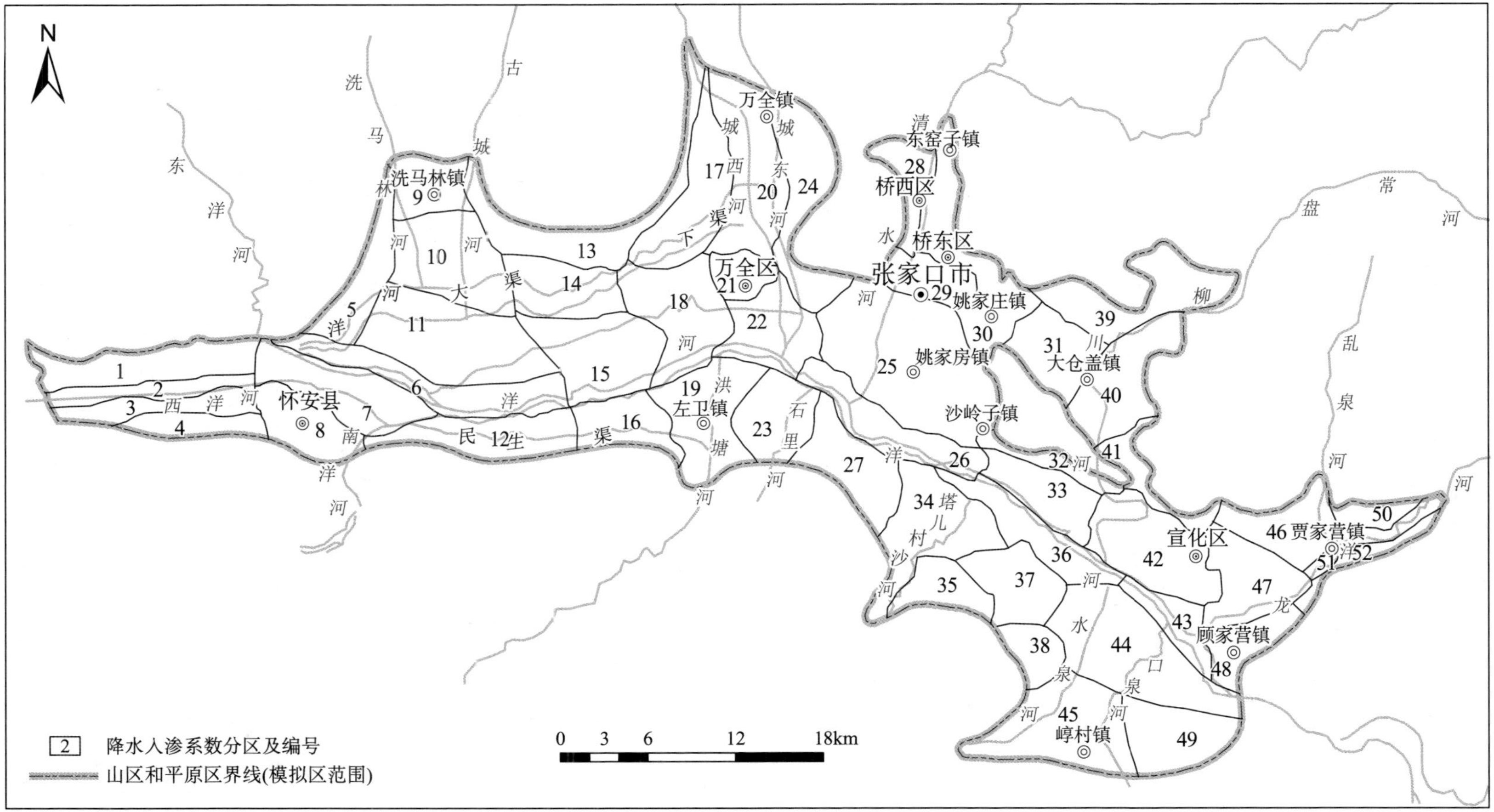

图 7-3-8 降水入渗系数分区

表 7-3-4 降水入渗系数分区表

分区号	入渗系数	分区号	入渗系数	分区号	入渗系数	分区号	入渗系数	分区号	入渗系数	分区号	入渗系数
1	0.12	10	0.17	19	0.15	28	0.1	37	0.13	46	0.14
2	0.23	11	0.19	20	0.15	29	0.1	38	0.13	47	0.14
3	0.18	12	0.12	21	0.1	30	0.1	39	0.12	48	0.13
4	0.12	13	0.12	22	0.15	31	0.14	40	0.17	49	0.13
5	0.12	14	0.14	23	0.13	32	0.12	41	0.12	50	0.13
6	0.23	15	0.19	24	0.12	33	0.18	42	0.1	51	0.17
7	0.18	16	0.12	25	0.16	34	0.14	43	0.18	52	0.12
8	0.13	17	0.12	26	0.23	35	0.11	44	0.14		
9	0.17	18	0.15	27	0.12	36	0.23	45	0.14		

表 7-3-5 浅层含水层水文地质参数

分区号	水平渗透系数 (m·d^{-1})	给水度	分区号	水平渗透系数 (m·d^{-1})	给水度	分区号	水平渗透系数 (m·d^{-1})	给水度
1	4.2	0.03	18	55	0.1	35	3	0.03
2	12	0.05	19	8	0.05	36	12	0.03
3	27	0.07	20	13.8	0.06	37	21	0.06
4	18	0.05	21	7.8	0.05	38	30	0.07
5	4.8	0.03	22	9	0.07	39	16	0.05
6	5	0.02	23	12	0.05	40	9	0.05
7	34	0.07	24	18	0.03	41	3.5	0.03
8	24	0.06	25	10	0.05	42	4.6	0.03
9	28	0.06	26	6	0.06	43	14.6	0.06
10	7.5	0.03	27	9	0.08	44	12	0.05
11	12	0.04	28	20	0.07	45	15.6	0.06
12	15	0.05	29	36	0.05	46	2.8	0.03
13	6	0.03	30	17.6	0.05	47	6	0.03
14	4.6	0.03	31	12	0.06	48	2.8	0.03
15	2.4	0.02	32	8	0.08	49	4	0.03
16	7.6	0.03	33	8	0.03	50	10	0.05
17	24	0.05	34	30	0.07			

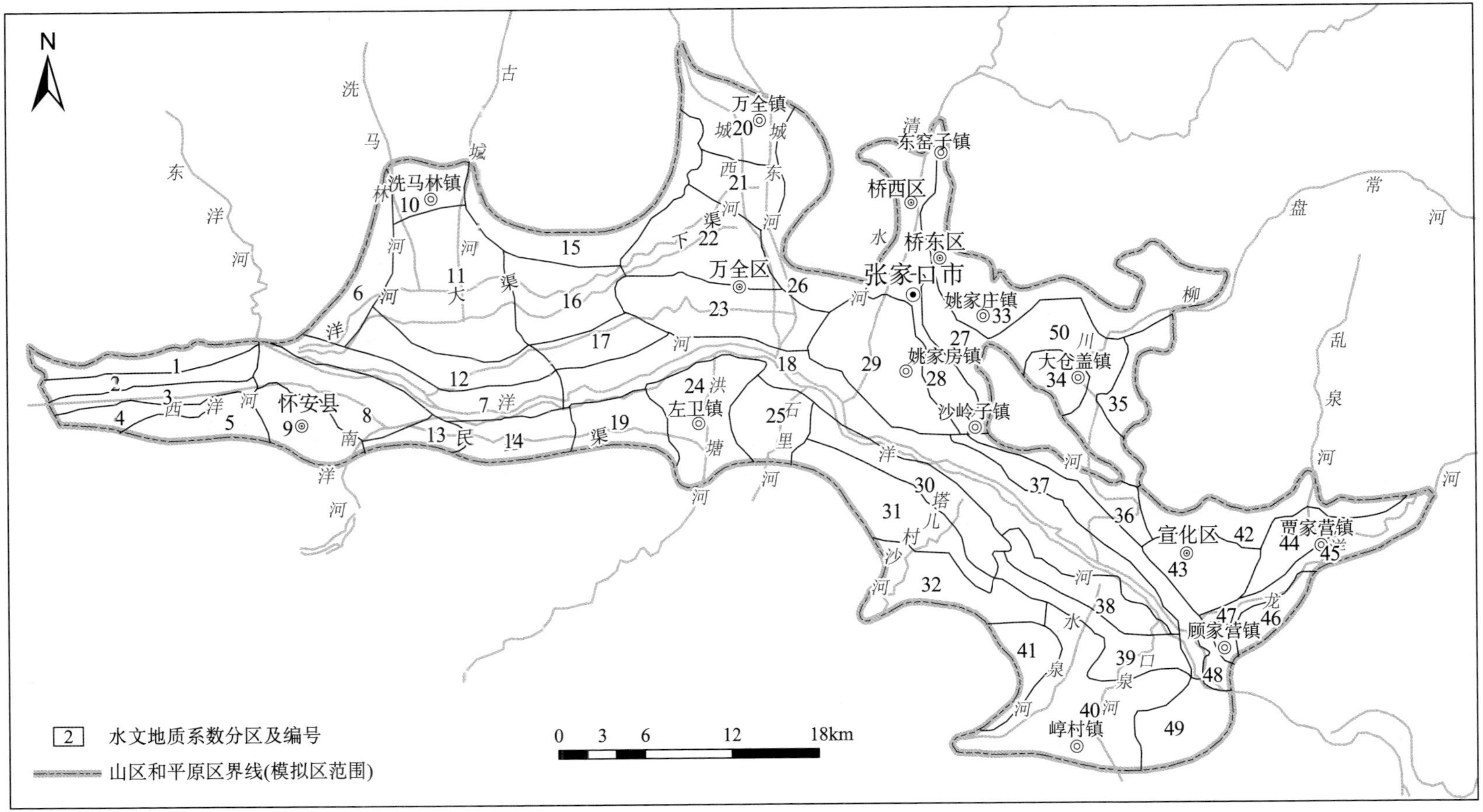

图 7－3－9　水文地质参数分区图

表 7-3-6　2011 年 6 月—2020 年 12 月模拟区地下水资源均衡表　单位：$10^4m^3/a$

地下水补给量		地下水排泄量	
大气降水入渗量	9645.79	地下水开采量	25713.203
河流渗漏量	2372.173	蒸发量	736.45
渠灌入渗补给量	726.54	河道排泄量	3072.955
井灌回归补给量	4269.84	侧向流出量	259.75
侧向流入补给量	465.02		
周边基岩侧向径流补给量	4116.81		
合计	24483.71	合计	29782.358
补排差		-5298.648	
地下水储存变化量		-4892.995	

第四节　开采条件下地下水系统响应预测

一、开采条件下地下水系统响应预测方案设置

从研究区多年地下水水位动态变化分析，该区地下水水位的变化主要受大气降水入渗补给、地下水开采、河流的渗漏补给及排泄等因素的影响。因此柴宣盆地开采条件下地下水系统响应预测方案的设置将从上述因素开展。

1. 大气降水量设置

大气降水量设置两个系列，一是按多年平均降水量进行预测，二是在已有 45 年（1976—2020 年）长系列的降水资料中选取 20 年水文因素较为不利（丰枯偏差较大）的降水系列进行预测。

1）多年平均降水量以 1976—2020 年大气降水系列的平均值作为水位预测时的大气降水量，各区县多年平均降水量详见表 7-4-1。

表 7-4-1　研究区 1976—2020 年平均降水量统计　单位：mm

年份	怀安	万全	宣化	张家口	平均值
1976	481.6	491	341.2	336.3	405.5
1977	343.5	451.4	327.9	432.8	368.8
1978	553.6	525.8	469.3	516.8	459
1979	466	524.1	416	579.8	503.5
1980	301.7	242	240.9	248.9	285.9
1981	316.1	397.4	337	371.8	329.4
1982	351.7	345.5	335.2	290.4	358.7
1983	350.9	355.5	364.3	386	389.2
1984	321.9	290.4	240	228.1	272.7
1985	162.6	168.3	148.1	210.9	188.2

续表

年份	怀安	万全	宣化	张家口	平均值
1986	342.3	292.7	278.7	350.1	339.5
1987	372.8	380.9	400.1	402.9	422.4
1988	372.4	346.8	355.4	380.3	384.6
1989	328.9	345.1	305.2	268.2	324.8
1990	452.1	459.4	461.8	425.1	438
1991	391.6	533.9	363.9	411.3	411.5
1992	369.8	385.1	518.3	449.4	423.5
1993	286.4	285.1	293.2	244.6	269.9
1994	519.7	396.1	307.8	441.3	407
1995	610.6	690.2	511.5	547.2	553.6
1996	480	406	360	486	406.6
1997	226	199	303	247	278.5
1998	410	425	409	446	418.3
1999	262.4	154.8	194.1	224.8	217.1
2000	366.2	284	331.4	401.4	366.2
2001	260.4	300.5	245.3	318.2	271.4
2002	297.1	326	249.6	376.8	300.2
2003	446.7	413.9	418.6	431.4	428
2004	467.3	465.5	480.1	499.7	464.6
2005	336.1	306	278.1	318.7	294.9
2006	302.1	338.4	298.3	323.2	324.9
2007	284	323.6	339.9	356.1	354.2
2008	381.5	441	409.2	450.7	403.6
2009	262.5	290.9	227.8	331.1	305.3
2010	502.8	487.2	485.8	553.7	495.1
2011	272.8	244	326.7	254.5	318.1
2012	397.4	418.3	383.1	410.9	387.6
2013	452.3	447.3	532.9	475.3	489.5
2014	340.2	358.2	324.2	381.9	369.7
2015	428.1	422.5	468.1	522.2	462.3
2016	433.8	419	462.7	483.3	449.7
2017	306.6	355.2	428.7	486.5	394.25
2018	364.8	362.1	374.7	398.7	375.08
2019	502.1	472.4	392	503.9	467.6
2020	407.2	400.8	500.1	439.9	437
多年平均	375.26	377.07	360.87	392.09	378.12

2）不利水文因素降水系列的选取，在1976—2020年的45年间大气降水量资料中连续选取20年，使其平均降水量与多年降水量平均值接近，变差系数要大于多年降水量变差系数，各区县大气降水序列统计参数详见表7－4－2。经对比分析，选出1978—1997年的20年间的降水量资料作为不利水文因素的降水系列（表7－4－3），降水系列中张家口市区年最大降水量为579.8mm（1979年），最小降水量为210.9mm（1985年）；宣化最大降水量为518.3mm（1992年），最小降水量为148.1mm（1985年）；万全最大降水量为690.2mm（1995年），最小降水量为168.3mm（1985年）；怀安最大降水量为610.6mm（1995年），最小降水量为162.6mm（1985年）。选取的20年降水量平均值、变差系数等统计参数均大于其相应的45年降水量的统计参数（表7－4－4）。

表7－4－2　研究区各区县大气降水统计参数

地区	多年平均值（$\bar{X}$）/mm	均方差（σ^2）	变差系数（C_v）
张家口	392.09	97.30	0.25
万全	377.07	102.62	0.27
宣化	360.87	91.99	0.25
怀安	375.26	92.29	0.25

表7－4－3　研究区各区县不利水文因素降水系列　　单位：mm

降水系列	张家口	万全	宣化	怀安
1	516.8	525.8	469.3	553.6
2	579.8	524.1	416	466
3	248.9	242	240.9	301.7
4	371.8	397.4	337	316.1
5	290.4	345.5	335.2	351.7
6	386	355.5	364.3	350.9
7	228.1	290.4	240	321.9
8	210.9	168.3	148.1	162.6
9	350.1	292.7	278.7	342.3
10	402.9	380.9	400.1	372.8
11	380.3	346.8	355.4	372.4
12	268.2	345.1	305.2	328.9
13	425.1	459.4	461.8	452.1
14	411.3	533.9	363.9	391.6
15	449.4	385.1	518.3	369.8
16	244.6	285.1	293.2	286.4
17	441.3	396.1	307.8	519.7
18	547.2	690.2	511.5	610.6
19	486	406	360	480
20	247	199	303	226

表 7-4-4 研究区各区县不利降水系列统计参数与多年降水系列统计参数对比

地区		多年平均值（$\bar{X}$）/mm	变差系数（C_v）
张家口	多年降水系列	392.09	0.25
	不利降水系列	374.31	0.30
万全	多年降水系列	377.07	0.27
	不利降水系列	378.47	0.33
宣化	多年降水系列	360.87	0.25
	不利降水系列	350.49	0.27
怀安	多年降水系列	375.26	0.25
	不利降水系列	378.86	0.29

2. 地下水人工开采量的设置

地下水人工开采量的设置严格执行河北省张家口市水务局关于张家口市"十四五"期间用水总量指标，模拟区各区县 2021—2025 年用水总量红线控制指标详见表 7-4-5。

表 7-4-5 模拟区各区县 2021—2025 年用水总量红线控制指标　单位：$10^4 m^3/a$

地区	2021 年		2022 年		2023 年		2024 年		2025 年	
	总量	地下水	总量	地下水	总量	地下水	总量	地下水	总量	地下水
桥东	3227	1656	3307	1656	3327	1656	3377	1656	3420	1656
桥西	1416	1347	1436	1347	1456	1347	1486	1347	1576	1347
经开	3123	1674	3170	1674	3250	1674	3305	1674	3395	1674
宣化	13667	7856	13967	7856	14167	7856	14367	7856	14598	7856
万全	5234	2813	5334	2813	5454	2813	5628	2813	5750	2813
怀安	7444	5349	7564	5349	7718	5349	7910	5349	8095	5349
总计	34111	20695	34778	20695	35372	20695	36073	20695	36834	20695

地下水开采因各区县工业、农业和生活用水均比较分散，在模拟区按照各区县用水比例对工业、农业及生活用水进行分配；集中供水水源地开采以井的形式加载到模型中，其余地下水开采均按面状加载到模型中。2025 年以后地下水开采量保持不变。

3. 降水入渗补给量设置

降水入渗系数按照模型识别验证后的系数，保持不变。

4. 河流渗漏、排泄量设置

河流参数设置按照模型识别验证后的参数，保持不变。

5. 周边基岩裂隙侧向径流补给量设置

周边基岩裂隙侧向径流补给量用预测年平均降水量与模型识别验证期降水量的比值×模型识别验证期周边基岩裂隙侧向径流补给量。

6. 侧向流入补给量

侧向流入补给量按照模型识别验证后的通用水头边界参数，保持不变，模型预测期自动计算其补给（排泄）量。

依据上述设置，本次模型预测共设置了 4 种方案，详见表 7-4-6。

表 7－4－6　水源地应急开采及热备开采预测方案

预测方案	降水量设置	地下水开采量设置	边界条件	河流渗漏排泄量
方案 1	不利水文降水系列	保持 2020 年开采量不变	通用水头边界	保持参数不变
方案 2	多年平均水文降水量	保持 2020 年开采量不变	通用水头边界	保持参数不变
方案 3	不利水文降水系列	用水控制指标	通用水头边界	保持参数不变
方案 4	多年平均水文降水量	用水控制指标	通用水头边界	保持参数不变

二、开采条件下地下水系统响应预测

利用识别验证后的地下水数值模型进行模拟预测，以 2020 年 12 月地下水实测流场为初始流场，按照各方案设计运行模型，预测柴宣盆地地下水流场的变化。

1. 方案 1 和方案 2

该条件下方案 1 和方案 2 降水分别为不利水文降水系列和多年平均水文降水系列，地下水开采量保持 2020 年开采量不变，预测柴宣盆地 20 年后地下水流场变化。预测结果分别见图 7－4－1、图7－4－2 和图 7－4－3、图 7－4－4。由图可知，该条件下，地下水流场基本保持不变，仅在宣化地下水水位稍有回升，但回升幅度不大。

2. 方案 3 和方案 4

该条件下方案 3 和方案 4 降水分别为不利水文降水系列和多年平均水文降水系列，地下水开采量保持规划开采量不变，预测柴宣盆地 20 年后地下水流场变化。预测结果分别见图 7－4－5、图 7－4－6 和图 7－4－7、图 7－4－8。由图可知，该条件下，由于张家口市区、万全与怀安地下水开采量与 2020 年基本没变，仅宣化地下水开采量减少，故研究区多数地区地下水水位呈现微弱的上升趋势，仅在宣化洋河附近地下水水位有明显回升，回升幅度可达 10～20m。

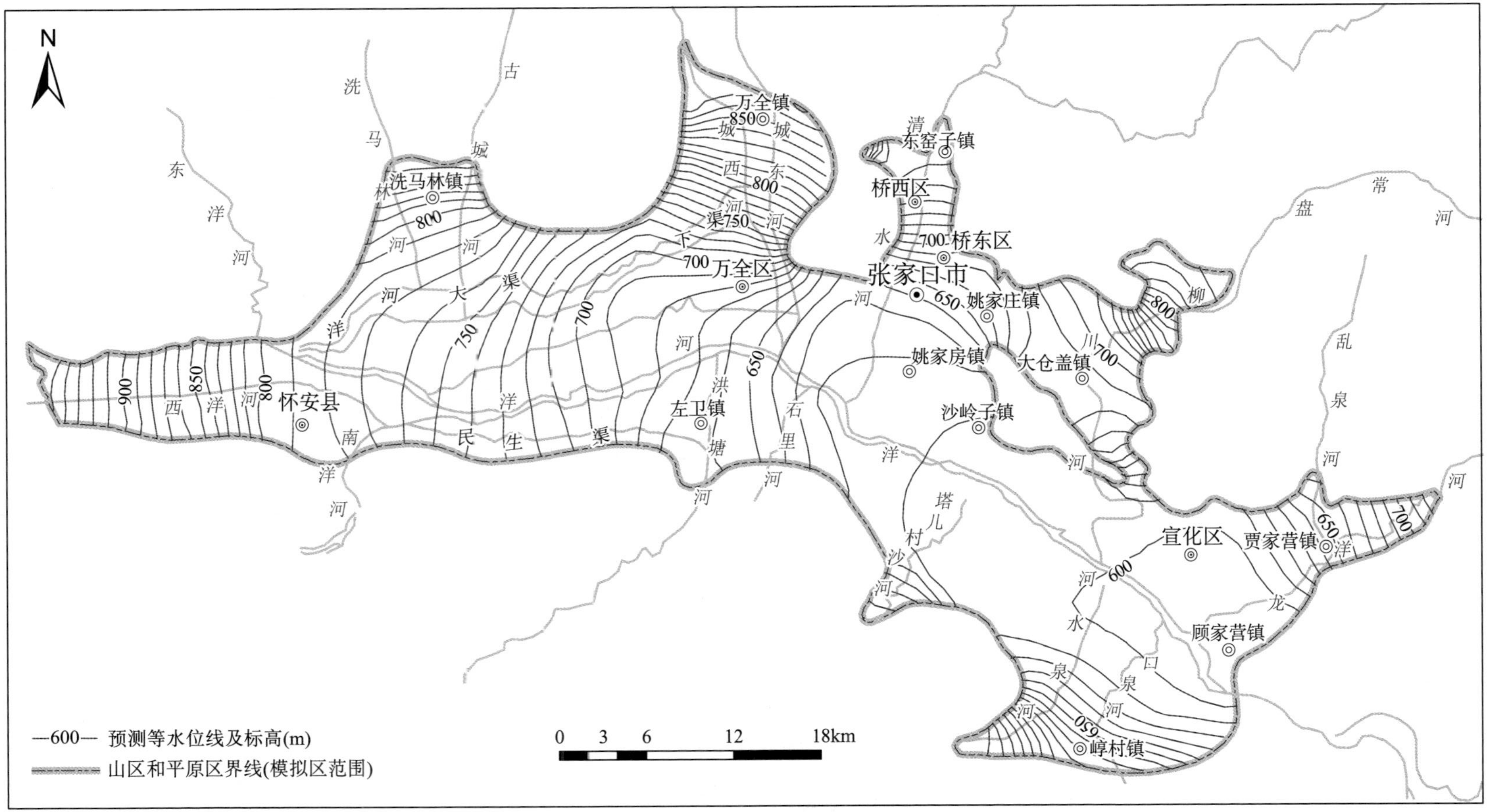

图7-4-1 方案1条件下开采10年地下水流场预测图

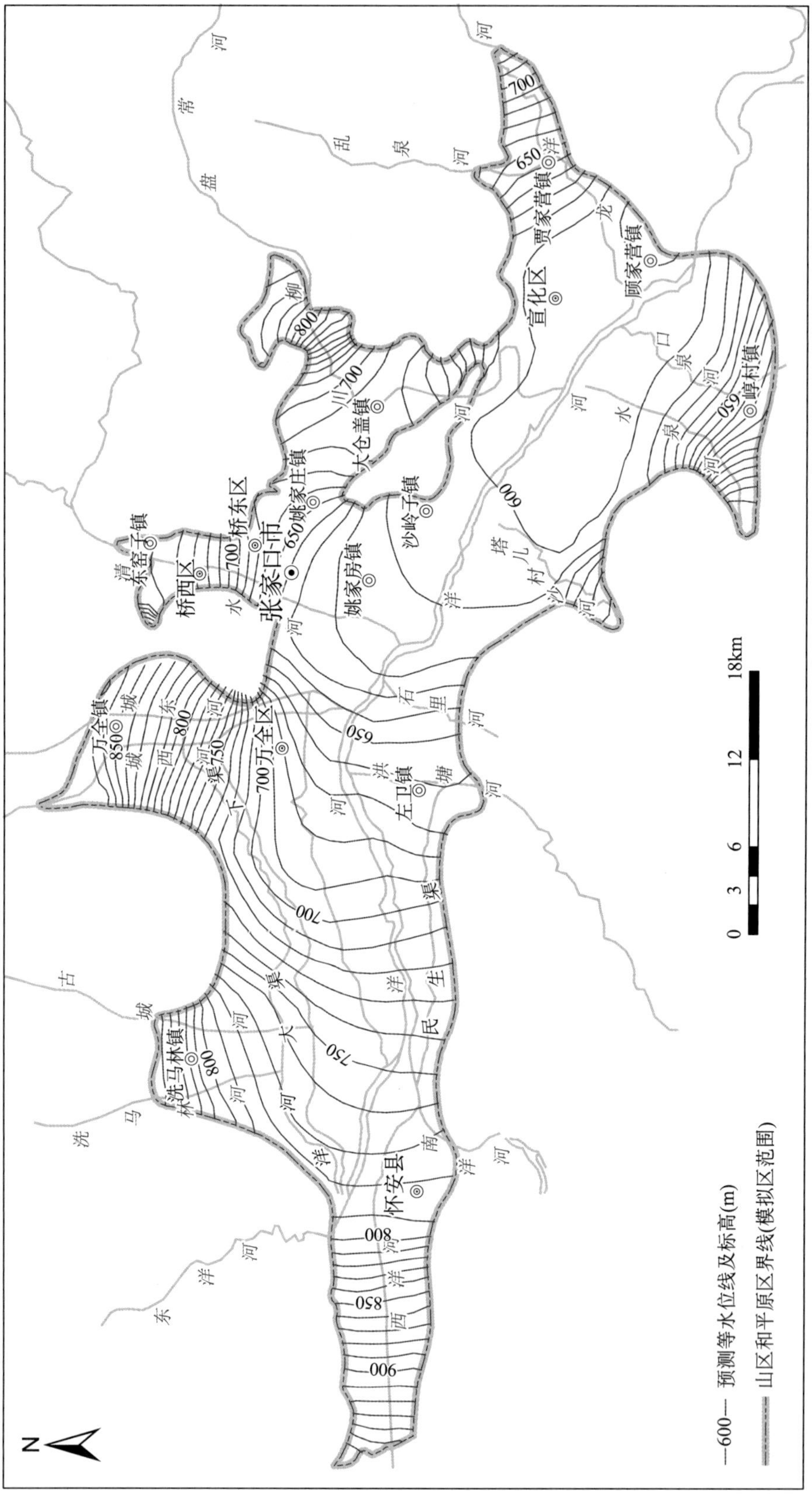

图7-4-2 方案1条件下开采20年地下水流场预测图

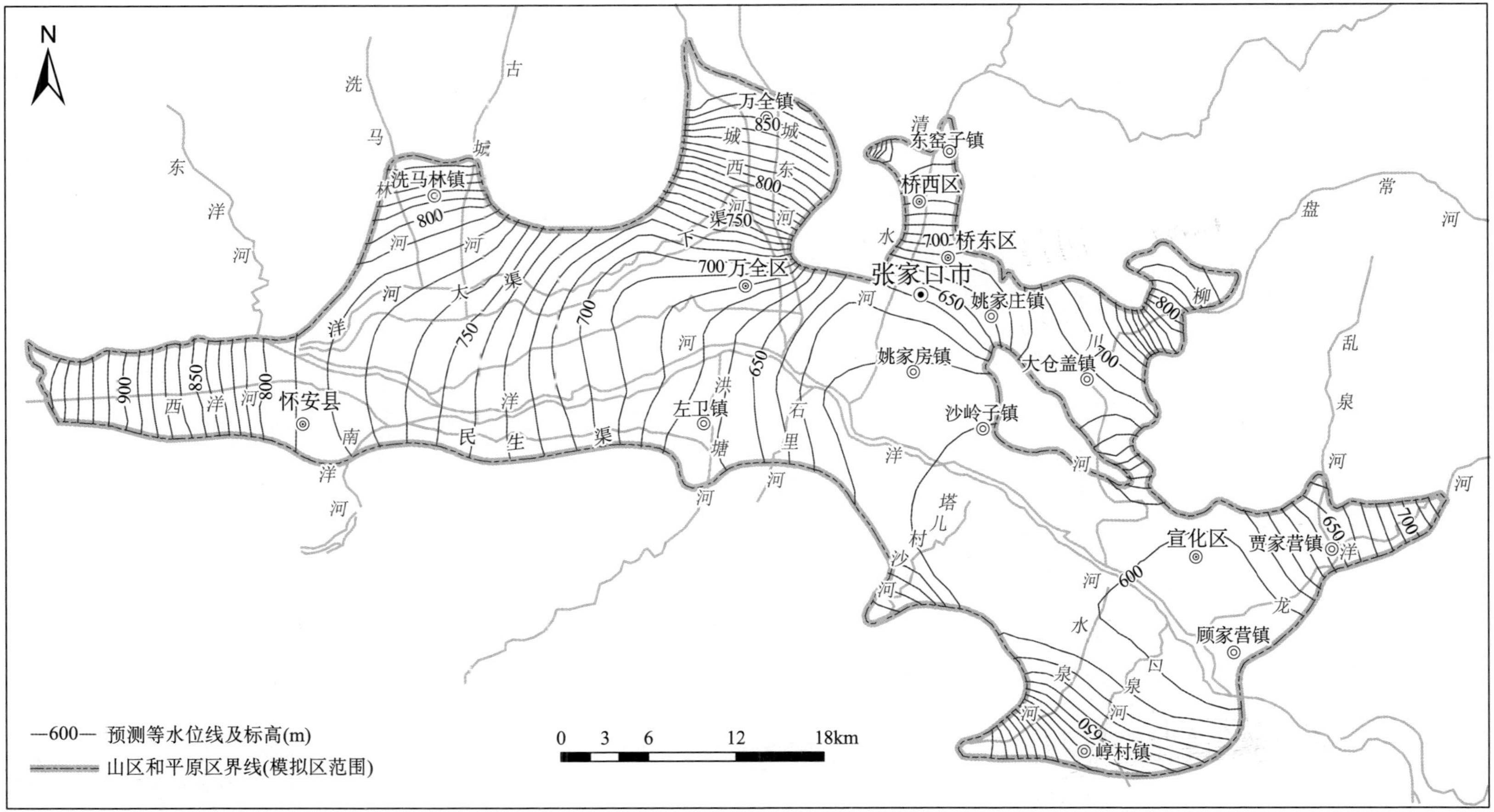

图 7-4-3 方案 2 条件下开采 10 年地下水流场预测图

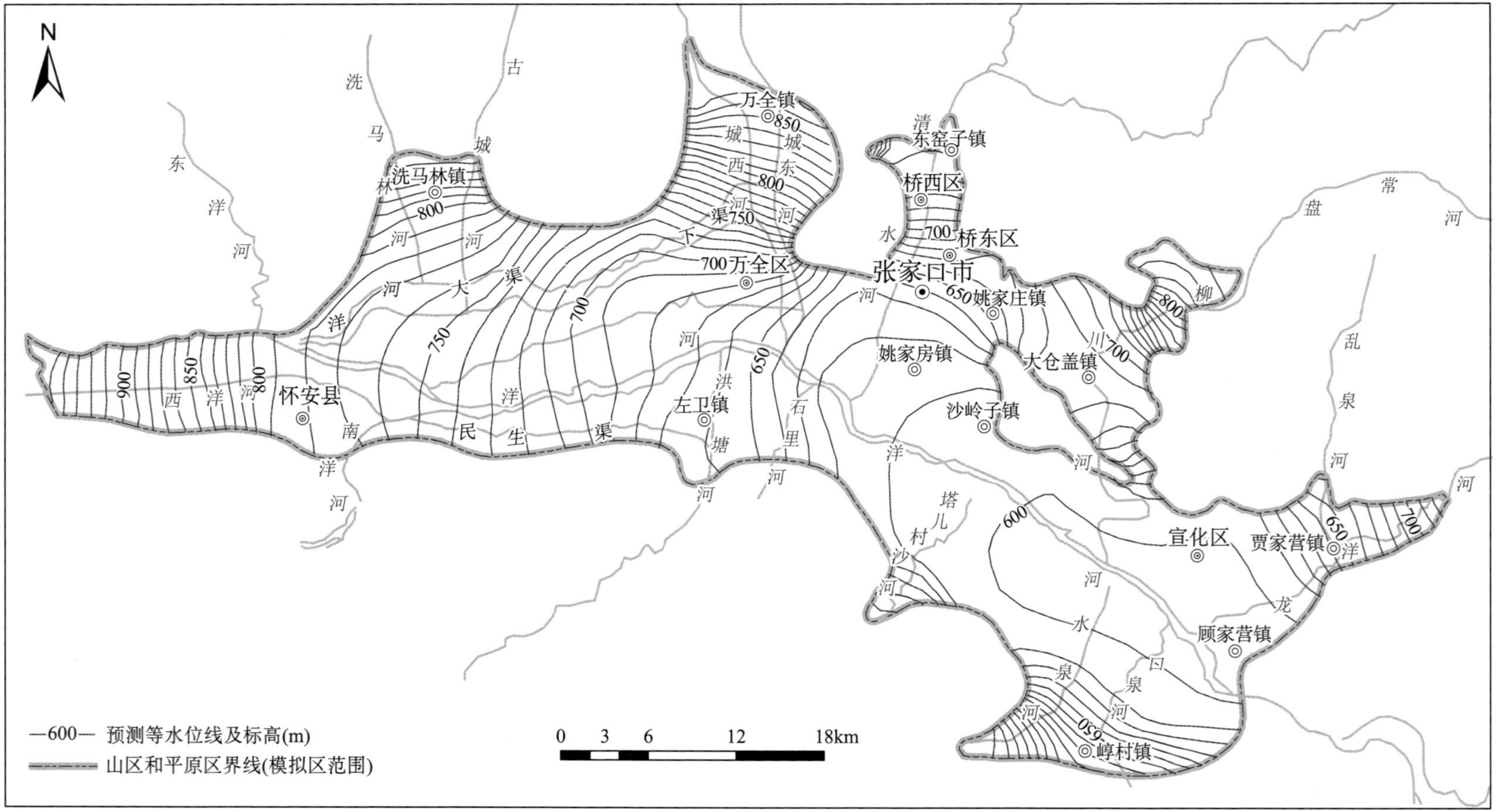

图 7-4-4 方案 2 条件下开采 20 年地下水流场预测图

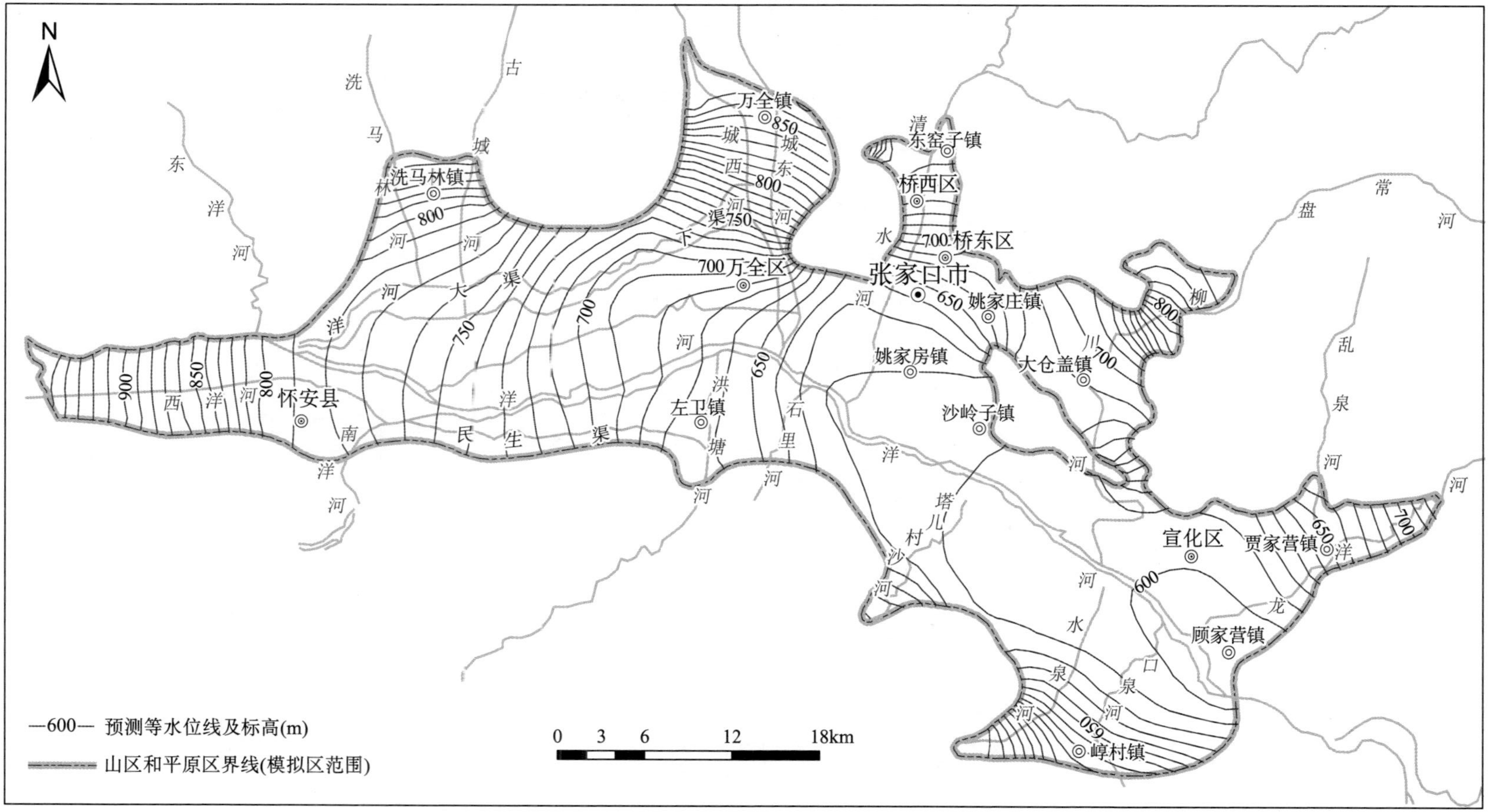

图7-4-5 方案3条件下开采10年地下水流场预测图

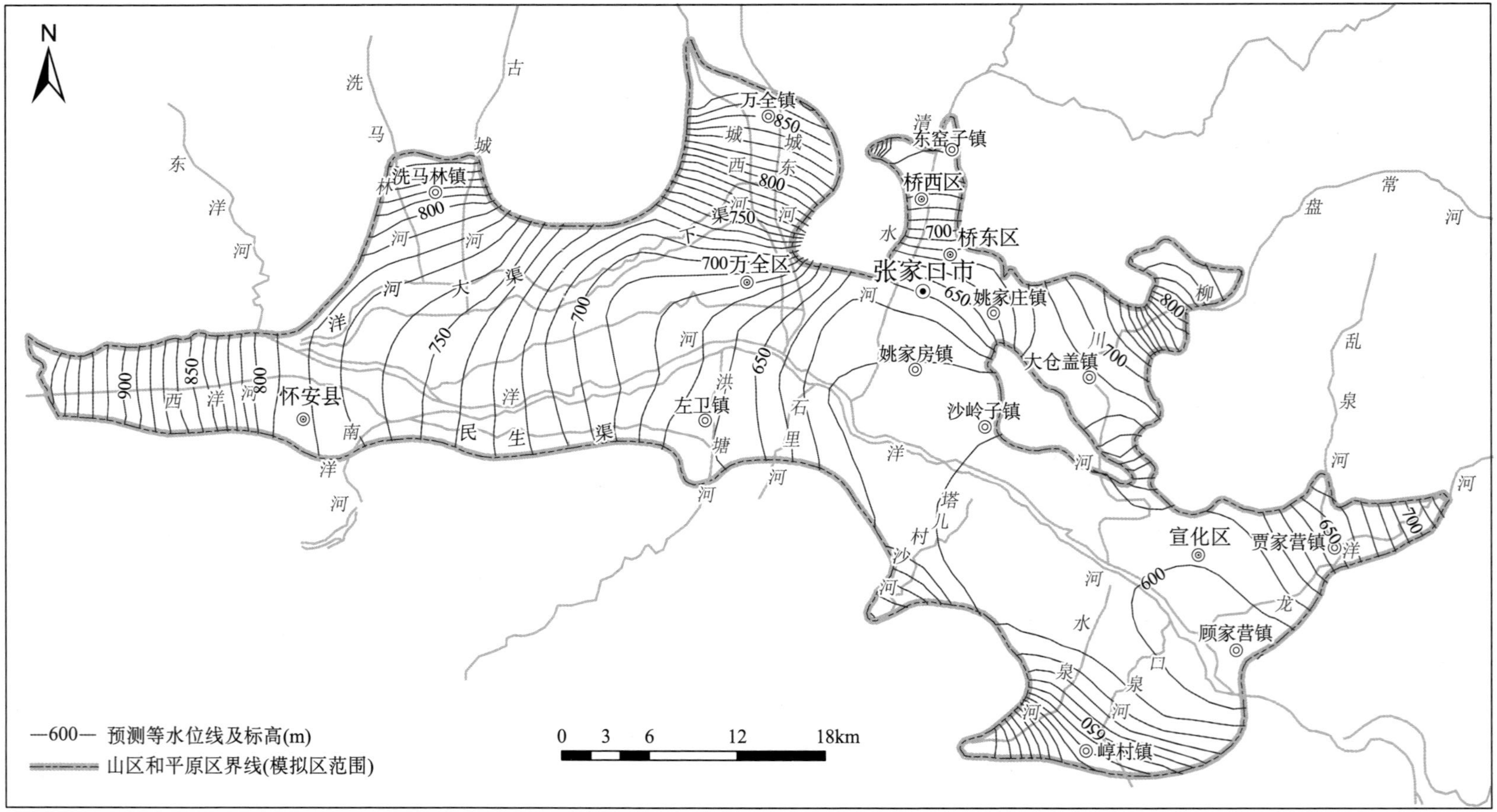

图 7-4-6　方案 3 条件下开采 20 年地下水流场预测图

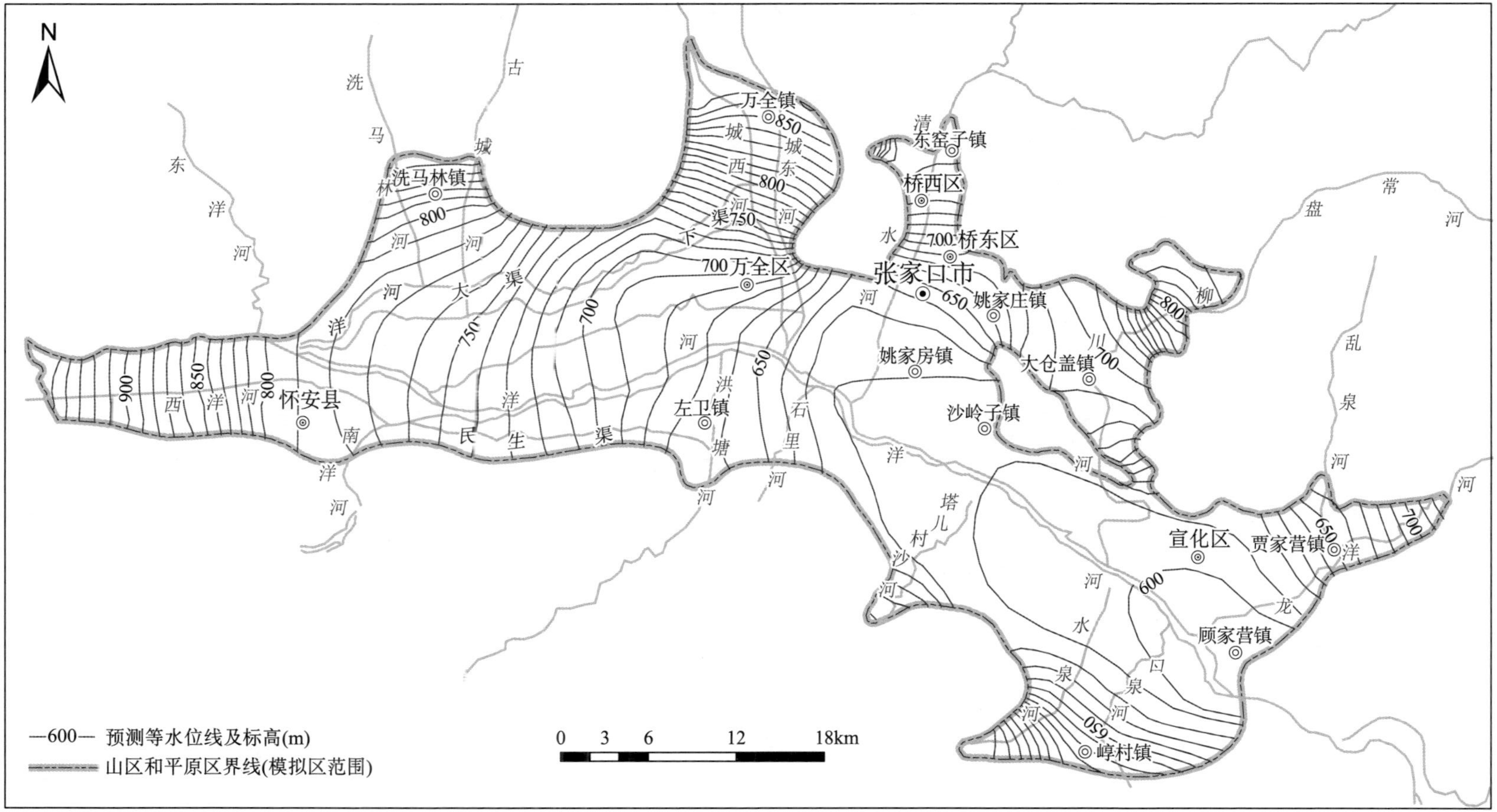

图 7-4-7　方案 4 条件下开采 10 年地下水流场预测图

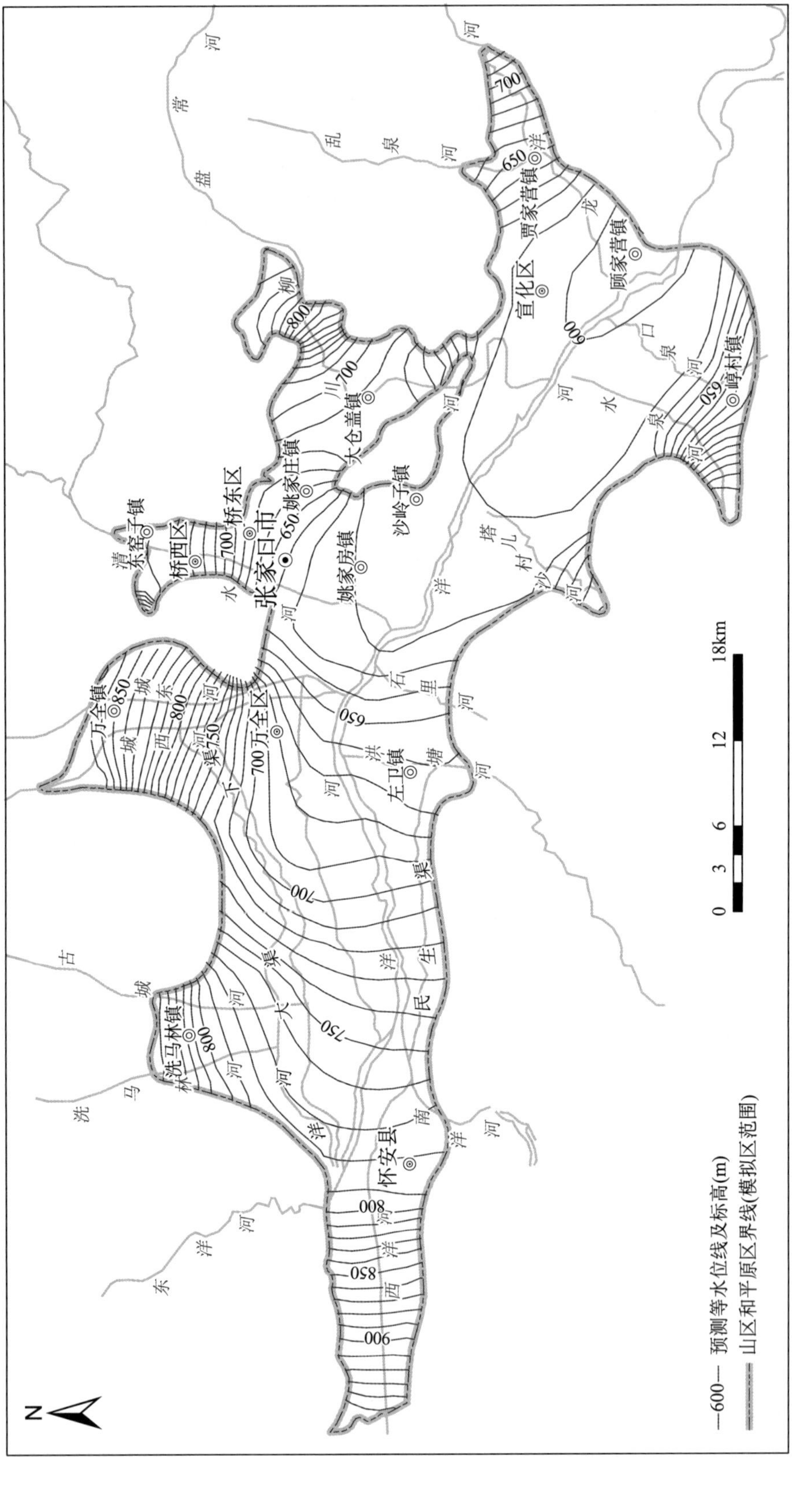

图7-4-8 方案4条件下开采20年地下水流场预测图

第八章　地下水系统演化的资源环境效应及对策

第一节　地下水系统演化的资源效应

在人类活动的胁迫下，研究区地下水补给、径流、排泄条件发生了明显的变化。这种变化最终体现在地下水资源数及其构成的变化上，从而影响地下水资源的可持续利用。

选择1988年、2020年两个时期地下水资源评价计算结果，从地下水可开采量对比分析地下水系统演化所产生的资源效应（表8－1－1）。

表8－1－1　柴宣盆地地下水可开采量对比

年份	工作区面积/km^2	可采资源量/$10^4 m^3$	可开采模数/[$10^4 m^3 \cdot (km^2 \cdot a)^{-1}$]
1988	1487.8	34351.85	23.09
2020	1553.19	24483.71	15.76

由表8－1－1可知，柴宣盆地地下水可采资源量由1988年的$34351.85 \times 10^4 m^3$，到2020年下降到$24483.71 \times 10^4 m^3$；可开采模数由1988年的$23.09 \times 10^4 m^3 / (km^2 \cdot a)$，到2020年下降到$15.76 \times 10^4 m^3 / (km^2 \cdot a)$。可开采模数的降低主要有两个方面的原因：一是山前侧向补给量的减少，由1988年的$8935.61 \times 10^4 m^3$降低到2020年的$4581.83 \times 10^4 m^3$；二是河流渗漏量的减少，由1988年的$7038.37 \times 10^4 m^3$降低到2020年的$2372.17 \times 10^4 m^3$。

第二节　地下水系统演化的潜在地质环境效应

在人类活动的强烈干扰下，地下水系统演变产生了一系列的地质环境问题，如区域地下水水位下降、地下水降落漏斗、地下水疏干等。

柴宣盆地多年来受气候和人为因素的影响，区域地下水水位持续下降，使一些水井干涸、机井掉泵、泉水消失，出现了含水层被疏干的现象。依据张家口各水文地质单元2011—2015年地下水监测点水位变化幅度的算术平均值，概算2011—2015年张家口各水文地质单元混合开采条件下的地下水疏干量，结果见表8－2－1。由表可知，柴宣盆地2011—2015年地下水疏干量为$41237.19 \times 10^4 m^3$，年均地下水疏干量为$8247.44 \times 10^4 m^3$。

表8－2－1　2011—2015年柴宣盆地地下水疏干量汇总

地质单元	平均水位下降值/m	面积/km^2	给水度	5年疏丁量/$10^4 m^3$
张家口市区	6.66	150	0.06	5994.0
柴宣盆地	5.31	1553.19	0.05	41237.19

第三节　地下水资源可持续利用对策

水资源是社会、经济发展的重要战略资源，是一切发展规划的基础和制约因素。地下水是水资源的重要组成部分，是柴宣盆地的主要供水水源。在人类活动的影响一下，柴宣盆地地下水系统发生了明显的改变，现在地下水开发利用方式是不可持续的，长此以往，将面临地下水资源枯竭及一系列的地质环境问题。随着张家口经济社会的迅速发展，柴宣盆地水资源供需矛盾将更加突出。必须采取行之有效的应对措施，保障柴宣盆地地下水可持续利用。

一、区域地下水资源保护对策

1. 压采地下水，调整开采布局，实现地下水采补平衡

认真贯彻实施《张家口市地下水保护行动计划》，确保该计划目标任务的实现。同时进一步查清地下水超采量和超采区范围，加大限采力度，真正实现地下水采补平衡。

2. 以山区地下水涵养功能划分为主体，保护山区地下水资源

北部山区和南部氏陵区是柴宣盆地地下水资源的主要补给区。这些区域已划定为地下水涵养保护区。

3. 建立山前水源涵养林带

山前地带是平原区地下水接受山区侧向径流补给和洪水入渗补给的主要地区，不能作为城市建设用地开发利用，应建立水源涵养林带，保护地下水补给区。适时开展地下水、地表水联合调度，进行地下水人工补给。

二、地下水资源利用对策

1. 调整城市供水方案，采取多源、分质分类供水

调整目前工业、农业及城市生活用水供水方案，采取多源、分质分类供水，确保优水优用。根据柴宣盆地地下水资源状况，尽快实施多源、分质分类供水势在必行。适当开采潜水，使潜水得以循环更新，改善水质。增加中水的使用率，可以节省优质水源，减少污废水的产出。

2. 统一规划全流域水资源开发管理，遵循各类水资源相互转化规律，保护生态环境

水资源是在整个流域中由大气降水、地表水、地下水不断循环形成的。流域内地表水与地下水遵循着不断相互转化、相互制约、相互影响、相互涵养的自然规律。近年来，人类兴建水利工程、防渗引水渠道、河道衬砌、城市地面硬化等活动将这些自然转化规律弱化了，或者切断了，致使进入平原区的径流量几乎为零，地下水强补给区、径流区丧失补给水源和良好入渗条件。致使地表水、大气降水根本无法入渗地下补给地下水。应统一规划全流域水资源的开发管理与生态保护相结合，在各个流域上、下游的各种水源的利用、工程建设，要以保护生态环境为准则，遵循各类水资源相互转化规律，系统地整体规划。

三、节约用水对策

随着城市建设的不断发展，柴宣盆地对水资源的需要量越来越大，水资源供需矛盾也越来越突出，水资源短缺问题成为制约张家口经济发展的最关键的因素。城市水资源的开发利用应由单纯开源逐步转向秉视节流和治污，以“开源为主，提倡节水”“开源与节水并重”转向“开源、节流与治污并重”。因此，要努力建立节水型社会。

1. 提高水的利用率，减少污水排放

目前，张家口工业用水单位产品耗水量大，重复利用率远远低于国外先进企业水重复利用率水平。因此，必须调整产业结构和产业布局，发展低耗水工业，开发和推广节水生产技术，创建节水型工业和节水型城市。

农业灌溉多采用大水漫灌，灌溉定额过高，水资源浪费严重，建立节水高效农业，采取多种途径和措施，在用水的各个环节考虑节约水资源，提高水利用率。同时，还应充分考虑可利用的各种水源，如采用大气降水、灌溉回归水和再生水等，以减少淡水资源量的消耗。

2. 加大污水处理力度，扩大中水回用规模

城市生活污水经一级或二级集中处理后即可满足《农田灌溉水质标准》要求。将处理后的污水用于农田灌溉，因其含有较多氮、磷等农作物需要的营养物质，有利于作物生长。经初级处理后的污水可满足城市景观、生态环境、文体及清洁用水。因此，应通过加大污水处理力度，扩大中水回用规模，充分利用宝贵的水资源，减少地下水开采量，来缓解城市水资源短缺问题。

3. 完善输水管网建设，逐步实现分质分类供水体系

完善城市输水管网建设，降低输水管网和用水器具的漏水率。一方面市政要加强输水管网建设，逐步实现根据用户对水质的不同要求，进行分类分质供水，尽量做到优水优用，以免浪费大量的优质水资源；另一方面应加强管理，减少输水过程中的跑、冒、滴、漏现象。

四、防止地下水污染对策

1. 地下水污染治理应以防为主

加强地下水资源管理，地下水污染治理坚持“以防为主”的原则，要从污染源头治理，从根本上防止地下水的污染。应采取以下措施：

完善废、污水排放管网化。修建和不断扩建与污水排放量相适应的污水处理厂，提高污水处理级别，并加强对污水处理厂的监测、管理和监督工作，使处理后的污水中有毒有害物质含量低于环境保护法确定的标准，切断地下水污染源。

在新、扩建企业时要有相应配套的污染处理设备，不再增加新的地下水污染源。

科学施肥、控制农药使用，大力推广绿色农业。大力推广营养元素流失量低的生态复合肥、微生物肥、绿肥等，大力兴建喷灌、微灌等高标准节水工程，改善农业生态系统的状态，从而有效保护地下水资源。

2. 加大地下水污染治理力度

加大地下水污染治理力度，控制污水排放量和排放标准。进一步提高污水处理率，加强对地下水处理厂的管理和监测。加强对地下水污染监测和防治研究。加强水源地防护带建设，最大限度减少对地下水的污染。

五、地下水饮用水水源地保护

1. 加强水源保护区保护与管理

依据饮用水水源地保护区划分技术规范，并充分考虑张家口地质、水文地质条件，科学合理地建立水源地保护区。严格按照城市饮用水水源地保护区管理规定，加强管理。在保护区内不准兴建对地下水造成污染的企业和进行威胁地下水水质的其他人为活动。

2. 加强水源保护区水质监测

完善、优化饮用水水源保护区地下水水质监测网。在水源地、径流区和补给区重点断面布设水质监测井，实时掌握地下水水质状况，发现水质异常及时采取防治措施。

第九章　结论及建议

一、结论

本次在全面收集整合区域地质、水文地质、环境地质成果资料的基础上，结合柴宣盆地近几年压采工作成果，以及以往柴宣盆地地下水、地质环境长系列监测资料，对柴宣盆地全域进行水文地质调查补充工作，并对压采前后地表水和地下水的供水量、水文地质条件和环境地质情况进行了研究，同时评价了地下水资源量，并从地学角度提出地下水合理开发利用及地下水超采治理建议。

1. 含水层结构变化

20 世纪 80 年代初期，柴宣盆地包气带厚度相对较薄，地下水水位埋深相对较浅，在洋河河谷区分布有地下水自流区；2016 年时相对于 80 年代初期，包气带厚度增加较多，特别是万全地下水水位下降幅度较大。2020 年年底研究区内形成 3 处不同程度的地下水降落漏斗，分别为腰站堡漏斗、样台漏斗和第八滩漏斗，漏斗中心水位埋深分别为 47.35m、18.92m 和 19.67m。

2. 柴宣盆地地下水资源利用变化

20 世纪 80 年代至 2020 年，其间 8 个 5 年段中的前 6 段（1981—2010 年），柴宣盆地地下水开采量呈逐渐加大趋势，特别是 2001—2010 年的 10 年间，地下水开采总量达到 $346811.02\times10^4m^3$。在 2011 年以后，由于国家实施节水政策，农灌方式采用了高效节水灌溉方式，并在地下水超采区禁止新建开采井，张家口地下水开采量逐渐呈现下降趋势。

3. 地下水水位变化及趋势

柴宣盆地地下水水位变化可分为 1981—1998 年、1998—2014 年和 2014—2020 年 3 个阶段。1981—1998 年地下水水位呈波动下降趋势，水位降幅为 9.791m；1998—2014 年呈急速下降的趋势，水位降幅为 17.498m；2014 年后地下水位有小幅度回升，2020 年时增幅为 1.92m。

经地下水数值模型预测，考虑降水量历史丰、平、枯重现，在保持 2016—2020 年地下水开采量均值为 $25851.74\times10^4m^3/a$ 时，地下水水位仍呈现下降趋势，预测 2030 年时洋河河谷区地下水水位埋深基本处于 0～8m，受洋河地表水补给，水位基本稳定；冲洪积扇区地下水水位下降幅度较大，特别是在地下水水源地位置，水位降幅达到 10～15m。在保持 2020 年 $14704.5\times10^4m^3$ 开采量时，预测除在个别降水枯水期地下水水位出现明显下降外，研究区地下水水位多数呈现上升的趋势，至 2035 年洋河河谷区地下水水位升幅在 3～5m，冲洪积扇区升幅在 3m 左右。

4. 地下水资源量评价

2016—2020 年柴宣盆地地下水开采量为 $129258.7\times10^4m^3$，平均每年 $25851.74\times10^4m^3$，

2020 年地下水开采量为 14704.5 $\times 10^4 m^3$，柴宣盆地地下水天然补给量为 178877.48 $\times 10^4 m^3/a$，地下水可开采资源量为 17235.70 $\times 10^4 m^3/a$，2016—2019 年柴宣盆地地下水资源处于超采状态，2020 年地下水开采量满足供需平衡。经水均衡和地下水数值模型计算，柴宣盆地地下水枯水年（保证率 75%）、平水年（保证率 50%）和丰水年（保证率 25%）的建议地下水可开采量分别为 1.58 $\times 10^8 m^3/a$、1.75 $\times 10^8 m^3/a$ 和 2.03 $\times 10^8 m^3/a$。

5. 地下水水质演变及趋势

柴宣盆地的洋河冲积带平原区和冲洪积扇区水化学类型均为 $HCO_3 - Ca \cdot Mg$ 型，为低矿化度的淡水水质，但受人类活动的影响，局部地段地下水中含 Cl^-、SO_4^{2-}、Na^+，使地下水呈现 $HCO_3 - Ca \cdot Na$、$HCO_3 - Ca \cdot Mg \cdot Na$、$HCO_3 \cdot Cl - Ca \cdot Na$、$HCO_3 \cdot Cl - Ca \cdot Mg \cdot Na$ 等水化学类型。地下水矿化度仍以小于 1g/L（淡水）为主，与 1980 年相比矿化度区间值在 1.0～3.0g/L 的微咸水分布面积略有增大。由于地下水压采措施的实施，地下水水位下降趋势得到遏制，局部地区回升，地下水溶滤作用增强，水化学类型则逐渐趋于转变为 $HCO_3 - Ca \cdot Mg$ 型，水质也逐渐趋于淡化。

二、建议

1. 柴宣盆地农业是用水大户，农业节水潜力很大

其节水要以发展节水灌溉和旱作农业为主。通过渠道衬砌和管道输水，采用先进的灌溉方法，如喷灌、滴灌和渗灌等，改进现有地面挖沟灌水方法，推广平整土地，发展小畦，替代大水漫灌，依靠技术改造提高供水质量，建立健全管水用水组织，推行合理的灌溉制度和适应节水要求的耕作制度，减少灌水次数，降低灌溉定额和灌溉用水量，提高水的有效利用率。积极培育耐旱新品种，采取地膜覆盖、秸秆覆盖和深翻耕作保墒措施，同时积极发展旱作农业，以充分利用天然降水，尽量满足作物对灌溉用水的需求。确保一定灌溉面积的前提下，控制耗水量大的小麦种植面积，适当恢复和扩大杂粮作物的种植，建议政府根据各区县的水资源条件确定作物的布局，充分合理的使用当地的水资源。对水资源的利用打破行政区域界线，地表水、地下水统筹考虑，联合调度。

2. 柴宣盆地特定的地理位置和地质条件决定了其特定的水资源组成

过去几十年中大规模开采优质淡水资源，已经形成了地下水降落漏斗。地下水是水资源和“四水”转化的重要组成部分，它是在特定的地质条件下，经过一定的历史时期而形成的，尤其是深层地下水，其补给缓慢，大部分属静态资源。在目前柴宣盆地整体缺水的情况下，如果要保持农业可持续和“生态两区”的协调发展，又要促进地下水降落漏斗的修复，保护柴宣盆地的地下水资源，必须继续加大外引水，并采用多种途径开源节流。

总的来说，地下水降落漏斗反映出的危机，在根本上还是水资源利用方式、治水模式与发展观念的问题。在“要高山低头，要河水让路”的观念占统治地位的时代，对自然资源按照“以需定供”的虚妄认识，以为可以任意调配、任意改造的工程思路，不仅事与愿违，而且最后付出了沉重的代价。但这种非科学、非理性的自然观、工程观与发展观，现在仍然在影响着我们，例如，虽然南水北调工程已付出巨大的努力和代价，但要想依赖这类工程解决水资源危机的想法，仍然治标不治本。真正的科学命题是“能以综合代价最小、综合效益最大的原则解决缺水问题的最佳方案是什么”，而不是“大区域调水作为既定的工程目标如何解决缺水问题”。面对我国经济的单位产值水资源消耗量远高于世界平均水平的严峻现实，转变水资源利用方式和发展观念，建立节水型、节约型社会，按照自然资源与自然环境的“容量”，来确定我们的生产与生活模式，应该是更为重要的选择。

参 考 文 献

白晓，边凯，贾亚琳，等 . 2019. 基于 Modflow 和 ARIMA 模型的峰峰矿区岩溶地下水模拟及预测［J］. 科学技术与工程，19（17）：84－90.

曹黎晓 . 2017. 不同降雨类型对香河县浅层地下水水位的影响分析［J］. 地下水，39（6）：66－67.

陈钟祥 . 1974. 渗流力学的近况、动向和展望（续）［J］. 力学学报，（2）：94－103，55.

陈卓，杨瑞琐，胡志高 . 2017. 基于 TOUGH2 模拟 CO_2 地质封存对地层温度的影响［J］. 辽宁石油化工大学学报，37（4）：29－33.

董殿伟，刘久荣，林沛，等 . 2007. 时间序列分析法在地下水水位预测中的应用［J］. 城市地质，31－34.

杜晓畋，霍传英，朱瑾，等 . 2013. 准噶尔盆地天山北麓地下水水位动态特征及其影响因素分析［J］. 安全与环境工程，20（1）：81－84.

段晓平 . 2017. 基于 Feflow 的范各庄煤矿矿井涌水量预测研究［D］. 河北廊坊：华北科技学院 .

冯翔 . 2017. 基于 GMS 三维地下水模型的矿井涌水量预测研究［D］. 北京：中国地质大学（北京）.

高慧琴，杨明明，黑亮 . 2012. MODFLOW 和 FEFLOW 在国内地下水数值模拟中的应用［J］. 地下水，34（4）：13－15.

宫辉力，李培，崔桂莲，等 . 1999. 地下水系统准三维流场数值模拟与流场宏观调控［J］. 系统工程理论与实践，（2）：136－140.

龚继文 . 2016. 基于 GMS 的某危废处置场地下水数值模拟［D］. 重庆：重庆大学 .

龚选波 . 2014. 石家庄地区地下水降落漏斗现状分析［J］. 中华建设，（10）：88－89.

郭晓东，田辉，张梅桂，等 . 2010. 我国地下水数值模拟软件应用进展［J］. 地下水，32（4）：5－7.

韩小强 . 2018. 内蒙古黄旗海盆地三维地质建模及地下水数值模拟［D］. 南京：南京大学 .

韩燕雪 . 2018. 基于 GMS 的郑州市区地下水数值模拟研究［D］. 郑州：郑州大学 .

韩宇平，刘存强，赵雨婷，等 . 2019. 华北典型灌区气候变化条件下地下水响应研究［J］. 南水北调与水利科技，17（2）：107－115，122.

何欣 . 2016. 强降水条件下地下水的动态响应研究［D］. 北京：中国地质大学（北京）.

贺向丽，叶懋，张昕，等 . 2018. 基于调控适宜性区域评价的红崖山灌区地下水位动态预测［J］. 农业工程学报，34（18）：179－186.

侯煜堃，刘遂庆，陶涛 . 2004. 城市日用水量的自回归模型（AR）预测方法［J］. 河南科学，79－81.

胡建青，张文涛 . 2018. Visual MODFLOW 在准格尔旗深层岩溶地下水资源评价中的应用［J］. 煤炭与化工，41（1）：13－19.

纪媛媛，周金龙，杨广 . 2013. GMS 在我国地下水资源评价与管理中的应用［J］. 地下水，35（2）：76－79.

贾金生，刘昌明 . 2002. 华北平原地下水动态及其对不同开采量响应的计算——以河北省栾城县为例［J］. 地理学报 .

姜凌峰，薛联青，刘远洪，等 . 2016. 基于 MIKE SHE 模型的干旱区节水灌溉对地下水位的影响研究［J］. 灌溉排水学报，35（2）：59－65.

蒋辉 . 1996. 河南沁阳市地下水水质的数值模拟［J］. 水文地质工程地质，（2）：14－15，20.

金玉玺，吴光宇，张福洋 . 2019. 地表水和地下水水源地水量水质响应分析［J］. 水资源开发与管理，（6）：6－11，5.

李彩梅，杨永刚，秦作栋，等 . 2015. 基于 FEFLOW 和 GIS 技术的矿区地下水动态模拟及预测［J］. 干旱区地理，38（2）：359－367.

李贵仁，赵珍，刘大金，等 . 2019. 基于 Visual MODFLOW 的复杂大水矿山地下水数值模拟［J］. 勘察科学技术，（3）：34－38.

李晖，李士锦 . 2016. 浅析 Feflow 在煤矿地下水预测中的应用［J］. 中国煤炭工业，（6）：56－57.

李惠中 . 2018. 辽宁省“十二五期间地下水水位动态变化浅析［J］. 知识经济，472：61.

李绍飞，马帅，彭慧，等 . 2019. 基于数值模拟的天津市地下水资源均衡分析及压采方案制定［J］. 灌溉排水学报，38（8）：113－120.

李维静 . 2013. 藁城市滹沱河傍河带示范区地下水回灌模式研究［D］. 北京：中国地质大学（北京）.

李雪，叶思源，宋凡，等. 2018. 京津冀平原区地下水水位变化主导因素的定量识别研究［J］. 水文，38（1）：21－27，57.

梁炳仁. 1990. 关联分析法在地下水动态分析中的应用［J］. 地下水，12（2）：110－112.

刘明新，陈钟祥. 1984. 单重和双重孔隙介质二相二维渗流的一个新的数值模拟方法［J］. 力学学报，（3）：225－233.

刘玉珺，吴彬，杜明亮. 2018. 内陆干旱区地下水超采区控制性关键水位制定——以阜康市为例［J］. 新疆环境保护，40（2）：46－50.

刘志国，王恩德，付建飞，等. 2007. 河北平原地下水水位的时空变异［J］. 东北大学学报：自然科学版，（5）：717－720.

卢文喜，赵莹. 2013. 时间序列分析在白城地区地下水位动态分析中的应用［J］. 节水灌溉，（9）：54－56，60.

吕贤弼. 1987. 地下水污染的数值模拟及应用实例［J］. 环境科学，（4）：28－33，48.

马艳敏，李建平，王颖，等. 2015. 吉林省中西部浅层地下水位时空变化特征及与降水的关系［J］. 干旱气象，33（6）：994－999.

潘宏雨，王国成. 1999. 随机模型在地下水资源计算中的应用：随机水文地质计算理论与方法［J］. 世界地质，18（4）：58－63.

齐桂花，潘世兵，段浩. 2018. 酒泉盆地地下水动态模拟和开发利用分析［J］. 水利规划与设计，180：56－59.

钱丽丽，魏长勇. 2019. 基于 modflow 和时间序列分析法的地下水位预测研究——以宁阳水源地为例［J］. 地下水，44（4）：40－41，48.

秦毅苏，王占敏. 1959. 水均衡要素的研究方法介绍［J］. 水文地质工程地质，19－23.

任印国，柳华武，李明良，等. 2009. 石家庄市东部平原 FEFLOW 地下水数值模拟与研究［J］. 水文，29（5）：59－62.

田开迪，沈冰，贾宪. 2016. MIKE SHE 模型在灞河径流模拟中的应用研究［J］. 水资源与水工程学报，27（1）：91－95.

田丽，陈俊，吕元锋. 2005. 模糊聚类法在水环境质量评价中的应用［J］. 兵工自动化，（5）：69－70.

王浩，陆垂裕，秦大庸，等. 2010. 地下水数值计算与应用研究进展综述［J］. 地学前缘，17（6）：1－12.

王晓鸥. 2014. 基于多元回归时间序列模型的兴城市地下水水位研究［J］. 西部探矿工程，26（3）：141－144.

王亚妮，高功强，蔡明科. 2010. 基于多元回归分析的宝鸡市区地下水位动态预报［J］. 水利与建筑工程学报，8（5）：101－102，106.

邢泽心. 2015. 基于 Visual MODFLOW 的尚志市水源地地下水资源预测与开采利用［D］. 长春：吉林大学.

徐龙，葛晓光. 1995. 水文地质比拟法的系统处理模型［J］. 煤炭学报，346－350.

许长青. 2017. 邯郸市广平县地下水动态变化及其影响因素分析［D］. 北京：中国地质大学（北京）.

薛禹群，谢春红. 2007. 地下水数值模拟［M］. 北京：地质出版社. 1－5.

薛禹群. 2010. 中国地下水数值模拟的现状与展望［J］. 高校地质学报，16（1）：1－6.

曾献奎，王栋，吴吉春. 2012. 地下水流概念模型的不确定性分析［J］. 南京大学学报：自然科学版，48（6）：746－752.

翟志荣，白艳萍. 2010. 基于 MATLAB 的自回归移动平均模型（ARMA）在股票预测中的应用［J］. 山西大同大学学报（自然科学版），26（125）：11－13.

张博炜，刘俊民，张斌，等. 2012. 变权组合预测模型在兴平市地下水动态预测中的应用［J］. 中国农村水利水电，（12）：42－44.

张冠儒，魏晓妹. 2011. 基于变化环境的地下水动态敏感性分析方法研究［J］. 西北农林科技大学学报：自然科学版，39（2）：223－228.

张海岛. 2017. 长治盆地浅层孔隙地下水流数值模拟研究［D］. 河北邯郸：河北工程大学.

张宏仁，李俊亭. 1979. 有限差分法与有限单元法在渗流问题中的对比［J］. 水文地质工程地质，（2）：50－55.

张建芝，邢立亭. 2010. 回归分析法在地下水动态分析中的应用［J］. 地下水，（4）：88－90.

张曼菲，周维博. 2018. 泾惠渠灌区地下水位埋深的动态特征及影响因素分析［J］. 南水北调与水利科技，16（2）：164－170，195.

张瑜芳，张蔚榛. 1984. 垂向一维均质土壤水分运动的数值模拟在不同地下水位控制和蒸发条件下的运用［J］. 工程勘察，（6）：1－4.

赵辉，陈文芳，崔亚莉 . 2010. 中国典型地区地下水位对环境的控制作用及阈值研究［J］. 地学前缘，（6）：163 - 169.

赵旭 . 2009. 基于 FEFLOW 和 GIS 技术的咸阳市地下水数值模拟研究［D］. 西安：西北农林科技大学 .

祝晓彬 . 2003. 地下水模拟系统（GMS）软件［J］. 水文地质工程地质，（5）：53 - 55.

Adamowski K，Hanory T. 1982. A stochastic systems model of groundwater level fluctuations [J]. Journal of Hydrology，62 (1)：129 - 141.

Ahmadi S H，Sedghamiz A. 2007. Geostatistical analysis of spatial and temporal variations of groundwater level [J]. Environmental Monitoring And Assessment，129 (1 - 3)：277 - 294.

Ali R，Elliott R L，Ayars J E，et al. 2000. Soil salinity modeling over shallow water tables. II：application of LEACHC [J]. Journal of Irrigation & Drainage Engineering，126 (4)：234 - 242.

Bredehoeft J D. 1969. Finite difference approximations to the equations of ground - water flow [J]. Water Resources Research，5 (2)：531 - 534.

Cai Z S，Ofterdingter U. 2016. Analysis of ground water - level response to rainfall and estimation of annual recharge in fractured hard rock aquifers，NW Ireland [J]. Journal of Hydrology，535：71 - 84.

Chaudhuri S. 2014. Long - term (1930 - 2010) trends in groundwater levels in Texas：soils，land cover and water use [J]. The Science of the Total Environment，490：379 - 390.

DAHAN Ofer，MCGRAW David，ADAR Eilon，et al. 2004. Multivariable Mixing Cell Model as a Calibration and Validation Tool for Hydrogeologic Groundwater Modeling [J]. Hydrology，293 (1 - 4)：115 - 136.

Ebraheem A M，Riad S，Wycisk P，Sefelnasr A M. 2004. A local - scale groundwater flow model for groundwater resources management in Dakhla Oasis，SW Egypt [J]. Hydrogeology journal，12：714 - 722.

Ebrahimi H，Rajaee T. 2017. Simulation of groundwater level variations using wavelet combined with neural network，linear regression and support vector machine [J]. Global&Pl - anetary Change，148：181 - 191.

Hsieh P A. 1996. Deformation - Induced Charges in Hydraulic Head During Ground - Water Withdrawal [J]. Ground Water，34 (6)：1082 - 1089.

Jang C S，Chen C F，Liang C P，et al. 2016. Combining groundwater quality analysis and a numerical flow simulation for spatially establishing utilization strategies for groundwater and surface water in the Pingtung Plain [J]. Journal of Hydrology，533 (1)：541 - 556.

Khashei - Siuki A，Sarbazi M. 2015. Evaluation of ANFIS，ANN，and geostatistical models tospatial distribution of groundwater quality (case study：Mashhad plain in Iran) [J]. ArabianJournal of Geosciences，8 (2)：903 - 912.

Li S G，McLaughlin D，Liao H S. 2003. A computationally practical method for stochastic groundwater modeling [J]. Advances in Water Resources，26 (11)：1137 - 1148.

Mehl S，Hill M C. 2002. Development and evaluation of a local grid refinement method for block - centered finite - difference groundwater models using shared nodes [J]. Advances in Water Resources，25 (5)：497 - 511.

Prathapar S，Qureshi A S. 1999. Modelling the effects of deficit irrigation on soil salinity，depth to water table and transpiration in semi - arid zones with monsoonal rains [J]. International Journal of Water Resources Development，15 (1 - 2)：141 - 159.

Reilly T E，Pollock D W. 1996. Sources of water to wells for transient cyclic systems [J]. Ground Water，34 (6)：979 - 988.

Sanderson J S，Cooper D J. 2008. Ground water discharge by evapotranspiration in wetlands of an arid intermountain basin [J]. Journal of Hydrology，351：344 - 359.

Scheibe T，Yabusaki S. 1998. Scaling of flow and transport behavior in heterogeneous groundwater systems [J]. Advances in Water Resources，22 (3)：223 - 238.

Singh R M，Shukla P. 2016. Groundwater System Simulation and Management Using Visual MODFLOW and Arc - SWAT [J]. Journal of Water Resource and Hydraulic Engineering Mar，S (1)：29 - 35.